Grazie Eleonora; senza di te non ce l'avrei mai fatta.

Daniele Gasparri

Sotto il meraviglioso cielo d'Australia
Avventure ed emozioni di un viaggio tra natura, cielo incontaminato e lo spettacolo dell'eclisse totale di Sole nel continente più antico del pianeta

Copyright © 2013 Daniele Gasparri
ISBN: 978-1495243714

Questa opera è protetta dalla legge sul diritto d'autore. Tutti i diritti, in particolare quelli relativi alla ristampa, traduzione, all'uso di figure e tabelle, alla citazione orale, alla trasmissione radiofonica o televisiva, alla riproduzione su microfilm o in database, alla diversa riproduzione in qualsiasi altra forma, cartacea o elettronica, rimangono riservati anche nel caso di utilizzo parziale. La riproduzione di questa opera, o di parte di essa, è ammessa nei limiti stabiliti dalla legge sul diritto d'autore. Illustrazioni e immagini rimangono proprietà esclusiva dei rispettivi autori. È vietato modificare il testo in ogni sua forma senza l'esplicito consenso dell'autore.

In copertina, fronte: Le nubi di Magellano ruotano attorno al polo sud celeste nel cielo perfetto di Chillagoe, minuscolo paese nell'outback australiano.
Retro: una strada di terra battuta al tramonto si inoltra nella natura selvaggia, circa 50 chilometri a est di Chillagoe.

Indice

Introduzione 1
Il viaggio inizia 5
Intrappolato nella luce della metropoli 13
Viaggio verso Cairns 18
Fuga dalle luci e dalla pioggia 26
La seconda nottata: l'appetito vien mangiando! 42
Fuga nell'outback: Mareeba 69
   Il Cielo 80
La vera Australia tra cielo e terra 115
   La luce dell'Universo, più forte dei lampioni 140
Secondo giorno nell'outback 152
   Il cielo perfetto 181
Ritorno alla pioggia 208
Caccia all'eclisse: la programmazione della fuga 223
A caccia dell'eclisse: fuga nella savana 232
Fuga per l'eclisse: posto perfetto, persone meravigliose 245
La notte prima: emozioni, paure e un doveroso tributo al cielo scuro 254
Eclisse! 296
Finale 317
Bibliografia 321
Biografia 323

Introduzione

Dal 31 Ottobre al 20 Novembre 2012 ho realizzato un sogno che mi portavo dietro fin da bambino: visitare l'Australia, viaggiare tra le grandi città e le sterminate radure, fino a incontrare il deserto e osservare il Cielo, con la C maiuscola; quella meraviglia che qui in Italia solo i nostri nonni possono ricordarsi, ormai cancellato dallo scempio dell'illuminazione pubblica selvaggia e fuori da ogni controllo.
Il Cielo, quell'ambiente che dalle nostre città appare spesso color arancio e privo di qualsiasi interesse perché popolato al massimo da una manciata di stelle, da un luogo buio, lontano migliaia di chilometri dalle grandi città e centinaia dalle luci artificiali più vicine, si accende come il più grande ed emozionante spettacolo che potremmo mai sperare di vedere.
Le stelle escono allo scoperto.
All'inizio sono centinaia, poi diverse migliaia... Insieme riescono a illuminare debolissimamente l'ambiente intorno a noi, che però risulta buio, così scuro che è quasi impossibile vedere i propri piedi o la mano distesa di fronte a noi.
Brillante di una debole luminosità, questo cielo incontaminato ci svela ad occhio nudo gemme e fenomeni che spesso abbiamo solamente letto, con una buona dose di scetticismo, sui libri di astronomia.

Inquinamento luminoso? Forse no...

La luce zodiacale, quella debole luminosità visibile dopo il tramonto del Sole o prima dell'alba, prodotta dalla riflessione della luce solare da parte delle polveri presenti lungo il piano dell'eclittica nel Sistema Solare, diventa quasi fastidiosa tanto è evidente.

Una lunga cappa di luce bianca si innalza fino allo zenit, a volte lungo tutta l'eclittica, da orizzonte a orizzonte.

"Cavolo, quelle sono le luci di una grande città!" è l'espressione che ognuno di noi, me compreso, esclamerebbe con una certa delusione la prima volta che la osserva.

Poi subentra la razionalità: "No, non è possibile, sono a 200 km di distanza dal paese più vicino, a 3000 km dalla metropoli, quella non può essere luce artificiale!".

Inizia così una notte perfetta, stupendosi della luce del cielo che noi abbiamo cancellato.

Se poi il chiarore della luce zodiacale si sovrappone al centro della Via Lattea, alto circa 15° sull'orizzonte, lo spettacolo diventa da brividi, qualcosa che nessun libro è in grado di descrivere e nessuno può immaginare fino a quando non lo vede e lo sente con i propri occhi.

Comincia sempre in questo modo una delle 5 notti trascorse nell'outback australiano, in compagnia di canguri curiosi che saltellano e si avvicinano guardinghi a quegli strani animali bipedi che fanno stupidi versi di meraviglia osservando quello che per loro è ciò che di più comune esiste.

Inizia sempre così ogni notte, sia dal punto di vista dello spettacolo del cielo che delle emozioni, troppo grandi e per troppo tempo nascoste per potersi calmare in una manciata di ore, rispetto alle decine di anni trascorsi sotto una stupida cappa di luce artificiale.

Dopo lo stupore iniziale si ritorna abbastanza lucidi per iniziare a dare un'occhiata al cielo, e subito si scopre che le costellazioni visibili anche dai nostri cieli qui sono....capovolte!

Normale: siamo letteralmente a testa in giù rispetto alle nostre latitudini, ci suggerisce la nostra parte razionale. Eppure è una sensazione troppo strana, direi buffa, se non fosse per il fastidio che si prova cercando di riconoscere, spesso invano, figure sottosopra!

Non c'è tempo per infastidirsi, anzi, si sorride perché si sa perfettamente che questo è solo un intermezzo tra due grandi emozioni: la prima, passata, è proprio la luce zodiacale, mentre la seconda deve venire ed è rappresentata dai tesori visibili solo dall'emisfero australe, quelle gemme brillanti e sorprendenti che il nostro orizzonte ci nasconderà per sempre.
Lo sguardo corre allora verso sud, perché lì si trova il cielo invisibile.
Una rapida occhiata e subito un disappunto: "ci sono due nuvole in mezzo, guarda quanto sono brillanti e fastidiose, che sfortuna!".
La prima sera si aspetta qualche minuto sperando che se ne vadano, ma non è così: "Siete coriacee, non vi siete spostate di un millimetro!".
Si andrebbe avanti in un'attesa eterna, se non fosse per un dettaglio estremamente importante: in prossimità dell'orizzonte le stelle stanno scomparendo e un'inquietante sagoma scura sta mangiando la debole luminosità del cielo.
A questo punto un dubbio comincia a serpeggiare nell'inconscio ma fa fatica ad affiorare perché la parte conscia cerca di negarlo.
Vengono alla mente le parole lette su un vecchio libro di astronomia: "Da un cielo incontaminato le nubi risultano più scure, a volte come dei veri e propri buchi oscuri".

"Assurdo!" esclamo da solo nel silenzio della notte..."Non ci posso credere, quelle nere come la pece sono davvero nuvole! mai viste così!".

Nuvole nell'Universo: le nubi di Magellano.

"Ma allora, cosa sono quelle due nubi brillanti sopra, così simili alle illuminate nuvole dei nostri cieli?"
Se quegli occhi scintillanti e un po' inquietanti che mi osservavano in mezzo a un prato avessero avuto coscienza, probabilmente si sarebbero divertiti a esclamare: "Povero ingenuo, ma dove vivi? Quelle sono si nuvole, ma dell'Universo, si chiamano nubi di Magellano!"
Da quel momento in poi, i miei occhi già provati da tante emozioni tutte insieme, si apriranno per raccogliere più luce possibile e non si staccheranno più, per tutta la notte, tutte le notti, da quell'incredibile opera d'arte sopra le nostre teste chiamata Universo... Un'opera d'arte che insieme, nei prossimi giorni, ripercorreremo sperando riesca a trasmettere almeno in minima parte la meraviglia di questo straordinario Universo.

La foresta pluviale, fitta, impenetrabile, inospitale, nel parco nazionale di Daintree, arriva fin sulla spiaggia. Serpenti e ragni lasciano il posto a meduse e coccodrilli.

Il viaggio inizia

Finalmente scendo le maledette scalette dell'aereo dopo un viaggio da incubo.
Non è stata la durata ad avermi distrutto, sebbene 11 ore non siano uno scherzo, piuttosto la posizione e la compagnia. Segregato come il peggior dei criminali nella fila centrale, lontano lunghissimi metri da qualsiasi oblò e incastrato a destra e sinistra da simpatici individui rozzi e rumorosi, ho sperimentato, purtroppo, il pessimo sapore della tortura.
Senza poter osservare fuori le stelle brillare, o semplicemente le nuvole scorrere velocemente, non mi sono neanche reso conto di aver attraversato due continenti.
Avrei forse potuto ingannare il tempo dormendo, ma i versi del mio simpatico vicino alla mia destra, probabilmente una serie di maleducati sbadigli, anche se su questo punto nutro ancora dei dubbi, hanno distrutto ogni mio buon intento. Certo, si potrebbe pensare ingenuamente, una raffica di sbadigli è spesso preludio a un buon riposo, ma purtroppo, se riposo c'è stato, le mie orecchie non lo hanno percepito (ed è per questo che rimango dubbioso sul fatto che si trattasse di sbadigli!) anche se, devo ammettere, un paio di volte sono andato pericolosamente vicino alla definizione di sonno. Vicino, vicinissimo, ma credo di non aver varcato il confine, perché quando stavo per farlo, sono stato tirato indietro bruscamente dal suono irritante di questo simpatico individuo che con altissima maleducazione mi faceva notare che il mio ginocchio aveva superato di 1-2 centimetri il confine del mio sedile, sebbene fosse ancora lontano dalle sue delicatissime parti corporee.
Probabilmente stava cercando di salvaguardare la flora batterica, depositata con tanta premura, dal pericolo rappresentato dai miei pantaloni, i quali avevano ancora una lontana memoria di quello che generalmente viene chiamato sapone.
Guardo i miei compagni di viaggio con aria da pazzo omicida: è proprio a loro che devo la scelta di questo straordinario posto che fa invidia alla business class!

Si, perché alla partenza, al banco del check-in, si sono prodigati nell'assicurarsi sedili comodi lontano dal finestrino. Ma che carini!

L'unico confine tra il pensare e l'agire in questo momento non è la legge, ma il fatto che il loro viaggio sia stato un incubo tanto quanto il mio. È quindi la loro evidente sofferenza a placare il mio istinto di ucciderli, perché, in effetti, alla fine gli farei solamente un favore.

Fortunatamente, ormai sceso dalle scalette dell'aereo, tutto questo è già un ricordo, una magra consolazione che mi fa leggermente rilassare a sufficienza per affrontare un fatto inequivocabile e decisamente inquietante: sono a metà strada.

Quante volte ho recitato con il sorriso questa frase affrontando percorsi fisici e psicologici davvero impegnativi.

Eppure, in questo momento suona proprio come una condanna...

Sono a metà strada e cosciente che non riuscirei a superare un altro viaggio come quello appena trascorso.

Mi chiudo nel silenzio, intervallando ogni tanto qualche frase verso i miei compagni di viaggio, che evidentemente faticano a capire l'ironia delle mie questioni: "Vi è passato il mal di testa, vero?" "Probabilmente avremo posti migliori sul prossimo volo, tanto ci avete pensato voi".

Anche sulla seconda tratta, carta d'imbarco alla mano già da Roma, si sono fatti dare ottimi posti...nella fila centrale e adiacenti al bagno!

Alla maniera di un condannato a morte, trascorro le quattro ore nel maestoso aeroporto di Pechino come fosse la mia ultima passeggiata e il mio ultimo pasto.

Proprio perché non lo voglio, il tempo, nonostante una notte completamente insonne e le sette ore di fuso orario che si sono aggiunte, sembra venirmi rubato.

Salgo sull'aereo percorrendo il tunnel come fosse il famigerato miglio verde, con la testa china ad ascoltare la litania pronunciata dalla guardia ai detenuti: "Dead man walking", sperando

in cuor mio che all'ultimo secondo un colpo di scena possa regalarmi la grazia.
E una speranza, flebile, si accende nei miei occhi quando nella fila da due posti, adiacente alla nostra gabbia da allevamento, una signora cinese aspetta nel lato lontano dall'oblò un compagno di viaggio che sembra non arrivare.
La testa lentamente mi si risolleva, con buona pace dei dolori del collo ormai abituato a guardarsi i piedi, gli occhi si aprono di speranza, forse illusoria.
Quando una leggera scossa mi avverte che l'aereo ha lasciato la posizione di parcheggio e si accinge a inserirsi sulla pista, capisco che nessuno potrebbe più attraversare il portellone, ormai saldamente chiuso.
Con uno scatto da centometrista, scavalco i miei due irritanti compagni di viaggio e chiedo alla signora, con gli stessi occhi di un bambino al gelataio che non vede da mesi, se sia disponibile quel posto vicino al finestrino, stando ben attento che le hostess non mi vedano e mi impediscano di realizzare quello che, al momento, è sicuramente il sogno più grande.
Se sono qui a raccontare queste avventure, è evidente che il sogno si sia realizzato.
Contento e incredulo come quando ho potuto vedere, inaspettatamente, Saturno per la prima volta al telescopio, o i crateri della Luna al binocolo, mi sono preso e tenuto stretto questo scomodo sedile, preparandomi per un altro viaggio che probabilmente mi rilasserà e quasi sicuramente mi farà riposare e incantare.
Certamente; perché nella mia mente c'è un obiettivo che volevo realizzare già da molto tempo e che questa tratta, orientata quasi perfettamente lungo i meridiani, sembra rendere perfetto: osservare il cielo notturno cambiare mano a mano che la latitudine si abbassava progressivamente.
Chissà cosa vedrò: forse le stelle alzarsi dall'orizzonte non più solo da est verso ovest, ma anche da sud verso nord, e sicuramente cambiare orientazione, mettersi letteralmente a testa in giù.

L'eccitazione è così grande che il sonno, la stanchezza e l'irritazione passano velocemente in secondo piano.
La signora cinese vicino a me è più silenziosa e immobile di un morto, anche quando mangia.
I compagni di viaggio sono stipati nella gabbia degli animali e sembrano esserne contenti, poiché nell'aereo ci sono ancora posti vicino al finestrino che, anche se il panorama non dovesse interessare, potrebbero almeno offrire un appoggio per la testa nella speranza di fare un sonno di miglior qualità.
Mentre aspetto che servano la cena e poi spengano le luci, guardo fuori per cercare di osservare ogni tanto piccole isole di luce sparse qua e là tra l'indistinto nero dei 12 mila metri. Scruto, cerco, penso, e non capisco come possano esserci persone che riescano a disinteressarsi completamente del panorama che scorre sotto ai nostri occhi (per non parlare di quello che c'è sopra, ma comprendo che questo possa essere qualcosa riservato agli appassionati); uno scenario che si vede per la prima volta e, a meno di colpi di fortuna altamente improbabili, non si vedrà mai più nella vita.
Io probabilmente guarderei fuori dal finestrino, anche se fosse completamente nero sia in alto che in basso, solo per il gusto di poter fornire ai miei occhi, quindi al mio cervello, un elemento imbattibile per rendermi conto della vastità e bellezza del pianeta sul quale vivo, e del viaggio che sto intraprendendo.
Ma, in effetti, tutto questo razionalmente non dovrebbe stupire poi più di tanto: sto parlando di esseri, quelli umani, che per proprio diletto e disprezzo dell'ambiente in cui vivono hanno cancellato la bellezza del cielo incontaminato, sparando verso lo spazio delle assurde luci che poi si divertono pure ad ammirare imbambolati di fronte ai loro schermi LCD, mentre le sorvolano nello stesso momento con l'aereo.
Sto parlando di esseri che invadono e distruggono qualsiasi cosa si trovi di fronte al proprio ego smisurato e folle, senza alcun rispetto; quindi, perché dovrebbero ammirare un pianeta che fosse per loro sfrutterebbero fino a distruggerlo, senza peraltro rendersi conto che senza non potrebbero continuare a

consumare quella preziosa energia che gli serve per campare?
Mah, sono pensieri che in questo momento lasciano il tempo che trovano, anzi, se ne sono già andati, interrotti da una cena tutto sommato decente e soprattutto dallo spegnimento delle luci!
Le hostess mi hanno fatto abbassare lo schermo paraluce dell'oblò, non so per quale motivo, visto che fuori è notte e di luce non ne entra, forse per vedere meglio le immagini sullo schermo di fronte a me. Non mi importa, io lo rialzo e comincio a godermi il panorama tra un dolce riposo e l'altro.
Sono sul lato giusto dell'aereo.
Guardo infatti a est e mi imbatto in Orione che sta sorgendo: quale riferimento migliore per cominciare a capire come cambierà il cielo mano a mano che ci si sposterà sulla superficie terrestre?
Uno sguardo per salutarlo e ricordarmi la sua posizione, poi abbasso anche io lo schermo e mi concedo per qualche minuto alle braccia di Morfeo.

Le ore passano lente.
Per il mio fisico forse una decina; in realtà poco più di una. Non ho guardato l'orologio; il primo istinto è stato sollevare lo schermo e vedere la posizione di Orione, non troppo diversa da prima.
Lo sguardo è però catturato verso il basso dalle imponenti luci di quella che sembra una metropoli.
Per un istante resto affascinato anche io, lo ammetto, perché quella fitta rete di lampadine colorate è davvero bella, soprattutto se vista da quassù, a debita distanza.
Controllo sullo schermo di fronte a me e capisco che si tratta di Seoul.
Scatto un paio di foto con la macchina fotografica presa in prestito dal mio compagno di viaggio fotografo, e mi perdo, per il tempo necessario all'aereo a sorvolare e poi sorpassare

quest'agglomerato urbano, nel pensare a quanto sia straordinario questo pianeta.
Da quassù la prospettiva è già molto diversa, si vedono le cose nel loro senso generale per quello che sono e non per le piccole sfaccettature, spesso molto superficiali, di quando si è immersi in quella luminosa (letteralmente) realtà.

Seoul di notte avvolta da foschia e smog. Da quassù può essere bella, ma io, lì in mezzo, non ci vivrei mai.

Mi sento quasi un esploratore di un mondo che da qui vedo nella sua interezza e dal quale riesco a carpire finalmente il significato globale.
Una piccola anticipazione, presumo, di quello che riuscirà a darmi il cielo, quella cupola che ora, con la voglia di scoprirla, sembra non voler cambiare mai.
Richiudo l'oblò.
Il sonno si impadronisce di me... chissà cosa vedrò quando riaprirò gli occhi.

Un dolore al collo mi sveglia e comunica che forse, in quella scomoda posizione, ci ho passato qualche ora. Alzo lo schermo e per un attimo non trovo più Orione: buon segno direi!
Mi accascio sul sedile per scoprire la parte di cielo sopra l'orizzonte, trovo le mie stelle preferite e capisco che non sono più come dovrebbero essere: non ancora sottosopra, ma l'orientazione è finalmente cambiata.
Capisco finalmente che tutto questo è reale, che tanta teoria e aspettative non si sono costruite un sogno che ha provato a scalzare la realtà.
Sto vivendo veramente e per scoprire ciò che in quasi trent'anni della mia vita non ho mai visto!
"E chi dorme più ora!" Esclamo tra me e me con il sentore di essermi lasciato sfuggire qualche parola ad alta voce.
Ma chi se ne frega!

Orione lentamente si gira...

Scatto ancora qualche foto, mi emoziono per quello che sarà, e contro tutte le previsioni cado in un sonno profondo che verrà poi interrotto da una schifosa colazione a base di beacon e omelette.

Le luci accese all'interno mi fanno schizzare dal sedile, con i muscoli e il sedere che non so dove si siano fermati.

Alzo lo schermo e vedo improvvisamente le luci dell'alba.
Le stelle sono quasi del tutto scomparse; la notte, finalmente l'ultima sull'aereo, terminata. Questo significa che il nuovo continente è vicino, che l'avventura può iniziare.
Con Venere che brilla già alto di una luce bianchissima, che poche volte ho potuto ammirare dall'inquinato e opaco cielo di pianura, recupero in pochi minuti le forze, spazzando via il male fisico di un viaggio più duro di quanto avessi immaginato.

...E Venere impreziosisce la prima alba a testa in giù!

Cerco Orione, ma naturalmente non lo trovo. Guardo di fronte a me verso sud e riesco a osservare poche stelle di una luminosità per me aliena.
Non ho idea di quale costellazione facciano parte, ma sono sicuro della loro totale assenza alle nostre latitudini.
Il nuovo mondo è arrivato, proiettato da un Universo che timidamente comincia a mostrarsi giusto per quell'attimo necessario per farmi capire che io ci sono, sono qui e sto vivendo.
L'avventura è iniziata; tutto il resto, da adesso fino alla prossima notte, non mi interessa più e sicuramente verrà dimenticato in fretta.

Intrappolato nella luce della metropoli

Il primo giorno a Sydney finalmente sta per terminare.
Di questo Sole che mi tiene compagnia sin dalle 6 di mattina, non ne posso più.
Scendi sotto l'orizzonte e lasciami assaporare per un istante qualche emozione di questo cielo, che sicuramente sarà inquinatissimo da luci artificiali. Ma per ora mi accontento di vedere poche cose: qualche costellazione, magari la Luna che, dicono, da qui si presenta a testa in giù. Chissà come sarà e quali sensazioni mi regalerà!

Notte, amica mia, infine sei arrivata...
Mi stacco dai miei compagni di viaggio, interessati a tutto tranne che al cielo, e inizio a camminare per la via della baracca nella quale abbiamo trovato, all'ultimo momento, un alloggio di fortuna.
Percorro quella che a detta di molti indigeni è la zona più pericolosa dell'Australia, ma io, abituato alle nostre malfamate città, ho la sensazione di camminare in un ampio, pulito e benestante angolo di una metropoli italiana.
È proprio vero che la relatività non è argomento per soli fisici!
Mi sposto fino a quando non trovo un piccolo squarcio tra gli alberi di questo viale. Non so effettivamente quanta strada abbia percorso, né mi interessa saperlo.
Sono lontano da tutti, solo per la via deserta, e in questo momento è l'unica compagnia che potrei desiderare per ricominciare a parlare con l'Universo attraverso la mia personalissima lingua.
Semi arrampicato sull'alto cancello chiuso di un parco, con una suggestiva vista sul financial district costellato di alti grattacieli, mi volto a destra, a sinistra e poi indietro per cercare quello che mi interessa... e lo trovo.
La Luna illumina il cielo più dei lampioni, con la sua sagoma quasi perfettamente circolare. La guardo e rido:
"Cavolo, è sottosopra per davvero!"

La Luna dal centro di Sydney è...

...Al contrario!

È il primo approccio con il southern sky: divertito e incredulo a parlare con la Luna capovolta e far concorrenza agli ubriachi marci che ogni tanto sento gridare parole sconclusionate per la strada.

Sorridente li guardo passare ogni tanto, e non posso fare a meno di sentirmi superiore e fortunato per essere ubriaco di vita e stupore già al primo assaggio di questo nuovo Universo.

Devono passare altri giorni per osservare qualcosa di diverso dall'ingombrante falce lunare. Sono anche convinto che nel centro di una metropoli come Sydney, le stelle visibili saranno pari a quelle che ho potuto intravedere da New York: una decina se va bene.
A complicare il tutto ci si è messo anche il meteo.
Dopo l'amato tepore che ci ha accolto il primo giorno, sembra essere ripiombati nel grigio e fresco autunno nostrano.
Il cielo è perennemente opaco, dispensando ogni tanto spruzzi di fine pioggia non richiesta; l'aria è frizzante e spesso accompagnata da un fastidioso vento teso.
Ammetto di essere un po' deluso.
L'Australia, il paese del Sole e del caldo tutto l'anno: tutte leggende metropolitane!
Ma, pensandoci bene, non potrebbe essere altrimenti, perché stiamo parlando di uno stato-continente ben più grande dell'Europa!
Sarebbe come voler accomunare con una sola etichetta il meteo europeo: dubito che un Finlandese e uno Spagnolo si trovino d'accordo su quale aggettivo utilizzare!

Ormai sono arrivato alla penultima notte qui a Sydney.
La Luna ha oltrepassato abbondantemente la fase piena e si sta lentamente avvicinando verso l'attesissimo bacio che darà al Sole la mattina del 14.
Molte situazioni e difficoltà non permettono di concentrarmi ancora sull'evento che è stato il traino di tutta questa avventura, quei due minuti che valgono un giro dall'altra parte del mondo e due anni di preparazione economica.
Vorrei parlarne, sfogarmi, urlare, ma non cambierebbe nulla; ho bisogno del cielo e di quelle stelle che brillano e brilleranno in qualunque parte del mondo e in qualsiasi brutta situazione mi trovassi ad affrontare.
E questa notte sono qui, tristemente seduto sul gradino sporco di una scalinata della quale non vedo il fondo, tanto è ripida e mal illuminata, aspettando che il cielo si liberi quel tanto che

basta per regalarmi anche solo un piccolo assaggio. Ne ha bisogno la mia mente e la mia essenza, al punto da diventare quasi un'esigenza fisica.
Aspetto imperterrito anche dopo che qualche goccia d'acqua ha cercato di scoraggiarmi ancora di più. Ci vuole ben altro per farmi abbandonare la speranza, soprattutto in un momento del genere.
Non mollo e forse vengo ricompensato, perché improvvisamente come sono arrivate, ora le nuvole iniziano a dissolversi, lasciando il posto a squarci sempre più scuri.
I miei occhi lucidi verso il cielo non si sono mai staccati, neanche quando il fastidio dell'acqua scesa dall'alto ha provato in tutti i modi a farli chiudere, e ora finalmente vengono ripagati della sofferente attesa.
Lì in alto appare di nuovo Orione!
Il grande gigante forse avrà qualche mal di testa domani mattina, dopo aver passato tutta la notte sottosopra!
Che impressione!
Si fa fatica persino a unire le stelle e formare la classica e facilissima figura mitologica!
Ma come fa a ruotare sottosopra?
Passo interminabili minuti cercando di immaginare come ruoti il cielo da queste parti, confondendomi non poco, anche grazie all'aiuto della mente annebbiata da pensieri e sonno.
A un certo punto il mio viaggio arriva così lontano dalla realtà, da credere che quaggiù le stelle sorgano a ovest e tramontino a est: in fin dei conti non si chiama l'emisfero degli opposti?
La mia parte lucida, offuscata ma non cancellata, ha improvvisamente un sussulto che si manifesta con un brivido lungo tutto il corpo, che mi fa tornare alla realtà e capire quale grande cavolata io abbia appena sparato!
Riesco a superare la sorpresa per l'incomprensibile gioco di movimenti ed entro dentro la costellazione.
Nessuno probabilmente mi crederà, ma qui, dal centro di Sydney, metropoli di milioni di persone, la grande nebulosa di Orione, così come tutta la costellazione, brilla più del mio cielo

di campagna. Mi chiedo come sia possibile che una città di meno di 200 mila abitanti riesca a cancellare meglio le stelle di un agglomerato che ne conta diversi milioni.

Forse è solo suggestione, dirà sicuramente qualcuno, ma io che sono qui, io e nessuno di coloro che ascolteranno questo racconto, vedo decisamente più stelle.

Capisco che non si tratta di suggestione, almeno non solo; si chiama civiltà e rispetto, un livello culturale che qui evidentemente ha raggiunto la consapevolezza che l'illuminazione selvaggia e incontrollata non solo rappresenta un enorme spreco di energia, quindi denaro, ma cancella anche quelle luci naturali più grandi e durature che potremmo mai sperare di vedere.

Ed è bellissimo camminare per le vie centrali, semi illuminate come una nostra stradina di periferia, con macchina fotografica, portafogli pieno di soldi e documenti e sentirsi molto più sicuri dei nostri enormi vialoni illuminati a giorno.

Prima di tornare sui miei passi, perché si sono fatte le 2 di notte e del jet lag non ho avuto traccia neanche il primo giorno, ritorno lassù tra le gemme di Orione incastonate nelle fronde in movimento di questi alberi, alti quasi quanto il cielo.

Un sorriso, diverso dai numerosi altri dispensati, mi ricorda che anche a distanza di venti e più anni da quella prima, magica, osservazione, il cielo è sempre pronto a regalarmi gioie come e più della prima volta, che niente in questo limitato pianeta sarà mai in grado di darmi. E questa consapevolezza, al di là dell'oggettivo spettacolo che ho appena assaggiato e sicuramente ammirerò tra qualche giorno in tutto il suo splendore, è qualcosa a cui non rinuncerei mai, perché sarebbe come rinunciare alla vita e alla propria coscienza, tornando a sguazzare in quello stagno melmoso dal quale milioni di anni fa ci siamo faticosamente eretti.

Viaggio verso Cairns

L'ultima notte a Sydney trascorre tra il rumore della strada dove si trova l'hotel che ci ospita per poche ore, e la corsa per arrivare, ancora prima dell'alba, all'aeroporto per imbarcarsi su quell'aereo che dopo tre ore ci avrebbe portato nel nord, a Cairns, cittadina a circa 2000 km di distanza, meta finale del viaggio.
Mentre il Sole gioca a nascondino con la coda del nostro aereo ancora immobile al terminal, mi fermo a fissarlo e inizio a pensare che questa sarà l'ultima alba che vedrò da Sydney. Quando ritornerò qui, in questo stesso terminal, il Sole sorgerà di nuovo ma lo farà di fronte a una persona diversa, che avrà vissuto esperienze che ora non riesco neanche a concepire.
Non è un ragionamento nuovo per me.
Molte volte chiudendo la porta di casa dei miei genitori, pochi giorni prima di un esame o un evento importante, salutavo quell'ambiente così familiare con sensazioni contrastanti di emozione e paura, eccitazione e insicurezza. Nello scontro tra opposti hanno sempre prevalso le emozioni positive, quel misto difficile da raccontare che fa salire per un attimo l'adrenalina e rende coscienti che quell'ambiente, tanto uguale ai più, per me sarebbe cambiato ancora la prossima volta che l'avrei rivisto.
Riuscirò a vedere l'eclissi, rincorsa per una vita e mancata per un soffio rabbioso nel 1999, proprio dietro casa? Riuscirò a spingermi abbastanza lontano dalle luci per osservare e fotografare quel cielo incontaminato che ora non riesco neanche a sognare, tanto è lontano da tutte le esperienze della mia vita?
Mi sento quasi un bimbo che deve affrontare il primo giorno di scuola. La spensieratezza della gioventù gli impedisce di pensare a tutte le conseguenze che quel semplice gesto avrà nella sua vita; ma non è così per me. L'emozione e la consapevolezza di essere di fronte a un bivio, se non materiale sicuramente spirituale, è fortissima e altrettanto bella.

È in questo modo che ho trascorso il ritardo di 50 minuti tra la partenza prevista e quella effettiva. In cuor mio so perfettamente di dover ringraziare i responsabili, perché altrimenti non avrei mai potuto assaporare questo sublime momento.
Che l'avventura, quella vera, inizi; ora la meta si fa finalmente più vicina e reale!

Cairns è un altro mondo rispetto a Sydney.
Paese molto piccolo, con grandi strade, immerso in un ambiente quasi surreale ai piedi di imponenti colline appuntite che qui chiamano montagne, sebbene siano alte poche centinaia di metri, ricoperte di un tappeto verde indistinguibile nei suoi singoli abitanti chiamato foresta pluviale.
Appena scesi dall'aereo la prima cosa che si è notata, dopo aver sfiorato quelle montagne con il perenne cappello di nuvole, è l'umidità altissima e il Sole che sembra alimentare una fornace a cielo aperto.
Il respiro si fa faticoso perché alle 9 ci saranno oltre 25°C e un'umidità insopportabile.
All'ombra va meglio; il venticello tenue è ancora frizzantino.
La vegetazione intorno a noi è drasticamente diversa rispetto ai dintorni di quella metropoli posta a 2000 km di distanza.
Alberi giganteschi contornati da liane secolari si ergono per centinaia di metri e a volte oscurano addirittura la luce solare.
Nel paese enormi fusti di mango ospitano centinaia di giganteschi pipistrelli, chiamati, non a caso, Flying fox.
Se c'è qualcosa che ho imparato già dalla prima settimana a Sydney, è che in Australia tutto si presenta extra large: i ragni sono grandi come una mano, le zanzare come il palmo, i pipistrelli sono letteralmente delle volpi con un'apertura alare che supera il metro.
Pullulano questi alberi di mango come le zanzare il delta del Po' in agosto. Rigorosamente appesi a testa in giù, compiono gesti comuni a quelli di cani e gatti, e per questo fanno davvero impressione.

Flying foxes, volpi volanti appese a centinaia sugli alberi di Cairns.

Non smettono di cantare o parlarsi, spesso si grattano e, credo, si lavano come fossero proprio i nostri amici felini.
Al di là del disgusto iniziale, ho notato sorprendentemente come siano perfettamente integrati nell'ambiente urbano.
Non infastidiscono affatto i vacanzieri o gli indigeni e nessuno degli abitanti ne è disgustato o spaventato.
E così, dopo lo stupore iniziale, i loro buffi versi diurni e gli assordanti canti del crepuscolo e dell'alba, sono subito diventati il simbolo di una calda estate fuori stagione, proprio come grilli e cicale rappresentano la colonna sonora delle nostre torride giornate.

Il clima tipicamente tropicale è foriero di nuvole che a volte minacciose, altre meno, accompagnano sempre la nostra giornata e suppongo lo faranno per tutto il tempo che saremo qui.
Difficile, anzi, impossibile fare proficue osservazioni astronomiche con questo contorno, senza considerare il fastidio delle luci di questo paese che di australiano non ha davvero nulla.

Si, perché sembra di essere in una delle nostre località di mare, almeno di prima impressione. Centinaia, anzi, migliaia di turisti si godono quest'angolo artificiale strappato all'impenetrabile foresta pluviale e reso sicuro, per quanto possibile, agli inesperti visitatori che volando per migliaia di chilometri si rifiutano di vedere la natura che fa la voce grossa, rifugiandosi invece in una piscina che potrebbero trovare benissimo sotto le loro case.
Sicuro... una parola grossa.
Come ci ha detto una scorbutica ragazza alla reception di un hotel: "In Australia nulla è sicuro!"
Si può morire mangiati dai coccodrilli che sembra popolino le spiagge di fronte a noi, come recitano ogni i tanto i cartelli di divieto di balneazione posti all'ingresso libero e non controllato delle spiagge cittadine.
Se non si incontrano i coccodrilli, ci pensano delle enormi meduse blu a provocare ustioni e, forse, anche la morte, oppure i più classici squali. Ma si può morire morsi da un piccolo ragnetto di color rosso o da uno scorpione.
Si può morire per mano dei serpenti che popolano i laghetti, liberi e incustoditi, all'ingresso dei parchi nazionali. Naturalmente si può morire di Sole, che in un'ora è capace di portar via litri di liquidi dal corpo, e di molto altro ancora.
Insomma, in Australia è la natura a comandare, anche nel mezzo di un palazzo circondato da cemento; e forse è proprio per questo motivo che l'essere umano, intimorito da cotanta potenza e pericolosità, se ne sta molto più buono rispetto alla "civilizzatissima" Italia.
Ma ridurre il tutto a un potere superiore che con la sua minaccia placa ogni istinto omicida/suicida della specie inferiore, l'uomo, è irriverente verso il grande potenziale che celiamo, spesso ben nascosto persino a noi stessi.
Qui, ancora più che nella cosmopolita e variopinta Sydney, ho subito apprezzato una filosofia di vita che in Italia ci sogneremo.

Le spiagge di Cairns sono aperte e libere, ma a proprio rischio e pericolo!

Cartelli privi di qualsiasi scritta e scarabocchio, bambini di due anni che dalla grande piscina pubblica a cielo aperto escono per fare la pipì e poi rientrare in acqua, barbecue perfettamente puliti a uso gratuito della collettività, simpatia, cordialità e soprattutto rispetto della persona e della cosa comune.
In Australia se vuoi morire nessuno te lo vieta.
Persino lo stato sembra essere in perfetta armonia con quella che io ho subito ribattezzato filosofia del buon senso, non invadendo mai la vita delle persone e credendo nelle scelte fatte nel rispetto di se stessi e della collettività.
Ecco spiegato perché le spiagge invece di essere chiuse, protette da barricate e filo spinato come succederebbe qui, sono aperte e libere, senza alcuna barriera. Sono sufficienti i cartelli di pericolo e di divieto per impedire a tutti di varcare l'immaginario confine tra il pontile e la spiaggia adiacente. Se poi il matto di turno ignora il divieto è una responsabilità sua e

soltanto sua, una scelta che per quanto scellerata nessuno, nemmeno lo stato, ha il diritto di negare.
Ogni persona è responsabile delle proprie azioni: le regole ci sono, non sono invasive, meno delle nostre e non cancellano l'individualità, consegnando alla propria responsabilità e senso civico la voglia di rispettarle, non la paura di infrangerle.

La grande e calda piscina in riva all'oceano off-limits. 5 Novembre 2012: Sole e 30°C, che bello!

Mentre vago per i miei pensieri ciondolandomi lungo la strada, noto che il paesaggio intorno a me sembra essere cambiato.
I colori sono molto più vividi, il cielo estremamente più azzurro, le ombre piuttosto strane….anzi, più che strane non ci sono affatto!
Ecco spiegata la peculiarità dell'ambiente che mi circonda, la luce invadente, i contrasti sballati, i colori esplosivi.
Per la prima volta nella mia vita guardando in alto, esattamente sulla verticale, trovo il Sole!
Il mio corpo in basso non proietta alcuna ombra, se non una piccola chiazza perfettamente sovrapposta ai piedi.
Il Sole è allo zenit.
Chi lo credeva possibile!
Così abituato alle giornate delle medie latitudini non ho neanche considerato l'ipotesi scritta su ogni libro di astronomia che si rispetti: tra il tropico del Cancro e quello del Capricorno il Sole passa allo zenit almeno due volte l'anno.

Oltre al caldo insopportabile e alla mia testa che sono sicuro abbia già scelto una diversa tonalità, è davvero strano osservare un mondo senza ombre.

Quelle amiche fidate, per noi reali quanto gli oggetti che le proiettano, qui per qualche minuto a cavallo di mezzogiorno smettono di esistere.

Senza più ombre e con il Sole quasi per nulla bloccato dalla nostra atmosfera, i colori degli oggetti sembrano accecare. Non so se sia la vegetazione particolarmente rigogliosa o il cielo estremamente terso a fare la differenza, ma io questi contrasti non li ho mai vista prima d'ora, neanche a Sydney o perso per le Blue Mountains.

Tiro fuori la mia macchina fotografica per cercare di carpire la stranezza del momento, ma non ci riesco perché l'occhio e la mente sono capaci di regalarci visioni ed emozioni ancora lungi dall'essere riprodotte da un piccolo panetto di silicio.

Però devo ammettere che l'assenza di ombra si vede bene e da sola fa abbastanza impressione!

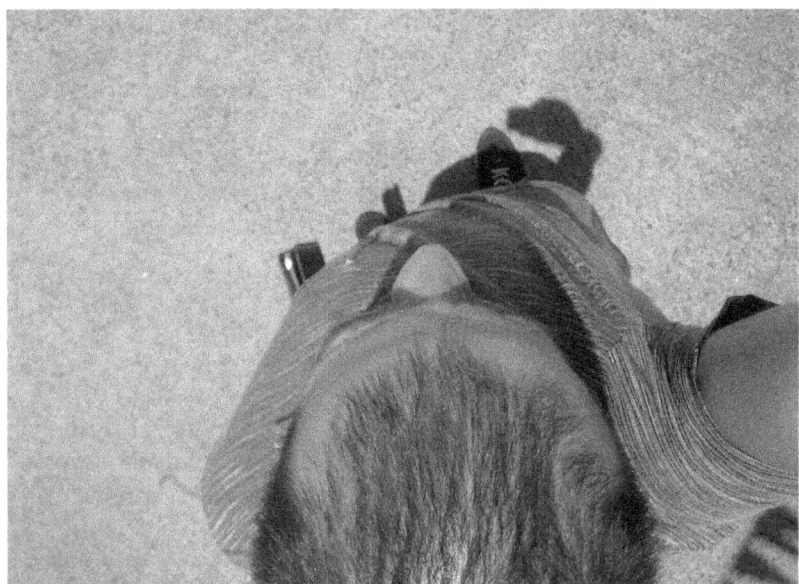

Il Sole è allo zenit: le ombre spariscono!

Intanto il mio compagno di viaggio mi comunica di aver finalmente fatto qualcosa di utile da quando abbiamo preso il primo aereo: è riuscito a trovare una macchina a noleggio proprio di fronte al nostro ostello, un'impresa che a 9 giorni dall'eclisse sembrava assolutamente impossibile e ci evita una trasferta di 350 km a Townsville, il paese più vicino dove abbiamo trovato, anzi, io ho trovato, un'auto a noleggio disponibile dopo interminabili ricerche sul web negli ultimi giorni a Sydney.

Se domani effettivamente avremo l'auto, la sera sicuramente uscirò da solo e fuggirò dalla costa umida verso l'interno più asciutto, alla caccia del mio primo cielo scuro.

Mentre mi godo il secondo bagno della giornata nell'ampia piscina pubblica, con il Sole che sta per tramontare verticale, quindi veloce come non ho mai visto, assaporo il caldo di quest'acqua e di quello che sarà domani sera.

Comunque vada, vivrò come oggi, rigorosamente da solo, un'altra avventura alla scoperta di questo incredibile pianeta e della stellata cupola cristallina che lo avvolge.

Vista panoramica sulla pianura che ospita Cairns, incastonato tra la foresta pluviale e montagne costiere che generano continuamente scuri cappucci di nubi cariche di pioggia. Il colore dell'oceano rivaleggia con quello del cielo.

Fuga dalle luci e dalla pioggia

Devo essere sincero, non ricordo bene quello che ho fatto oggi, perché non me ne è importato molto.
L'unica situazione che vale la pena rammentare, poiché sarà fondamentale per la serata e molti altri giorni futuri, è l'esperienza di guida.
Dopo i disastri del mio compagno di viaggio, prima ieri con la macchina di quello che è un suo mezzo zio che vive qui a Cairns, poi con la nostra piccola auto appena noleggiata, ero davvero convinto che cambiare con la sinistra, trovarsi i comandi invertiti, stare sul lato sinistro e fare tutti gli incroci, comprese le rotatorie, al contrario, fosse un'impresa impossibile.
Poi, appena messomi per la prima volta alla guida ho capito che ad aver problemi sono la concentrazione e la coordinazione del mio compagno di viaggio.
Decisamente meglio così, perché mentre facevo allegro e impavido la prima esperienza di guida tra le strade di Cairns, realizzavo che il progetto di fuga serale era improvvisamente diventato molto più vicino e concreto.
Il resto della giornata è trascorso senza che me ne accorgessi. Forse mi sono fatto di nuovo un bagno nella piscina e preso, con estrema prudenza, un po' di cocente Sole tropicale.
Ma l'importante è che adesso, in questo momento, io sia seduto sul letto sporco di questa topaia puzzolente a studiare l'itinerario del mio incombente viaggio.
Pochi sono i requisiti: trovare un cielo sgombro da nubi e abbastanza scuro per osservare finalmente per la prima volta il cielo australe, in rigorosa solitudine e silenzio, come fosse, e in effetti lo è, il tesoro personale più importante e prezioso che esista.
Con l'incoscienza di un bambino che se ne frega degli ostacoli e delle difficoltà inaspettate che potrebbe incontrare sul proprio cammino, lo sguardo lucido di chi in questo momento sta vivendo un desiderio quasi forsennato, ho raccolto la mia

strumentazione, salutato la compagna di viaggio e mi sono fiondato in macchina.
Da solo verso strade sconosciute, di notte, diretto in un posto che non sapevo dove fosse, in una città situata in un continente quasi esattamente dall'altra parte del mondo rispetto a casa mia... Fantastico!
Qualcuno la definirebbe incoscienza e lo potrebbe sembrare, ma io sono perfettamente conscio di quello che sto facendo e per questo ancora più convinto.
Questa è l'Australia che avevo in mente, il viaggio e l'avventura che cercavo: esplorare, scoprire, non lasciare che la paura prenda il sopravvento e decida quello che voglio fare.
E la paura non c'è, inspiegabilmente.
Per il mio carattere, contraddistinto nella prima giovinezza dalla timidezza e dal timore verso tutto e tutti, è la trasformazione finale.
Sono diventato ora a tutti gli effetti cittadino del mondo; ma non quello degli uomini, piuttosto quello naturale e selvaggio di questo spettacolare pianeta.
Mi muovo con prudenza e il rispetto necessari, ma non sono affatto limitato dalla paura, piuttosto guidato dalla voglia di scoprire, di sognare e di vivere... si, vivere, perché questa è la vita che ognuno di noi dovrebbe condurre.
Ne abbiamo una sola.
Non ci sono prove d'appello, la possiamo condurre con il grande dono dell'intelligenza; non c'è motivo alcuno di nasconderci dietro stupide regole o storielle che hanno la pretesa di pensare e agire al posto nostro.
Io ho un cervello, mi considero mediamente intelligente e ho scelto di usarlo per vivere.
Questa sera lo sto facendo probabilmente nel modo più spettacolare, fino ad adesso; in corpo convinzione, felicità, energia che neanche la pioggia, a tratti forte, riescono a scalfire.
So che questa sera andrà tutto bene.

Riuscirò a trovare il sereno e quel cielo sognato per tanti anni e mai osservato; dovessi guidare anche per centinaia di chilometri fino in mezzo al deserto.
Questa è la mia serata: non esiste pioggia, lavori stradali improvvisi, curve strette e pericolose nel mezzo della foresta, canguri che attraversano la strada che tengano: è tutto, davvero tutto, bellissimo.

Ciao ciao pioggia e luci: questa sera me ne vado in esplorazione all'interno per trovare il mio primo cielo australe!

Il mio fido Ipad, con il quale condivido un personalissimo rapporto d'amore e d'odio, mi sta guidando verso il punto che avevo scelto.
Dopo una quarantina di minuti di macchina lascio la strada principale in prossimità dell'incrocio con un paesino chiamato Speewah, che peraltro fatico a vedere con il buio completo.
Come avevo previsto, passate le montagne costiere il paesaggio cambia rapidamente, come il clima.
La foresta pluviale, che 20 km prima sembrava inghiottire anche la strada, ora si è già diradata.

strumentazione, salutato la compagna di viaggio e mi sono fiondato in macchina.
Da solo verso strade sconosciute, di notte, diretto in un posto che non sapevo dove fosse, in una città situata in un continente quasi esattamente dall'altra parte del mondo rispetto a casa mia... Fantastico!
Qualcuno la definirebbe incoscienza e lo potrebbe sembrare, ma io sono perfettamente conscio di quello che sto facendo e per questo ancora più convinto.
Questa è l'Australia che avevo in mente, il viaggio e l'avventura che cercavo: esplorare, scoprire, non lasciare che la paura prenda il sopravvento e decida quello che voglio fare.
E la paura non c'è, inspiegabilmente.
Per il mio carattere, contraddistinto nella prima giovinezza dalla timidezza e dal timore verso tutto e tutti, è la trasformazione finale.
Sono diventato ora a tutti gli effetti cittadino del mondo; ma non quello degli uomini, piuttosto quello naturale e selvaggio di questo spettacolare pianeta.
Mi muovo con prudenza e il rispetto necessari, ma non sono affatto limitato dalla paura, piuttosto guidato dalla voglia di scoprire, di sognare e di vivere... si, vivere, perché questa è la vita che ognuno di noi dovrebbe condurre.
Ne abbiamo una sola.
Non ci sono prove d'appello, la possiamo condurre con il grande dono dell'intelligenza; non c'è motivo alcuno di nasconderci dietro stupide regole o storielle che hanno la pretesa di pensare e agire al posto nostro.
Io ho un cervello, mi considero mediamente intelligente e ho scelto di usarlo per vivere.
Questa sera lo sto facendo probabilmente nel modo più spettacolare, fino ad adesso; in corpo convinzione, felicità, energia che neanche la pioggia, a tratti forte, riescono a scalfire.
So che questa sera andrà tutto bene.

Riuscirò a trovare il sereno e quel cielo sognato per tanti anni e mai osservato; dovessi guidare anche per centinaia di chilometri fino in mezzo al deserto.
Questa è la mia serata: non esiste pioggia, lavori stradali improvvisi, curve strette e pericolose nel mezzo della foresta, canguri che attraversano la strada che tengano: è tutto, davvero tutto, bellissimo.

Ciao ciao pioggia e luci: questa sera me ne vado in esplorazione all'interno per trovare il mio primo cielo australe!

Il mio fido Ipad, con il quale condivido un personalissimo rapporto d'amore e d'odio, mi sta guidando verso il punto che avevo scelto.
Dopo una quarantina di minuti di macchina lascio la strada principale in prossimità dell'incrocio con un paesino chiamato Speewah, che peraltro fatico a vedere con il buio completo.
Come avevo previsto, passate le montagne costiere il paesaggio cambia rapidamente, come il clima.
La foresta pluviale, che 20 km prima sembrava inghiottire anche la strada, ora si è già diradata.

La pioggia che ha accompagnato le prime fasi della scalata ha lasciato il posto alle stelle che vedo già perfettamente dal vetro della macchina in corsa.
Non sto più nella pelle, sono davvero emozionato.
Appena possibile mi fermo su un ampio piazzale in terra battuta e controllo se davvero il cielo sia pulito e scuro come penso. Spengo i fari dell'auto rimasta ancora accesa, ma prima delle stelle in alto mi colpisce il buio pesto. Probabilmente i miei occhi non ancora abituati all'oscurità accentuano la sensazione, ma è davvero qualcosa di sconvolgente e per certi versi inquietante, perché mai visto prima d'ora.
Ho i lampioni della strada principale a meno di 200 metri, dietro gli alberi, eppure del paesaggio intorno non riesco a distinguere neanche i contorni.
Abbasso il finestrino e timidamente metto la testa fuori già rivolta verso l'alto.

Una trentina di chilometri e sono a Speewah, paesino di poche case immerso nel buio completo.

Quando gli occhi terminano l'infinita transizione dal tettuccio della macchina a un cielo puntinato di stelle, il respiro per un

attimo si ferma e regalo all'Universo il più grande sorriso della mia vita.
"Non posso perdere tempo" penso tra me e me, o forse a voce alta. "Devo trovare un posto ancora più scuro e riparato dai lampioni stradali e godermi lo spettacolo che si preannuncia entusiasmante!" continuo freneticamente con il cuore in gola e le mani ghiacciate.
Riaccendo i fari della macchina che terminano la loro corsa vero il nulla, sollevo il finestrino, un gran polverone, e proseguo la stradina che non so dove mi condurrà.
Il primo tratto, in discesa, verso una piccola vallata. Mentre lo percorro isolato dal resto del mondo penso tra me e me quanto pazzo possa essere a fare una strada così di notte, senza avere la minima idea di cosa potrei trovare.
Potrebbero esserci pericoli che non posso nemmeno immaginare, o leggi di cui non conosco l'esistenza. Potrebbe essere una strada privata che si interrompe su una casa di un cowboy che mi attende con il fucile, potrebbe essere piena di buche che non vedrò se non quando ci andrò sopra spaccando le ruote e restando intrappolato... Potrebbe essere tutto.
Ci penso un attimo.
Ma quando la vallata finisce e la stretta stradina sterrata comincia ad andare sempre di più verso l'alto, incontro alle stelle, tutto sparisce e ritorna il sereno nella mia mente.
Finalmente un breve rettilineo e del posto per accostare.
Mi fermo ed esploro la situazione.
Il cielo è bellissimo ma troppo chiuso dagli alberi. Non ho ancora il coraggio di scendere; mi limito ad ammirare guardingo il panorama circostante dalla mia auto.
Inutile dire che non vedo proprio nulla.
In questo momento inizia a salire un po' di preoccupazione su come riuscirò a starmene fuori tranquillo a veder le stelle senza sapere cosa ci sia a 2 metri di distanza.
Siamo in Australia, non nell'orto di campagna dei nonni dove la più grande preoccupazione sono le talpe che cercano di rubare il raccolto.

Qui nel prato potrebbero esserci serpenti, scorpioni, insetti di varia natura di cui ignoro l'esistenza, canguri (saranno aggressivi o timidi? Chi lo sa!), predatori vari della giungla.
Comincio a pensarci. Intanto mi muovo perché questo non è il luogo adatto.
Ripercorro la stradina asfaltata, che il mio Ipad assicura fare una specie di circonferenza e ricongiungersi con la principale dopo al massimo una decina di chilometri, con un misto di emozioni, questa volta non tutte positive.
Se non trovo presto uno spiazzo perfetto la parte in diretto contatto con l'istinto di sopravvivenza prenderebbe il sopravvento e mi farebbe tornare indietro. È per questo motivo che accelero l'andatura. La strada presenta ancora tanti sali e scendi, ma al lato c'è sempre posto per accostare o fare una repentina inversione di marcia in caso di necessità: pazzo si, ma non stupido!
Sono già trascorsi dieci minuti abbondanti e non ho incrociato una, dico una, macchina.
Com'è possibile in una strada di paese, alle 22:30 di sera?
Sconvolgente; ma da un certo punto di vista anche confortante perché potrei osservare tranquillamente a bordo strada.
In questi concitati minuti dimentico anche la guida a sinistra, tanto la carreggiata è così stretta che a mala pena entra la mia piccola utilitaria.
Dopo una curva a destra, la stradina finalmente si apre verso sud. Era quello che aspettavo.
Cento, forse duecento metri dopo sulla sinistra una casa a poche decine di metri dalla strada, concede quella falsa sensazione di sicurezza per convincermi a fermarmi sul ciglio destro, ai bordi di quello che sembra un prato adiacente un campo, probabilmente di canna da zucchero.
L'erba è molto bassa, lo spazio più che sufficiente per tutta l'attrezzatura e abbastanza lontano dal muro di vegetazione che sicuramente nasconderà animali d'ogni genere.
Fermo la macchina e spengo subito i fari.

Questo è il posto d'osservazione scelto per la mia prima, emozionante, notte.

Come nel miglior spettacolo di magia, quella cupola nera, nel momento in cui ruoto la manopola si accende come se qualcuno avesse girato un gigantesco interruttore cosmico.
Già da qui dentro ci sono così tante stelle che potrei fare un'indigestione cosmica questa sera.
Al diavolo i pericoli della giungla, al diavolo tutto!
In preda a un incantesimo potentissimo, senza vedere dove mettessi i piedi, apro lo sportello e con uno scatto scendo di fronte all'auto per ammirare questo sublime silenzioso concerto di stelle.
Provo a orientarmi ma ovviamente non ci riesco.
Guardo un attimo dietro di me, verso nord, e vedo bassissime le Pleiadi, al contrario.
Un momento, quelle sono davvero le pleiadi?
Ne posso contare distintamente 12, non è possibile che quelle siano davvero le famose sette sorelle che dal più scuro dei miei cieli di campagna, così basse sull'orizzonte, riuscivo a malapena a scorgere.
Ma dove cavolo sono finito?

Ancora sulla Terra oppure mi sono imbarcato per lo spazio profondo con due binocoli al posto dei miei occhi?
Non riesco ancora a crederci: meraviglioso!
Incantato da questo vero e proprio shock iniziale, mi rifiondo verso il sud alla scoperta dell'Universo invisibile.
Mi sento un antico esploratore che per primo vede un nuovo mondo. E questo mi scalda il cuore perché significa che le sensazioni pure e forti che avevo da piccolo non sono state cancellate dal materialismo, cinismo e spesso assurdità della società, quella stessa che sprezzante di ogni cosa ha addirittura cancellato il cielo.
Guardo in lungo e in largo, cercando soprattutto di vedere se ci sono ancora nuvole che possano dare fastidio, perché questa sera ho anche intenzione di fotografare.
E puntualmente, maledizione, due invadenti nubi brillanti si parano proprio al centro del mio campo di vista, nel mezzo dell'ignoto da esplorare.
Il sorriso improvvisamente si trasforma in amarezza, quella stessa che spesso ha accompagnato tutti gli appuntamenti più importanti con l'Universo: dall'eclissi del 1999 che ha distrutto per molto tempo i sogni di un adolescente regalandogli una depressione che a quell'età non dovrebbe mai esistere, alla storica pioggia di meteore del Novembre dello stesso anno, fino a quella sera in cui scoprii il mio pianeta extrasolare, messa a dura prova e per poco cancellata proprio da queste maledette cortine di vapore condensato.
Sto entrando in una spirale autodistruttiva.
Meglio calmarmi e aspettare pazientemente in macchina il loro passaggio: alla fine sono solitarie nel nero della volta celeste, quindi, almeno spero, se ne dovrebbero andare subito.
L'attesa nell'auto che ogni tanto devo accendere perché altrimenti i vetri si appannerebbero in pochi minuti, è snervante:
"Che succede se non se ne vanno?
Torno a casa subito o aspetto?
Ma perché non può andarmi bene almeno una volta, dico una?

Mi accontenterei di una mezz'oretta di cielo, non chiedo mica chissà cosa! Anche perché quando ricapiterà l'occasione di andarmene in un posto buio, da solo, lontano da quei due compagni di viaggio che mi opprimono e non mi lasciano un secondo in pace? Questa potrebbe essere l'unica volta in cui ammirare in silenzio, rispetto e contemplazione questo Universo, in cui stare a contatto con esso".
Apro di nuovo il finestrino forse dopo 10 minuti, ma niente.
Quelle due bastarde sono ancora lì e per di più sembrano essere più brillanti di prima.
Richiudo, tolgo la chiave scagliandola contro il sedile del passeggero.
Sto cominciando a pensare di tornare a casa, perché sta scemando l'effetto dell'incantesimo e la mia parte razionale sta dicendo di fuggire da un posto che non riesco nemmeno a immaginare, tanto è buio.
Resisto un altro po' costringendomi ad aprire l'ipad per iniziare almeno a cercare di orientarmi in questo cielo.
Con la mappa celeste comincio a vedere quali costellazioni sono visibili, dove si trova il polo sud celeste, in previsione dello stazionamento della mia piccola montatura equatoriale, e fino a quale altezza sull'orizzonte arriva la porzione di cielo australe.
Passano forse altri dieci minuti.
I vetri si sono appannati completamente, così decido di uscire con l'ipad in mano e magari, se il cielo non sarà completamente coperto, iniziare a orientarlo per riconoscere qualche costellazione australe.
Ovviamente quelle due ingombranti nubi sono ancora lì in mezzo alle scatole; mi rassegno al fatto che non fotograferò nulla questa sera, se non le pleiadi e Orione che sta sorgendo dall'orizzonte est, poco dietro la casa.
Comincio il mio sconsolato tour proprio dal grande cacciatore che già mostra evidentissima la sua sagoma e la nebulosa custodita nel cuore della spada.

Il programma di simulazione del cielo mi da la posizione esatta della costellazione. Magra consolazione, almeno, quando sarà sereno riuscirò almeno, forse, a individuare le altre che non conosco.
Scorro velocemente da est verso sud provando a tuffarmi, sconsolato, verso quei disegni per me ancora sconosciuti.
Riesco a identificare quella che penso sia Canopo, anche se l'Ipad non è della stessa idea. Poco male, fin qui ci arrivo poiché so trattarsi della seconda stella più brillante del cielo. In effetti la sua luminosità è poco inferiore a quella di Sirio che è già discretamente alta sull'orizzonte.
Scorro di nuovo e mi piazzo proprio a sud, nel bel mezzo di quelle due nubi che sembra almeno si siano mosse un po'. Decideranno di andarsene dopo avermi rovinato più di mezz'ora abbondante?
"Cosa ci sarà lì in mezzo? Vediamo cosa dice l'Ipad" affermo ritrovando un po' di spirito e parlando con un amico immaginario.
Cerco del sollievo che probabilmente non sarebbe mai venuto, se non avessi fatto una scoperta sensazionale.
In basso, a pelo degli alberi che delineano, piuttosto indefiniti, l'orizzonte, il cielo è diventato improvvisamente ancora più nero.
"Impossibile!" Esclamo tra me e me ritrovando un po' di verve.
I miei occhi si stanno abituando all'oscurità al punto che quelle nubi nel mezzo sono ancora più brillanti, anzi, quasi fastidiose.
Ora riesco anche a vedere i contorni delle colline in contrasto con la debole luminosità della sfera celeste.
E allora?
Cosa diamine sta succedendo lì a sud?
Perché non ci sono più stelle?
La parte razionale comincia a tornare a galla, anche per mancanza di alternative. Deve trattarsi, nuovamente, di nuvole.
Certo che è davvero strano però.

Perché queste due nuvolette proprio al centro del mio campo di vista sono brillanti, come dovrebbero essere, e quelle in basso, se di nuvole si tratta, sono più scure del cielo?
Penso un attimo, con i muscoli del viso che non sanno scegliere quale espressione assumere, perché mentre compio tutti i passi necessari per elaborare le osservazioni, la parte inconscia sa già perfettamente tutto e me lo comunica con un sorriso apparentemente immotivato e un calore che dallo stomaco si propaga a velocità della luce fino al cuore e alla testa, regalandomi un'inspiegabile e irrefrenabile gioia.
In mente ora ho solo una frase letta da qualche parte, anzi, probabilmente pure scritta su uno dei miei libri, ma alla quale non ho evidentemente mai creduto, tanto era fuori dalla portata delle mie osservazioni. Non ricordo perfettamente l'ordine esatto delle parole, ma recitava più o meno così:
"Da un cielo molto buio le nuvole, se presenti, risultano più scure della luminosità naturale della volta celeste, presentandosi a volte come dei veri e propri buchi privi di astri".
Non ho mai visto in vita mia un cielo sufficientemente scuro da risultare più brillante delle nubi perennemente illuminate dalle luci cittadine, sparse in Italia come parassiti su una carcassa ormai in putrefazione.
E per quanto possa aver letto, studiato e persino scritto, non sono e non sarei mai stato pronto a un effetto di questa portata.
Non ora, non adesso, non da solo qui perso in mezzo all'Universo che mostra finalmente le sue strade spettacolari e ben illuminate.
Si, non c'è altra spiegazione: quelle in basso devono essere per forza nuvole, perché in pochi minuti si sono spostate e hanno conquistato maggiore porzione di cielo.
Per un problema risolto, ne rimane ora uno diventato gigantesco.
Cosa diamine sono quelle due patacche brillanti alte una trentina di gradi sull'orizzonte sud?

Da tutti i cieli visti fino ad ora, queste sarebbero due nuvole illuminate dalle luci, o al limite i fasci di due fari sparati verso il cielo. Eppure le nuvole, qui, sono in basso e sembrano essere più scure del cielo!

È evidente che non possano essere nuvole. Di più: non possono appartenere alla nostra atmosfera!
E mentre ripronuncio un paio di volte questa dentro di me, credo di aver provato l'emozione più grande di questo mondo, e al contempo di essermi sentito l'essere più stupido dell'Universo.
"Quelle non sono nuvole, idiota! Sono le nubi di Magellano!" grido come se di fronte a me avessi un povero stolto da rimproverare.
Scoppio in una fragorosa risata liberatoria, mi metto il palmo delle mani sulla fronte, il polso incastonato negli occhi, e faccio il mio classico gesto di farle scendere in basso premendo sul viso, lentamente fin verso il mento, fino a congiungere i polsi su pomo d'Adamo ingrossato e affaticato, e le mani ad avvolgere il collo, cercando protezione e calore.
Resto esterrefatto per una manciata di secondi, ammirando in tombale silenzio lo spettacolo dell'Universo che di fronte a me, dopo venti e passa anni di pazienza, si è finalmente rivelato in tutto il suo splendore proprio qui, dall'altra parte del mondo rispetto a dove tutto ebbe inizio in una tiepida giornata di fine estate.
Ingombranti nel cielo come mai credevo possibile, queste due nubi cosmiche da acerrime nemiche diventano istantaneamente le mie migliori amiche, compagne e simbolo di un viaggio attraverso l'Universo che ora, posso finalmente dirlo, è ufficialmente iniziato nel migliore dei modi e dal quale sarà terribilmente difficile tornare.
Un viaggio che affronterò, perché è così che voglio, da solo.
Un percorso talmente personale che probabilmente diventerò addirittura geloso di questo cielo e infastidito del tempo e delle parole sprecate con i miei compagni di viaggio che non capiranno neanche lontanamente le sensazioni indescrivibili che riesco a provare quando mi trovo a contatto con l'Universo.

Sto vaneggiando, me ne rendo conto. Meglio recuperare un po' di lucidità e cominciare a montare la macchina fotografica, perché questo spettacolo voglio assolutamente riprenderlo!
Entro nella macchina, accendo i fari per illuminare il prato, poi mi dirigo di corsa nel retro per estrarre la piccola montatura già pronta all'uso e con la macchina fotografica già collegata.
Mi piazzo di fronte all'auto, a un paio di metri, e inizio il mio primo stazionamento.
Non c'è la stella polare come per le nostre latitudini: dove sarà il sud?
Mi aiuto con la bussola dell'ipad, non ho sufficiente lucidità per cercarlo.
Imposto la latitudine sulla montatura ma mi dimentico di metterla in piano. Mi ricordo solo quando sto per fare il primo scatto, ma non ho voglia di perdere altro tempo.
Le nuvole, quelle vere e nere, stanno salendo velocemente, l'umidità è altissima e rischia di appannare l'obiettivo della reflex, io ho voglia di scattare e non perdere troppo tempo in azioni che nulla hanno a che vedere con il gusto dell'Universo.
Programmo la macchina fotografica senza avere la piena coscienza delle mie azioni.
Mentre mi dirigo di corsa verso la macchina per spegnere i fari e cominciare le osservazioni e le riprese, resto pietrificato da due puntini brillanti nascosti tra la prima vegetazione del campo adiacente.
Mi si gela per un attimo il sangue.
Viso inespressivo, membra intorpidite, cuore a mille, mani fredde e sudate.
Quelli sono gli occhi di un animale che mi guarda basso e nascosto, in una posizione che non ispira molta fiducia.
Do un colpo di tosse, batto il piede violentemente contro il terreno, provo a emettere un suono forte e deciso per spaventarlo, ma niente. Quei due occhi parzialmente illuminati dai fari dell'automobile continuano a fissarmi senza essersi mossi neanche di un millimetro.
Non è bello tutto questo.

Di animali ne ho incontrati tanti durante le trasferte nelle campagne del mio paese, ma tutti sono fuggiti al minimo movimento. Perché questo se ne resta qui, apparentemente in posizione d'attacco, senza reagire ai miei versi?
Non so se sia solo curioso, o se, come le nubi di Magellano, il cervello abbia fatto viaggi totalmente immaginari.
Decido di pensarci da dentro la macchina, è meglio!
Accendo il motore e i fari abbaglianti. Finalmente quei due occhi scompaiono nell'impenetrabile vegetazione retrostante.
Poggio la testa sul sedile, mi serve un attimo affinché il corpo riesca a smaltire tutta l'adrenalina prodotta e intanto penso a come potrei starmene fuori a osservare e far foto al buio più totale.
La decisione è immediata, almeno per questa sera.
Non ci sto: semplice.
Esco di corsa, raggiungo la fotocamera già pronta allo scatto, premo il pulsante del telecomando per attivare l'autoscatto, mi precipito in macchina, spengo le luci e aspetto qui dentro, con le portiere chiuse, che la foto sia pronta.
Ho deciso che le stelle le ammirerò da dietro il parabrezza dell'auto; una combinazione già di gran lunga migliore del più scuro dei cieli visti in Italia.
Uscirò dalla macchina ogni 2-3 minuti, giusto il tempo per fermare e far ripartire una nuova foto. Se sono venute bene lo controllerò a fine sessione, non ho intenzione di passare più tempo del necessario lì fuori.
Si, il buio pesto, a prescindere da dove ci si trova, fa davvero paura se affrontato da solo la prima volta.
Mentre le nubi di Magellano comandano la scena che sta per essere rubata da quelle ben più vicine e meno interessanti, mi chiedo come farò le prossime notti a vincere la paura dell'ignoto.
Sarà sufficiente guardare in alto e farsi guidare dalle stelle?
In questo momento non lo so; devo prima elaborare e riprendermi da questa prima esperienza.

In cuor mio, però, so che nessuna difficoltà o inquietudine potranno davvero fermare la voglia di esplorare l'Universo.
È solo che a volte sono necessari passi intermedi prima di lanciarsi. Quello di questa sera è un grande passo per me; di questo devo esserne, e ne sarò, contento e orgoglioso.

Le nuvole intanto sono arrivate e hanno quasi coperto tutto il cielo.
Non me la prendo come avrei fatto in altri momenti, perché per questa sera va benissimo così.
L'avvicinamento all'Universo e alla Natura circostante non poteva essere migliore.
Soddisfatto, felice e soprattutto fiero di me, raccolgo rapidamente la montatura e con calma riprendo la strada di casa. Sento già di essere diverso rispetto al viaggio di andata; la strada, gli alberi fitti, i lavori, le nuvole e la pioggia che mi aspettano di nuovo sulla costa sembrano profondamente cambiati. Ed è proprio bello compiere azioni apparentemente uguali ma vederle sempre in modo diverso.

La prima avventura nel cielo australe è andata bene, grazie anche alla piccola utilitaria. È tempo di tornare, purtroppo, verso la rumorosa costa.

La seconda nottata: l'appetito vien mangiando!

Che bella notte quella trascorsa.
Tornato decisamente più sereno e tranquillo dopo i tumultuosi giorni che mi avevano fatto soffrire non poco, ho dormito gustandomi il sapore della vittoria personale e dell'immersione nella Natura, un mix assolutamente unico tra avventura e astronomia, proprio come immaginavo sin da bambino.
Sento che oggi sarà una bella giornata; non importa cosa succederà, chi o cosa interverrà nel tempo che manca al tramonto: io sono tranquillo, in pace con me stesso e con il mondo.
Non so di preciso neanche cosa mi aspetta; mi lascerò trasportare dalle ennesime stupidate dei miei compagni di viaggio, tanto io il mio mondo lo sto vivendo e me lo terrò ben stretto per tutta la giornata.
L'unica cosa a cui penso è al successivo incontro che avrò con il cielo. So il quando: questa sera. Ignoro ancora il come e soprattutto con chi. Ma questi sono dettagli che non mi interessano al momento. L'importante è ripartire per crescere, migliorare e stupirsi di questo mondo e di quello sopra le nostre teste.
Mi alzo, faccio colazione e poi, probabilmente, tornerò a scrivere e a vivere questa vacanza quando il Sole starà per tramontare...

E invece torno a vivere ben prima dell'arrivar della sera perché oggi, grazie alla realtà parallela che il fotografo riesce a costruire (non so se solo per gli altri o anche per lui) siamo riusciti ad avere accesso alla riserva degli Yarrabbah, una delle più importanti comunità indigene dell'Australia. Non solo: siamo stati ricevuti dal consiglio degli anziani, compreso il re e avuto accesso a tutti i posti più intimi della loro cultura.
Devo ammettere di aver passato diversi attimi di imbarazzo, perché mi sembra di mancar loro di rispetto mentre lui, spavaldo e spesso irriverente, racconta notizie non vere e deforma la realtà per adattarla al proprio unico obiettivo. Non impor-

ta se si debba passare sopra secoli di storia e cultura o prendere in giro, quasi come fossero dei pagliacci al suo servizio, importanti personalità di questa pacata, paziente e sin troppo tollerante comunità.

L'unico motivo per cui ho deciso di prendere nota di questa assurda giornata è il luogo nel quale mi trovo ora: una lunga spiaggia deserta e incontaminata a diretto contatto con la natura. Rappresenta uno dei luoghi sacri degli abitati nativi di questa terra e per questo motivo non è accessibile generalmente all'uomo bianco se non dopo l'autorizzazione (estremamente rara) del consiglio degli anziani.

A noi è stato riservato questo raro onore, come continuano a ripeterci le nostre guide e due delle anziane. Dentro di me, però, non riesco a sostenere il loro sguardo perché so che l'onore ci è stato concesso per meriti che non abbiamo, ma solamente per una storia la cui base reale si è persa migliaia di chilometri prima, all'aeroporto di Roma.

Cerco di passare meno tempo possibile con loro, per alleggerire la coscienza dal peso delle falsità che quell'individuo dalla dubbia moralità continua a generare con lo stesso ritmo con cui il cielo produce nuvoloni.

Mi sono allontanato dalla veranda della casa sulla spiaggia appartenente alla figlia di una delle anziane e cammino sulla sabbia bianchissima, per la prima volta a piedi scalzi. Cerco di ritagliarmi uno spazio mio, a diretto contatto con la Natura, per assaporare questo posto paradisiaco.

Non è facile, perché come fossi del succulento miele i miei compagni di viaggio, a cui oggi si è aggiunto quel mezzo zio del fotografo, mi stanno continuamente addosso.

Non avrò più di un paio di minuti: me li farò bastare.

Mi avvicino quasi correndo a ciò che è inaspettatamente diventato uno dei sogni proibiti di questo viaggio australiano: l'oceano.

È più di una settimana che sono qui e non ho potuto neanche toccare con una mano l'acqua vecchia miliardi di anni raccolta nel bacino più grande del pianeta.

A Sydney, dove ci sarebbe stata l'opportunità, non l'ho potuto fare a causa della pessima compagnia, mentre qui è la Natura, come ho già detto, a dettar le regole.
Nessuno né qui, né nel paludoso lungomare di Cairns si permette neanche di immergere i piedi nella caldissima acqua tropicale e per me è una sofferenza che niente durante il giorno riuscirebbe a placare, se non la lontananza fisica.
Chiedo agli abitanti del luogo se è possibile almeno immergere i piedi e toccare l'acqua con le mani. Molto gentilmente mi dicono di si, perché la fila di pietre proprio laddove le deboli onde si infrangono dovrebbe proteggere a sufficienza, ma per scrupolo vengono a controllare di persona per scongiurare la presenza delle meduse.
Mi avvicino un po' titubante e parecchio emozionato: alla fine sto per toccare direttamente l'acqua dell'oceano Pacifico ed entrare in contatto con questo immenso specchio di mare che sin da piccolo mi a affascinato.
La barriera corallina distante una ventina di chilometri rappresenta uno schermo efficiente e naturale per le grandi onde che invece ho visto cavalcare, da lontano, agli impavidi surfisti di Sydney.
Qui l'oceano sa di mare: quegli specchi d'acqua calmi che possiamo trovare anche a casa nostra. Ma le differenze sono enormi. Il profumo dell'acqua cristallina e color smeraldo, l'aria non conosce il significato della parola inquinamento, i colori sembrano comunicare una purezza che non ho mai avuto il piacere di ammirare, neanche nel mio breve soggiorno nella penisola del Sinai anni addietro.
Quando i piedi vengono baciati dalle onde, sento il calore di quest'acqua dilagare su tutto il corpo. Ecco, un altro piccolo sogno si è realizzato.
Com'è calda l'acqua, non avrei mai immaginato fosse così!
Proseguo un altro metro fino a coprire le caviglie, poi scelgo la roccia perfetta per sedermi e restare con i piedi a bagno ad ammirare in rigoroso silenzio il suono imponente e incantevole della Natura.

In questo angolo di paradiso al riparo dagli schiamazzi e del disprezzo di quella massa informe di turisti, intrattenuto dalla melodia lunga miliardi di anni delle onde, protetto dalle montagne che impediscono ai cellulari di squillare, lancio lo sguardo verso un orizzonte che sembra essere molto più distante di tutti quelli visti fino a questo momento ed esclamo al vento: "Si, ho proprio trovato il posto ideale per osservare l'eclisse! Spero solo che il meteo mi assista".

Il posto ideale per osservare l'eclissi, se il meteo lo permettesse.

Passano forse dieci minuti.
Dopo aver scattato la personale fotografia mentale, mi volto senza ripensamenti ma con un velo di tristezza e faccio, ahimè, di nuovo, l'ingresso nel noioso e ipocrita mondo degli esseri umani.

Mancano ancora due ore al tramonto, ma questa volta non sto per narrare gesta o situazioni che mi hanno svegliato a tal punto da distrarmi dall'obiettivo della giornata. L'anticipo è dovuto all'inizio dell'avventura per l'osservazione di questa sera. Si, perché i racconti della serata hanno convinto i miei compagni di viaggio a dare un'occhiata al cielo questa sera. Quindi tutti insieme siamo partiti con il favore del giorno in cerca di un luogo adatto per osservare un bel tramonto e successivamente il cielo.

Non sarà quindi un'avventura in solitario come ieri sera questa, ma qualcosa di diverso, che, forse, non stona poi più di tanto; almeno avrò compagnia nel pesto buio australiano che mi darà la (finta) sicurezza per affrontare con maggiore rilassatezza l'osservazione del cielo.

Per la prima volta questa sera vedrò le stelle accendersi dopo il tramonto del Sole.

Non ho idea ancora di cosa mi aspetta: non ho avuto né tempo né intenzione di controllare le mappe, così che la sorpresa sarà senz'altro più forte.

Naturalmente i tempi sono molto più dilatati rispetto ai miei. Una sosta lunga a un parco sulla strada, un paio per i lavori stradali, un'altra ancora per ammirare un punto panoramico e far fare due scatti al compagno di viaggio fotografo. Il tutto, devo dire, non mi rilassa affatto, anzi, comincia a disturbarmi, perché il tramonto si avvicina e quando ho in testa un obiettivo desidero raggiungerlo nel modo più rapido possibile.

Effettuate le estenuanti soste di rito, proseguiamo spediti verso la nostra ancora sconosciuta meta: uno spiazzo lontano dalle nubi, circa a metà strada tra Cairns e una cittadina chiamata Mareeba, a 60 km di distanza.

La luce del giorno mi permette di ammirare il paesaggio intorno a noi e notare la sbalorditiva transizione tra la fitta foresta tropicale e l'inizio dell'arido outback.

In una manciata di chilometri si passa da una vegetazione così concentrata, impossibile da attraversare a piedi, alimentata da nuvole opache perennemente cariche di pioggia, a un cielo

limpido con una vegetazione che dapprima ricorda quella dei nostri boschi, poi si fa rada quasi come la savana africana.
Resto stupefatto ancora dall'incredibile gioco della Natura. Questa volta non per i disegni che riesce a regalarci nel cielo ma per il capolavoro di luci, colori, contrasti e temperature che ci regala in poco più di quaranta minuti di macchina.
Superiamo il punto in cui ho abbandonato la strada principale ieri sera e percorriamo probabilmente altri 15-20 chilometri.
Quando decido di fermare la macchina ai bordi di un ampio spiazzo rialzato, quasi privo di alberi, lungo la strada principale, l'ambiente intorno a noi è profondamente diverso.
Appena sceso dall'auto l'aria che respiro è estremamente secca e tiepida.
La vegetazione? quasi completamente sparita.
Questo ampio piazzale naturale è grande forse più di un campo da calcio e conta una manciata di alti e sottili alberi poveri di rami e di foglie.
L'erba incolta è estremamente secca.
Nel mezzo, quella che sembra essere un'enorme palla di fango solidificata attira la nostra attenzione mentre il Sole sta per salutarci di fronte a noi.
Ha un diametro superiore a un metro, è alta forse un metro e mezzo e sembra che le manchi un pezzo.
Ci avviciniamo incuriositi e leggermente inquietati perché è evidente che non possa essere una formazione rocciosa naturale. Un'attenta ispezione rivela un'infinità di buchi in quello che sembra essere il pezzo mancante. Non ci vuole molto a capire, nonostante una parte lo tentasse di negare, che quello doveva essere un gigantesco formicaio!
Incredibile ma vero: chissà quanti insetti popolano o, speriamo, abbiano popolato un mostro del genere!
Non sembra esserci traccia di questi simpatici animaletti, ma poiché di posto ce n'è in abbondanza, decidiamo di concedergli la giusta privacy e metterci a debita distanza per osservare il Sole salutare e le stelle arrivare.
Il cielo è limpido ma non privo di nuvole.

La costa, ancora vicina, produce serie impressionanti di nuvoloni neri che il vento trascina nella direzione del Sole.
Il clima estremamente più secco produce però il miracolo.
Nel lungo percorso da sud-est a ovest avviene una continua trasformazione che ha dell'incredibile: da cumuli neri in lontananza, portatori di piogge e fulmini, lentamente perdono il loro carico minaccioso diventando dapprima meno opachi, poi sempre più diradati, fino a dissolversi vicino al tramonto, che si tinge di tinte dorate e rosate davvero suggestive.
Intanto, il Sole in picchiata sull'orizzonte fa presto a lasciarci.
È impressionante osservare con quale velocità avviene la transizione tra crepuscolo e notte.
I colori del tramonto, le varie fasi che qui possiamo ammirare anche per diverse decine di minuti, a queste latitudini sono enormemente accelerate. Già cinque minuti dopo, il cielo diventa scuro e le tinte forti e appariscenti. Ma è un ambiente in rapida evoluzione, perché una manciata di minuti più tardi, forse una decina, la luce è così scarsa che iniziano ad accendersi le prime stelle.
Sembra quasi di notare a occhio nudo i repentini cali di luminosità; una sensazione che non sto avendo solo io.

Il Sole tramonta rapidamente e tinge il cielo di rosso.

La temperatura inizia a scendere. Probabilmente lo farà per il resto della notte.
Sicuramente non avremo il caldo, a volte asfissiante, della costa.
Una manciata di minuti e se ne va il primo tramonto sereno osservato dalla terra dei canguri: un'altra esperienza entusiasmante che mi ha già reso felice e preparato al meglio per l'inizio della serata.

La comparsa delle prime stelle, con il cielo ancora luminoso, rappresenta l'immaginario fischio d'inizio al mio personale gioco: riconoscere le costellazioni vicine al Sole, quelle che ieri sera non ho potuto ammirare.
E di stelle nei pressi del tramonto, nonostante la luminosità residua, ce ne sono già parecchie.
Una brillante, un'altra forse ancora di più pochi gradi sotto, nel mezzo della fascia rossa che ci rammenta il tramonto di pochi minuti prima. Più in alto, spostato e solitario, un astro rosso e immobile mi ricorda che forse sto osservando un pianeta.
Questa è la goccia che fa traboccare il vaso: di questa porzione di cielo non riconosco niente, anzi, dirò di più, non ho proprio idea di cosa potrebbe esserci!
Se quel punto rosso è Marte, come penso che sia, allora sto osservando delle porzioni che per un gioco geometrico dalle nostre latitudini non sono più visibili da almeno un mese.
Non resisto più e scomodo l'Ipad rimasto in macchina ad aspettarmi.
Un fugace sguardo alla mappa interattiva, con il dispositivo puntato nella zona del tramonto, ed ecco la rivelazione: lo Scorpione!
La brillante stella rossa solitaria in alto è proprio Marte, mentre in basso, quasi radente all'orizzonte, incontro Mercurio.
Ma pensa te, sorrido beffardamente; non l'ho quasi mai visto dall'Italia neanche quando doveva trovarsi alla massima distanza dal Sole, e qui invece lo trovo senza saperlo!
Poco sopra, quella stella dalla tonalità rossastra è Antares, il cuore dello Scorpione.
Sopra dovrebbe quindi svilupparsi tutta la magnifica costellazione che possiamo osservare a fatica, e spesso parzialmente, dai cieli delle medie latitudini nord.
Poso l'Ipad tra l'erba, perché tanto è inutile, e cerco di farmi indicare da Antares la direzione nella quale si sviluppa il corpo della grande figura mitologica.
Non ci vuole molto per trovare l'inconfondibile ricciolo cosmico della coda dello Scorpione. È lì, quasi perfettamente in vertica-

le sull'orizzonte, arriva fino a circa 20° di altezza: incredibile davvero, mai vista in questo modo!
Con un guizzo di gioia chiamo i miei due compagni, e con il laser preso in prestito indico stupefatto la grande costellazione:
"Guardate, questo è qualcosa che non vedrete mai così bene dai vostri cieli. Lo Scorpione in verticale con la coda evidentissima! Guardate quanto è brillante, è impossibile non riconoscerla!"
È in questo modo spettacolare che inizia una calda notte di Novembre nell'emisfero sud, a due terzi della strada tra l'equatore e il tropico del Capricorno. Inizia così, senza roboanti annunci che possano avvertirmi, con lo Scorpione che si tuffa di testa sull'orizzonte inseguendo il Sole e il Sagittario, anch'esso in verticale, a circa 30° di altezza.
Capisco già con questa semplice visione che un tramonto del genere, una volta tornato in Italia, me lo sognerò per notti e notti, sperando di poterlo ammirare di nuovo, un giorno, senza la fretta e l'ansia di dover ripartire.

Pochi minuti dopo il tramonto le prime stelle si accendono e mi ricordano di essere dall'altra parte del mondo: Lo Scorpione si tuffa a testa in giù preceduto da Mercurio.

Dopo le foto di rito per immortalare, sia pur comprimendo e riducendo le emozioni della visione a occhio nudo, mi accorgo che la vicina strada, l'insegna di un distributore e qualche lampione sparso qua e là, rappresentano un incentivo più che sufficiente per ritornare in macchina e trovare un posto migliore per l'osservazione delle stelle che stanno comparendo sempre più numerose.
Con insolita efficienza, carichiamo tutto in macchina e continuiamo per qualche chilometro la strada principale, consci che prima o poi dovremo deviare su una via secondaria per evitare il fastidio del (poco) traffico.
Pochi minuti e giungiamo a un incrocio che convince subito gli altri due, meno me, perché nel mezzo della carreggiata un grosso pick-up con un gigantesco paraurti sembra stia impedendo volontariamente il passaggio.
A prima vista potrebbe trattarsi di un'auto della polizia o di un ranger, ma vinco l'iniziale scetticismo sotto i colpi poco delicati dei miei compagni di viaggio, molto amanti delle idee altrui.
Una poco legale inversione di marcia mi proietta di nuovo al bivio che intraprendo superando quello strano pick-up che fortunatamente ci ignora.
Uno stradone dritto leggermente in discesa si apre di fronte a noi, privo o quasi di alberi, quindi apparentemente perfetto per osservare.
Questa volta i compagni di viaggio hanno probabilmente fatto centro.
Aspetto che la strada diventi piana e poi, subito dopo una casa, una grande radura che parte dal bordo della strada e si perde a vista d'occhio convince tutti a fermare la macchina.
Abbiamo trovato il posto per l'osservazione di questa sera.
È il momento di tirare fuori l'attrezzatura fotografica e soprattutto lasciarsi trasportare dall'ennesimo spettacolo che ci regalerà l'Universo: è sullo schermo più grande che possiamo mai sperare di vedere, alla portata di tutti, gratuito e si ripete ogni notte.

La mia attrezzatura, stipata nel piccolo baule di questa utilitaria bianca, esce già montata e quasi pronta per l'utilizzo.
La sistemo come viene sul prato, cercando di tenere il treppiedi più possibile in piano. Mi faccio dire dall'ipad dove si trova il polo sud celeste e ci oriento alla meglio l'asse polare della traballante montatura equatoriale.
Due - tre minuti, non più, perché voglio godermi il cielo che intanto si è fatto bello scuro ovunque, tranne a ovest, dove si vede distintamente un fastidioso chiarore innalzarsi per almeno una trentina di gradi.

Una simile colonna di luce può essere prodotta dalle luci di una città? Dai nostri luoghi forse si...

"Ragazzi, mi sa che dobbiamo spostarci, vedete quanta luce artificiale c'è laggiù, proprio dove dovrebbe trovarsi la Via Lattea estiva al tramonto?"
Che sfiga, penso tra me e me: siamo in Australia, un continente più grande dell'Europa, gli abitanti di neanche mezza Italia, possibile che siamo stati così sfortunati da esserci trovati proprio a ridosso di una città così maledettamente inquinata?

Mentre sconsolato sto ormai precipitando nel baratro, mi viene in mente per un attimo la serata di ieri sera e le sorprese inaspettate che quel cielo scuro mi ha regalato.
Spesso nulla è come sembra quando si affrontano situazioni completamente nuove.
"Un momento, che città ci sono nelle vicinanze in direzione ovest?" chiedo a voce alta a me stesso.
"C'è Mareeba se non sbaglio" risponde il fotografo, nonostante la domanda non fosse diretta a lui.
"Si, appunto, c'è Mareeba, ma si trova ad ancora 30 chilometri, non dovrebbe essere così grande e soprattutto da qui dovremmo trovarla verso sud-ovest, non perfettamente a ovest proprio sopra il tramonto."
Come al solito posso contare solo su me stesso.
Nel silenzio generale, allora, il mio cervello, come una macchina in corsa che nessuno sarebbe in grado di fermare, compie una serie di oscuri passaggi che mi portano a trovare la soluzione, grazie anche all'aiuto del cielo che s'è fatto ancora più scuro.
Il cuore di quell'alone di luminosità fastidioso e indistinto ora sembra meno omogeneo di prima e mostra increspature e buchi più scuri che mi sono piuttosto familiari.
Aspetto un attimo per paura di sparare l'ennesima cavolata, poi finalmente esclamo, questa volta a tutti:
"Non è inquinamento luminoso, almeno non di origine artificiale! Quella, signori, è la Via Lattea estiva!"
Una risata portatrice di imbarazzo per la figura barbina e allo stesso tempo di uno stupore che in qualche modo doveva pur uscire, poi riprendo fiato e di nuovo mi ripeto:
"Si, si, è la Via Lattea estiva, quell'alone di luce indistinto è proprio il centro che noi dall'Italia non vediamo mai, ecco perché non l'ho riconosciuto! Ma che cavolo, vi rendete conto di quanto sia luminosa e evidente qui, quando da noi servirebbe un cielo incredibilmente scuro per percepirne il debole alone? È un mostro, chi se l'aspettava una cosa del genere!"

Nessuno dei miei compagni ha potuto capire il vero significato delle mie parole e di quello che di fronte si sta manifestando ben evidente. Probabilmente nessun non amante del Cosmo e della natura può effettivamente comprendere quanto questo cielo, appena mezz'ora dopo il tramonto del Sole, sia così diverso e molto più emozionante rispetto alle desolate lande arancioni delle nostre tristi città.
Ma non c'è tempo per perdersi in pensieri di questo tipo, ora è il momento dello stupore e della comprensione.
Si, perché il centro della Via Lattea, sempre più evidente, sembra essere avvolto da una luminosità uniforme che lo rende decisamente meno contrastato, seppur molto evidente. È come se sopra vi fosse sovrapposto un sottile velo di nebbia brillante, illuminata in modo perfettamente uniforme per diverse centinaia di gradi quadrati di cielo.
Sono ben conscio delle diaboliche abilità dell'uomo quanto a spreco energetico, ma questo va oltre la più contorta e stupida mente. Per creare questo bagliore ci vorrebbe in effetti una distesa di chilometri di lampade bianche che illuminerebbero in modo uniforme il cielo. Solo così l'uomo si sostituirebbe di nuovo alla Natura e creerebbe questa forma piramidale con uno sbuffo allungato che parte dal vertice e si allunga fin quasi allo zenit.
Impossibile un'eventualità del genere: le caratteristiche descritte sono da manuale, questa volta non mi faccio fregare!
"Signori, ammirate la luce zodiacale perché solo da questi cieli potrete farlo!"
Insisto nel parlare come un pazzo ai miei compagni di viaggio che continuano a non capire perché mi stia agitando per una colonna di luce a base triangolare che illumina il cielo. In fin dei conti, loro di colonne simili ne vedono in continuazione dalla città, per di più belle colorate e dalle forme più disparate.
Per un attimo li osservo e divento triste pensando che l'uomo moderno, colui che si definisce civilizzato, è riuscito così bene a cancellare il cielo con le proprie manie di grandezza, che ora ci sono generazioni che non se ne rendono più neanche conto,

pensando che il cielo stellato sia quello schifo perenne visibile ogni notte dalle nostre soffocanti città. E se si perde pure memoria dello scempio operato dalle generazioni precedenti, non c'è più speranza che qualcuno, un giorno, anche per sbaglio, si svegli e si accorga dell'errore madornale compiuto.
"La luce zodiacale, incredibile! l'ho conosciuta solamente sui libri; allora esiste davvero!"
In questo modo interrompo i miei ragionamenti e l'attimo infinitesimo di tristezza. Io sotto questo cielo ci sono ora, meglio godermelo piuttosto che pensare a problemi che sembrano così lontani e distanti dall'ennesimo spettacolo della Natura.
Come sono solito fare, mi isolo mentalmente dai miei compagni di viaggio e da tutto ciò che di umano possa esserci nei dintorni, per lasciarmi trasportare in viaggio per l'Universo.
Con il cielo ormai scuro, questo alone di luminosità diventa imbarazzante e quasi fastidioso, perché riesce a illuminare, grazie anche al contributo del centro galattico, debolmente il paesaggio.

...ma da un cielo incontaminato è la Natura a rischiarare le oscure notti, con il centro della Via Lattea e l'invadente luce zodiacale.

La luce zodiacale!
Piccolissimi granelli di polvere miliardi di miliardi di volte meno densi dell'aria che respiriamo, si trovano sparsi lungo il piano delle orbite dei pianeti e vengono illuminati dall'enorme luce solare. Si fa davvero fatica a credere che questa sia la spiegazione reale del fenomeno che sto osservando e che nulla toglie, anzi, aggiunge, alla magia del momento.
Il disco del sistema solare, una specie di nebbiolina cosmica che ci tiene compagnia e si appiattisce mano a mano che si osserva lontana dal Sole.
Chino la testa su un lato per cercare di osservare l'effetto, e ci riesco.
Da questa posizione il muro di luce diventa ancora più impressionante perché il cervello è in grado di percepire la forma a disco che si restringe con l'aumentare dell'altezza sull'orizzonte. Sembra quasi di essere a bordo di un gigantesco e soffuso disco volante che con la calma dell'Universo ci trasporta, gratuitamente, in lungo e in largo attraverso la Galassia.
È una sensazione che le parole non riescono a descrivere appropriatamente, ed è giusto così, perché queste, così comuni e utilizzate, non sono nate per rappresentare emozioni e situazioni molto più grandi di quegli uomini che le hanno inventate.

Con l'adrenalina che scorre a fiumi nel corpo intorpidito da tanta pura e incontaminata bellezza, cerco di riordinare le idee quel tanto che basta per scattare qualche foto ricordo da portare con me nei lunghi e bui (non letteralmente) periodi di quando sarò a casa.
Le mani tremano, il respiro è un po' pesante.
Improvvisamente mi sembra di non saper cosa fare.
Non importa.
Punto la macchina fotografica e scatto, senza avere l'accortezza di guardare se l'inquadratura sia corretta e le foto stiano venendo bene.

Quest'unione di luci cosmiche, così apparentemente uguali ma mai più diverse, sta scendendo sull'orizzonte con la stessa velocità con cui il Sole l'ha precedute, ormai un'oretta fa.
Riconosco bene Marte e Antares contendersi la palma di astro più rosso e appariscente. Riesco a vedere tutta la coda dello Scorpione brillare immersa come non mai nelle nubi galattiche. Uno sguardo a destra e soprattutto a sinistra rivela tutte le intricate trame della Via Lattea estiva. In questo momento cinge l'orizzonte da ovest a nord come una lunghissima linea contigua, le cui sfumature, perfettamente contrastate, possono essere scambiate per le scure e affusolate cime di lontane e altissime montagne. È possibile distinguere perfettamente le nubi stellari nei pressi della costellazione dell'Aquila e il lungo fiume oscuro e frastagliato raggiungere il Cigno, per poi sfumare in Cassiopea, ancorata sull'orizzonte.
Un panorama così non me lo sarei mai e poi mai immaginato; è molto più suggestivo e nitido di qualsiasi sogno.
Vorrei scattare una fotografia che riuscisse a cogliere la perfetta disposizione di questo quadro cosmico, ma non esiste un obiettivo abbastanza grande da contenere tutto il campo che i miei occhi, in questo preciso istante, riescono ad ammirare in tutto il suo splendore.
La fotografia allora decido di scattarla con la mente, confezionando e affidando alla parte più preziosa dei miei ricordi memoria di questo capolavoro che si riflette negli occhi lucidi.

Parlando di capolavori, non posso non tornare alle nubi di Magellano, quelle fastidiose nuvole che poi si sono trasformate nelle mie migliori amiche ieri sera.
Le ho odiate per molto più tempo di quanto me ne fosse stato concesso dal cielo per amarle, e ora ho la sensazione, e il terrore, che sia stato solamente un sogno, o che la loro immagine sia cresciuta e modificatasi così tanto dentro di me da rimanere deluso se mai le dovessi rivedere.
Un po' titubante volgo il mio sguardo verso sud, e in effetti il cielo sembra diverso.

Non vedo subito la grande, riesco a intravedere la piccola ben alta sull'orizzonte. Delusione fulminea e istintiva.
Poi trovo la soluzione: "Certo, ieri ho osservato alle 23, ora non sono neanche le 20, è normale che sia tutto diverso!" Secondo i miei calcoli la grande nube doveva sfiorare l'orizzonte sud proprio a pelo degli arbusti e in effetti, con un po' di fatica, sono riuscito a scorgerla. Debole e indistinta sembrava la brutta copia della nuvola che ho osservato ieri sera. Sarà colpa del cielo, forse anche della mia mente che ha la tendenza a esagerare quando si tratta di immagini che lasciano il segno. Non so di chi sia la colpa, ma resto con un po' di amaro in bocca perché sono sicuro di averle viste molto meglio neanche 24 ore fa.
Voltandomi verso nord riesco a comprendere il motivo della mia delusione.
Le Pleiadi, sebbene basse sull'orizzonte, sembrano la brutta copia dell'ammasso di ieri. Faccio addirittura una leggera fatica a osservarle distintamente in visione diretta. Ne conto a malapena 7, forse 8: che alcune delle sorelle siano ancora in giro per verdi pascoli, in ritardo per la cena?
Più in basso, minacciosi nuvoloni di color bianco ricordano che la costa, con la sua grande umidità resa soffice crema dalle luci è sempre presente e disturba più di quanto non avessi notato ieri sera.
"Ecco il lattiginoso cielo tipico della campagna di pianura padana!" ho esclamato rivolto questa volta verso i miei compagni di viaggio. "Abbiamo fatto ventimila chilometri e alla fine qualcuno, senza averglielo chiesto, ci fa sentire meno la nostalgia che non abbiamo!".
A parte l'orizzonte ovest e nord, ancora libero, il cielo si è velato improvvisamente. L'aria umida proveniente da est ci da un ulteriore avviso sul fatto che questa non sarà probabilmente la serata migliore per osservare.
In altre situazioni avrei sbattuto tutto dentro la macchina e imprecando in lingue sconosciute me ne sarei tornato a casa; ma non questa volta.

L'occasione è troppo preziosa, il momento troppo idilliaco per farsi prendere dalla rabbia e smontare.
La notte è ancora lunga e io non ho alcuna intenzione di tornare a casa senza aver almeno scattato un'altra foto e consolidato a realtà le visioni idilliache di ieri sera.

La mia testardaggine viene in parte ricompensata.
La grande nube di Magellano ora sembra sgombra dai veli e io ne approfitto per rubare al mio compagno di viaggio uno dei suoi obiettivi da mille mila euro, che non potrò mai permettermi, per cercare di scattare una foto più ravvicinata di questa immensa galassia.
Si, proprio galassia: nel cielo c'è una nuvola indistinta di luce che occupa un'area decine di volte superiore a quella della Luna piena vista a occhio nudo che contiene qualcosa come qualche miliardo di stelle.
Quest'enorme agglomerato si trova a soli 250 mila anni luce di distanza e come un perfetto satellite orbita attorno al centro della nostra immensa galassia con ordine e armonia che suscitano brividi al solo pensiero.
Per il primo approccio scelgo di partire in quarta con l'obiettivo da 85 mm f1.2.
Pesa decisamente più della mia plasticosa reflex, al punto che devo aggiungere il contrappeso alla piccola montatura affinché non precipiti rovinosamente in terra.
Punto la nube di Magellano o, meglio, la porzione di cielo in cui presumo sia, poiché nel mirino non vedo assolutamente nulla, e cerco di mettere a fuoco con la funzione live-view... inutilmente.
Di solito non ho problemi per la messa a fuoco: è sufficiente puntare uno dei lampioni che osservano insieme a me, ma qui, proprio come ieri sera, sono merce molto rara.
Come faccio allora a mettere a fuoco in modo preciso senza le luci artificiali?
No, non c'è pericolo che questo piccolo contrattempo possa farmi rimpiangere, neanche lontanamente, quei pali spesso

pericolanti, quasi sempre fuorilegge, che hanno la pretesa di rendere più sicure le nostre notti, o le scorribande di ladri e delinquenti.
Ieri sera mi sono aiutato con la fioca luce della finestra della casa accanto, questa sera non ho proprio alcun riferimento: che bello, magari avessi sempre di questi problemi!
L'empasse dura poco, perché l'obiettivo è così luminoso che è sufficiente puntare una stella brillante per riuscire nell'impresa di focheggiare. E di stelle brillanti in questo cielo non c'è che l'imbarazzo della scelta: Sirio, anche se bassa sull'orizzonte ancora, Canopo, Achernar dell'Eridano, Betelgeuse, Rigel, Procione... Magnifico!
Le sto pian piano riconoscendo, grazie a quei dieci minuti di ieri sera, aiutato dalle mappe interattive del mio Ipad.
Decido di puntare Achernar
Con grande semplicità metto a fuoco e poi mi dirigo di corsa nel mezzo del parco di divertimenti cosmico di questa sera.

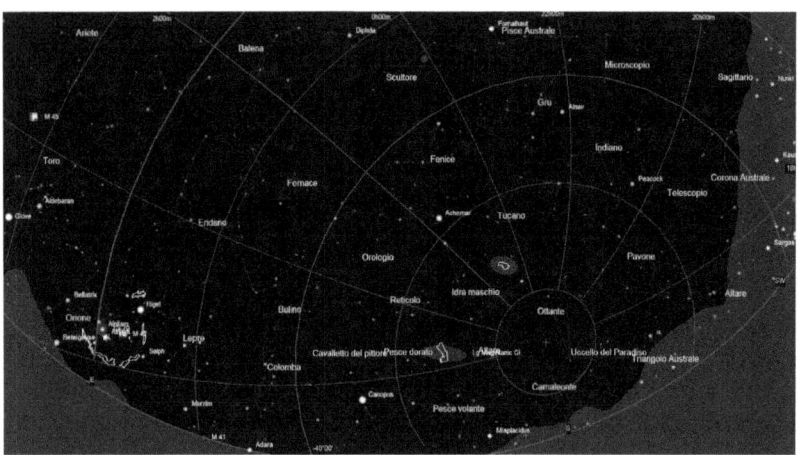
Mappa di un cielo alieno e molto più ricco di stelle

"Lo stazionamento l'ho fatto molto a caso, l'obiettivo ha una lunga focale, la precisione dell'inseguimento dalle prove fatte in una fosca serata bolognese sembra essere peggiore di quella di un orologio non funzionante, quindi meglio non andare oltre i 30 secondi, massimo un minuto" parlo a voce alta con le stesse espressioni che riserverei a un vero interlocutore di fronte a me.

Decido per i 30 secondi, anche perché ho fretta di capire cosa si può vedere là dentro.

In questo misero mezzo minuto il tempo sembra dilatarsi a piacimento con sadico tempismo, ma finalmente la foto compare sullo schermo troppo luminoso della fotocamera.

La prima espressione è un semplice: "wooooow! Grande nube!"

Probabilmente le "o" sono state molte di più, ma per risparmiare inchiostro ne ho omessa qualcuna.

La foto è semplicemente stupenda, o almeno così mi appare ora, la prima volta che la vedo.

La grande galassia occupa oltre il 50% del campo.

Non si presenta più come un piccolo batuffolo screziato.

Questa di fronte a me è veramente una galassia!

Probabilmente fa schifo, ma appena chiusosi l'obiettivo per me questa è la foto più bella mai ripresa.

Centinaia, anzi, migliaia di stelle principalmente blu/magenta (grazie all'enorme cromatismo dell'obiettivo) si stagliano già nettissime sul cielo che è ancora perfettamente nero.
Il corpo principale è molto evidente e allungato, come fosse una specie di barra, ma lo spettacolo più grande lo offrono le parti periferiche.
A sinistra di quella specie di sigaro affusolato e brillante che costituisce il cuore, sono ben evidenti due condensazioni parallele, una in basso e l'altra in alto, di stelle nettamente azzurre. Sebbene meno evidenti, le stesse condensazioni sono visibili in due lobi diametralmente opposti rispetto al corpo centrale, a destra.
La galassia assomiglia a un delicato fiore esotico con lo stelo centrale allungato e quattro grandi petali che sembrano fluttuare nel vuoto, ma che in realtà sono attaccati al corpo principale da debolissimi filamenti di materia. Vecchia più di qualsiasi forma di vita sulla Terra, questa fucina di stelle è così evidente e splendente nei cieli del sud che la Natura locale ha probabilmente deciso di dedicargli un tributo plasmando fiori e petali a sua immagine e somiglianza.
Si, ora ne ho proprio la conferma: ieri non ho sognato!
Quest'oggetto è reale ed è proprio un'altra galassia, molto più dettagliata di qualsiasi altra isola di stelle abbia mai visto, anche attraverso strumenti ben più grandi di me.
Non posso perdere tempo, devo continuare a scattare, perché nella foto sono evidenti nubi all'interno del campo che presumibilmente, tra non molto, copriranno questo fiore cosmico appena scoperto.
Decido di continuare a scattare con 30 secondi di esposizione, perché la montatura è così mal stazionata (o mal fatta) che si inizia già a vedere il mosso delle stelle. Poi, cosa da non sottovalutare, posso lanciare in automatico una sequenza di 10 foto e godermi in piena libertà 5 minuti di cielo.
Partita la sequenza di immagini mi torna alla mente un commento inserito su facebook da parte di un appassionato sulla

mia foto di ieri sera, che naturalmente per l'emozione ho pubblicato prima ancora di elaborarla nei limiti della decenza.
Nel commento si parlava dell'ottima visibilità dell'ammasso globulare 47 Tucanae, proprio a ridosso della piccola nube.
Se devo essere sincero io non l'avevo neanche notato, né avevo pensato che agglomerato di stelle fitte si trovasse in una posizione così favorevole.
Si, lo ammetto; sono arrivato un po' impreparato all'appuntamento con le gemme australi.
Mi sento il bambino di diversi anni fa che cercava di scoprire il cielo con l'aiuto delle sue uniche forze.
In realtà questo è un aspetto del mio carattere che mi contraddistingue da sempre. Preferisco scoprire io, da solo, come funziona il mondo, prima che qualcuno o qualcosa lo faccia al posto mio e mi tolga tutta l'emozione di scoprire, imparare e migliorare con le proprie forze.
Succede con l'Universo, ma anche nelle piccolissime situazioni quotidiane, come con le istruzioni per utilizzare un congegno elettronico o montare un mobile.
Se qualche altro essere umano è riuscito a capire come fare, perché non posso riuscirci anche io?
Che vantaggio avrei a farmi dire per filo e per segno da qualcuno cosa fare e come?
Oltre a non divertirmi, non imparerei niente, ma replicherei, magari goffamente e sicuramente passivamente, azioni e percorsi già intrapresi e preconfezionati per evitare lo sforzo di pensare. No grazie, ai miei pensieri non rinuncerei neanche in cambio di preziosa acqua dopo una settimana all'asciutto nel deserto!
In questo caso, ancora di più, non ho voluto fare eccezione: il cielo, per quanto possibile, lo voglio scoprire e ammirare con le mie uniche forze. Voglio immergermi in questi puntini e nubi cosmiche e proprio come i primi esploratori scoprire poco a poco i segreti che custodiscono.

47 Tucanae lo conosco di fama ma non l'avevo proprio considerato.
Nel momento in cui ho letto il commento mi sono ricordato che dovrebbe essere ben visibile anche a occhio nudo e spettacolare con un telescopio.
Che peccato non aver portato con me il piccolo rifrattore con cui fotograferò anche l'eclisse, magari avrei potuto iniziare a fare osservazioni più profonde. Ma in realtà questo è un passo che farò con calma tra qualche giorno quando, secondo i nostri piani, ci immergeremo nella vera Australia, quella delle sterminate lande secche popolate da animali selvaggi e qua e là da piccoli villaggi. E proprio come un provetto astrofilo alle prime armi, lì, dopo aver imparato a muovermi in questo nuovo cielo, avrò l'esperienza e la consapevolezza adatte per immergermi ancor di più nel profondo. Lo stupore va infatti coltivato e rilasciato nelle giuste dosi per poter sortire il miglior effetto.
Il mostro del cielo, lo chiamo in questo modo perché in realtà non si sa bene se si tratta di un gigantesco ammasso globulare o di quello che resta di una piccola galassia satellite ormai quasi spogliata dallo stretto abbraccio gravitazionale della Via Lattea, dista circa 13.700 anni luce e contiene all'interno milioni di stelle, qualcuno afferma anche un miliardo.
Faccio qualche approssimato calcolo mentale. Sono abbastanza sicuro che dovrebbe brillare tra la quarta e la quinta magnitudine.
Il cielo questa sera non è granché, ma è certamente molto più scuro dei nostrani. Direi che si potrebbe agevolmente raggiungere magnitudine 6 nella zona d'interesse. Di conseguenza dovrebbe risultare abbastanza facile da osservare.
Si, ma dove?
So solamente che si trova prospetticamente vicino alla piccola nube.
L'impresa sembra agevole: cercare un batuffoletto indistinto e difficile da notare in visione diretta, proprio come succede per il più piccolo, ma comunque spettacolare, M13.

Guardo e riguardo attorno alla piccola (si fa per dire) galassia satellite ma non vedo nulla, né in visione diretta, né in distolta.
Per quanto possa sforzarmi, non riesco a identificare alcun batuffoletto indistinto e nebuloso.
Possibile non si veda?
La mia perplessità diventa così forte che ripeto la domanda anche a voce alta al leggero e tiepido venticello, con la speranza che possa trasportarla fin lassù, dove veli e nuvole sembrano farla da padroni:
"Dove sei grosso ammasso globulare? Possibile che non ti vedo? Eppure dovresti essere evidente e di diametro paragonabile a quello della Luna piena. Che il cielo questa sera sia così schifoso?".
Con un pizzico di evidente irritazione proseguo la ricerca. Ora mi avrebbe fatto veramente comodo un semplice binocolo, che invece ho deciso di lasciare in Italia.

Sono probabilmente trascorsi diversi minuti, perché non sento più scattare la macchina fotografica.
Consciamente, però, non riesco a realizzare e resto concentrato sul mio obiettivo di questa sera: ormai è diventata una questione di principio!
"Non c'è nulla vicino alla nube di Magellano, è impossibile sbagliarsi: se ci sei non ti si vede, non sono io che non ti trovo!" Urlo verso il cielo visibilmente scocciato.
"C'è solo quella stella sul bordo destro ed è così evidente che non può di certo essere 47 Tucanae: nessun ammasso globulare è così brillante e definito!"
Sto per cedere e dare un'occhiata al mio Ipad: sicuramente lui potrebbe darmi la risposta che cerco e non farmi perdere tempo. Magari potrei scoprire che il cielo è così peggiorato che non vale neanche più la pena continuare a osservare.
Prendo in mano il tablet, lo accendo e accedo alle mappe.
Non so per quale strano motivo ma l'applicazione non ne vuole sapere di funzionare.

Cerco in lungo e in largo a occhio nudo l'indistinto batuffolo di 47 Tucanae, ma tra le nubi di Magellano io vedo solo stelle.

Provo e riprovo due, tre, quattro volte.
Effettuo anche lo strenuo tentativo di spegnere tutto e riaccendere, ma niente: il GPS sembra essere impazzito, le mappe ruotano a caso e non c'è neanche la possibilità di fermarle e selezionare manualmente la zona attorno alla galassia di Magellano.
Non ho mai creduto, non credo e mai crederò a maledizioni o fantomatici campi elettromagnetici, magari generati da entità intelligenti, che mandano in tilt la strumentazione.
Credo piuttosto nella mediocrità della qualità di molti prodotti commerciali. Questo, di certo, non fa eccezione.
Bene, invece di farmi calmare, questa situazione mi ha fatto innervosire ancora di più, al punto che decido di far cadere la tavoletta al suolo in mezzo all'erba e continuare la mia ricerca in altro modo: "Se non posso vederti a occhio nudo, ti punto con l'obiettivo e in pochi secondi dovrei riuscire a scovarti!"
Mi sembra di aver trovato la soluzione, tanto che il nervosismo si trasforma improvvisamente in voglia, quasi frenesia, di attuare il piano appena possibile. Le nuvole nere che mi incal-

zano si stanno ormai impadronendo completamente del cielo e potrei non avere il tempo necessario.
Non posso perdere tempo: se voglio trovare 47 Tucanae devo far in fretta e magari sistemare un po' lo stazionamento della montatura.
Sono abbastanza sicuro che l'orientazione sia corretta, mentre non posso dire altrettanto per l'elevazione, perché il terreno qui sotto è tutto fuorché regolare. Non disponendo di una livella mi allontano un metro dalla montatura e mi inginocchio cercando di guardare il treppiede in modo perfettamente parallelo.
In effetti sembra inclinato pesantemente verso il basso; dovrò aumentare la latitudine dell'asse della montatura di almeno 4°.
L'operazione è facilissima e la compio in una manciata di secondi.
Ora sono pronto a puntare l'obiettivo verso la piccola nube e trovare quello che cercavo, anche se avrei preferito farlo con le mie capacità visive.
Sblocco gli assi della montatura.
La ruoto non con poca difficoltà, a causa del polo sud celeste proprio nel mezzo.
Non la trovo più.
"Ma dove cavolo sei finita?"
Recito con tono serio come se di fronte a me avessi una persona in carne e ossa. "Non mi dire che proprio ora ti è venuta una nuvola sopra! Ma questa è sfiga!".
In realtà questa volta, e solo questa, dopo la delusione istintiva, rilasso le membra ormai diventate tese come una corda di chitarre, abbasso le spalle, distendo le braccia lungo il corpo, sollevo la testa verso lo zenit e sorrido perché mi rendo conto che questa è una trama da film semplicemente perfetta.
Ci penso bene e in effetti non potrebbe andar meglio: un cielo che mi ha regalato la conferma di quello che ho visto ieri e visioni nuove come il tramonto, la Via Lattea, la luce zodiacale.
Il desiderio di continuare si è così accentuato e rafforzato in un crescendo che però mi avrebbe portato a scoprire troppo e troppo in fretta.

La suspense delle nuvole che hanno giocato al sensuale gioco cosmico del vedo e non vedo attorno alla grande nube di Magellano e, ciliegina sulla torta, una ricerca entusiasmante resa ancora più interessante dal contesto e rimasta in sospeso per le prossime puntate.
Ci si potrebbe mai arrabbiare per aver ricevuto un incentivo ad amare ancora di più questo cielo?
La domanda è retorica perché la risposta il mio corpo, tutto, e la mia mente, senza alcun dubbio, la conoscono perfettamente e la dimostrano senza alcuna remora.
"Bene, il cielo ormai si è coperto tutto, direi che possiamo tornare verso casa e andare a cena!" comunico con inspiegabile entusiasmo la mia scelta unilaterale ai compagni di viaggio!
"Tu dici? Si vedono ancora le stelle, il cielo non mi sembra male" controbatte il fotografo.
"Ti sembra bello perché sei abituato a quello di Bologna, nel quale vedi a mala pena 30 stelle! Ora qui si è velato tutto, rispetto a ieri è un'altra cosa. Non vedo più la piccola nube di Magellano e le Pleiadi le trovo a fatica. Se tu vuoi restare un altro po' restiamo pure, ma non credo riuscirai a combinare niente"
Interviene anche l'altra, che del cielo non gliene importa nulla:
"Se Daniele dice che non si può più fare nulla a questo punto torniamo, così facciamo spesa e mangiamo qualcosa"
Penso che la sua indifferenza totale verso l'Universo, che evidentemente si è trasformata in noia, in questo caso torni utile alla la mia causa, ma so anche perfettamente che farò di tutto per scoraggiarla a tornare qui nelle serate seguenti.
Tutti convinti riportiamo in macchina le poche cose che abbiamo utilizzato. Mi metto alla guida e torno trionfale tra le dannate luci della costa. Da domani, care mie vecchie nemiche, non vi vedrò più almeno per qualche giorno. Voi, l'umidità, le nuvole, la piscina piena di bambini e turisti, il lungomare che così tanto somiglia alle nostre località romagnole, non mi mancherete affatto perché voi non siete l'Australia, anzi, voi dell'Australia non avete più assolutamente niente.

Fuga nell'outback: Mareeba

Sei giorni all'eclisse.
Il conto alla rovescia è entrato nel vivo e questa mattina, svegliato di nuovo dall'assoluta insensibilità di colui che si professa grande fotografo, apro il mio ipad dalla cima del mio regno su questo traballante letto a castello e comincio a guardare le previsioni meteo per Cairns.
Probabilmente ho fatto dei sogni collegati a questo anche se non me li ricordo perché il mio primo pensiero è stato proprio iniziare a documentarmi sulle previsioni.
Non so se abbia sognato l'incubo dell'11 Agosto 1999, oppure la più pacata parte razionale si sia accorta che tutte le albe trascorse in questa fabbrica di umido siano state oscurate da nuvoloni grigi compatti che spesso hanno scaricato brevi ma intensi scrosci di pioggia.
Con una distanza temporale di meno di 7 giorni, molti siti web cominciano a rilasciare le prime proiezioni meteo. Non saranno molto attendibili, ma almeno posso iniziare a farmi un'idea e capire se dovrò preparare un piano di fuga nell'outback.
Una cosa è infatti certa: non ho alcuna intenzione di perdermi anche questa eclisse! Sono disposto a fare di tutto pur di trovare un cielo sereno.
Ora che la parte turistica e umana, grazie ai miei pessimi compagni di viaggio, sta colando esponenzialmente a picco, il cielo e l'eclisse del 14 rappresentano gli unici motivi di salvezza da un esaurimento nervoso che nulla potrebbe arrestare se non riuscissi nel mio intento.
Non faccio in tempo a terminare questo ragionamento, che l'apertura della prima pagina web meteo da la prima seria bordata della giornata: la mattina del 14 per Cairns è previsto 40% di probabilità di pioggia, il che significa copertura nuvolosa completa.
Prima di iniziare l'estenuante fase di disperazione, controllo anche l'altra località, Port Douglas: probabilità di pioggia del 25%, meglio ma non sufficiente.

Ecco che improvvisamente comincia a materializzarsi una vera e propria maledizione dell'eclisse.
Riuscirò mai a vederne una?
Sono così avvilito che comunico il mio disappunto anche agli altri due, nonostante in questo momento li odi profondamente: "Bene, sono uscite le prime previsioni meteo. A oggi c'è 40% di probabilità di pioggia per Cairns e 25% per Port Douglas, se non cambiano siamo sfottuti!"
"ah cavolo" ribatte il fotografo mentre, tanto per cambiare, cerca qualcosa che non trova: "ma dai, 40% solo è buono, no? Significa che c'è il 60% di probabilità che non piova!"
"Eh appunto", controbatto infastidito e stupito: "questa è la probabilità di pioggia, ma per piovere ci vogliono le nuvole. Quindi significa che il cielo sarà coperto probabilmente per intero, proprio come le albe che non sei riuscito a fotografare!"
Non so se lui non riesca a credere alla mia spiegazione, non l'abbia sentita o semplicemente non gli importi un cavolo dell'eclisse, perché il suo intervento successivo, con tono menefreghista: "Beh, ma ancora è presto per fare previsioni esatte, vedrai che il tempo migliorerà" invece di tranquillizzarmi mi irrita ancora di più.
In me sta germogliando lentamente il seme del dubbio, un dubbio che se confermato sarebbe molto, molto grave.
A interrompere il mio avvitamento mentale ci pensa l'altra, intervenendo con una risposta simile, ma dal tono diverso e sicuramente più sentito: "Tu monitora le previsioni giorno dopo giorno, poi mano a mano che ci avviciniamo alla data, se non sono cambiate, qualcosa studieremo".
So perfettamente che a lei non interessa molto l'eclisse, ma almeno ha mostrato impegno nel cercar di calmare il mio evidente stato d'agitazione.
Decido di chiudermi nel silenzio del mio mondo, pensando magari a come osservare 47 Tucanae, aiutato, sia pur in minima parte, dal fatto che è ancora troppo presto per dare importanza a delle previsioni meteo la cui attendibilità è ancora piuttosto bassa.

In cuor mio, tuttavia, so già che dovrò lottare con le unghie e i denti per riuscire a osservare lo spettacolo che ho rincorso per così tanto tempo e chilometri.

Sono già le quattro del pomeriggio.
Riprendo a vivere e raccontare ora che tutto s'è fatto interessante di nuovo.
Ho appena fermato la macchina su un ampio parcheggio lungo una larga strada sul lato sinistro, di fronte a quello che dovrebbe essere un hotel, presumibilmente il nostro.
Appena scendo ritrovo di nuovo la sensazione di piacere assaggiata la serata precedente. L'aria è secca, tersa, calda.
Il Sole ancora illuminerà la scena per poco più di due ore e tutto intorno

Vista da Google street view dell'hotel lungo la strada principale di Mareeba.

a me è finalmente cambiato secondo il modo che desideravo fin dal giorno in cui ho deciso di attraversare la Terra.
Siamo a Mareeba, la capitale dell'outback, a detta del mezzo zio australiano del fotografo. Non credo sia veramente così, perché l'outback, quello vero, è probabilmente qualcosa di diverso che, purtroppo, non vedrò mai nella mia vita, a meno di non ritornare qui privo di zavorra.
Sarebbe qualcosa su cui riflettere ed essere tristi, ma non me lo posso permettere perché mi perderei un assaggio della vera Australia, quella rurale e naturale, non del paesino artificiale e soffocante su un pezzo di terra una volta paludoso strappato all'abbraccio dell'oceano e della foresta.
Qui il paesaggio ricorda da vicino le grandi praterie americane viste solamente attraverso datati film western.

Siamo a 60 chilometri da Cairns ma non v'è traccia di quello che abbiamo lasciato dietro.
Flora e fauna sono molto meno invasive, direi quasi discrete. Gli alberi, non molto alti e con i rami solamente sulle estremità, sono rari e circondati di erba alta non più di poche decine di centimetri, completamente secca.
Non si sentono più i suoni spesso inquietanti e aggressivi tipici della giungla. Anche i pipistrelli sembrano essere scomparsi, o rispettare questo nuovo ambiente nel quale la parola d'ordine è proprio discrezione.
La cittadina che abbiamo già girato un po' con la macchina è estremamente diversa rispetto a quello cui sono abituato a vedere. Strade tutte dritte, larghissime e tenute con una cura maniacale (aspetto ancora di trovare una buca). Ampi parcheggi su ogni lato, naturalmente gratuiti, e mancanza totale dei nostri onnipresenti segnali di divieto di sosta e fermata, incubo degli automobilisti, delizia per i nostri amministratori e per chi ha l'obbligo di farli rispettare.
La via principale ospita su entrambi i lati negozi, bar, saloon e hotel. Detta così potrebbe essere la descrizione della via centrale di una nostra qualsiasi città di medie dimensioni. Invece qui è tutto molto ordinato e discreto, in perfetta armonia con il motivo imposto dalla Natura.
Non esistono edifici attaccati gli uni agli altri e nessuno si innalza dal suolo per più di pochi metri. Anche l'unico grande centro commerciale, una catena chiamata coles, si sviluppa su un'ampia area circondata da un immenso parcheggio, senza deturpare il paesaggio circostante.
Abbiamo provato a cercare il centro, credendo ingenuamente che ogni città o paese abbia una piazza centrale, o almeno una zona di maggiore densità nella quale si concentrano vita e attività, ma non esiste. Tutto è perfettamente disposto secondo uno schema molto semplice che parte dal presupposto che di spazio ce n'è in abbondanza, quindi è inutile concentrare, accorpare e innalzare per rendere un inferno la vita degli abitanti.

Mareeba è un paese moderno.
Tutti gli edifici sembrano prefabbricati che si tengono insieme con poco cemento. Non è un gran danno, tanto i terremoti qui non sono mai stati di casa.
Devo ammettere che la sensazione è strana. È probabile stia percependo l'assenza di un'anima, di qualcosa di caratteristico che possa colpirmi e farmi apprezzare il posto più a fondo dei meri giudizi sulla vivibilità e la discrezione.
Entriamo nell'hotel.
Di fronte a noi un'immensa sala giochi piena di slot machines ci inquieta un po'; sembra un angolo di Las Vegas!
Alla reception una signora ci chiede se può esserci d'aiuto e noi, anzi, colui che si sente capo ma che in realtà è solo un gran pallone gonfiato, cerca di spiegare, con un inglese che farebbe ribrezzo anche a un cinese sordo, che ci serve una camera per la notte.
Io ho ormai imparato da tempo a starmene zitto in un angolo e fare i cavoli miei. La massima interazione che posso avere è rispondere affermativamente o negativamente alle proposte che vengono dagli interlocutori.
Dopo una decina di minuti di discussioni su cosa fare, perché la signora, gentilmente, si è offerta di chiamare gli altri 4 hotel per sentire disponibilità e costi, decidono di accamparsi qui su una camera che a detta della stessa non è un granché e non dispone di bagno privato.
Perché quindi andare incontro a un malvivente dopo che lui stesso ci ha avvisato della sua pericolosità? Semplice, quanto irritante: perché ci uccide al minor prezzo possibile!
Una camera con bagno e a misura di essere umano sarebbe costata la mirabolante cifra di 40 dollari a testa, mentre questo buco ce lo farebbero digerire per poco più di 30. Si, una gran differenza di prezzo che include pure una notte insonne, la mancanza di una doccia e di qualsiasi privacy anche in un momento privato come andare in bagno.
Accettiamo, paghiamo e ci facciamo accompagnare nel tugurio di questa notte.

Quando la porta si apre capisco che la signora non aveva detto tutta la verità e che io mi ero immaginato una scena che non corrispondeva affatto alla verità.
Si, perché quello che ho di fronte ai miei occhi è assolutamente peggio di ogni mia aspettativa!
La camera, al piano terra, è larga 3 metri per 2,5. L'unica finestra, che affaccia su un romantico magazzino esterno, sarà probabilmente chiusa da qualche anno, come testimonia inequivocabilmente il nauseabondo odore di polvere mista a deodorante ristagnato.
Come se non fosse sufficiente, di letti ne vedo solamente due: uno minuscolo attaccato al muro, lungo non più di me (e non sono un gigante) e un matrimoniale per nani.
Il sangue mi si congela, perché so già che questo toccherà a me e all'altro, che dal colorito in faccia sembra essersi pentito della scelta fatta.
Infierire ora è sin troppo facile:
"Io per 8 euro a testa in più avrei tentato l'altra soluzione, ma ormai non si può fare niente direi!".
Nessuna risposta dal destinatario principale della mia pacata frase, mentre l'altra compagna di viaggio risponde quasi piccata: "tanto è solo per una notte e abbiamo pagato poco!"
Questa volta resto in silenzio io, altrimenti me la mangerei viva, lei che vive ossessionata dal denaro e che per risparmiare una misera moneta di ferro preferirebbe persino morire di stenti, piuttosto che prendere una medicina che le salverebbe la vita.
Resto disgustato perché te, in questi momenti, rappresenti esattamente il contrario di quello che sono io.
Naturalmente non dico altro e cerco di calmarmi, perché il mio obiettivo è continuare a esplorare il cielo. Chissà cosa mi regalerà questa sera e in quale posto andrò a finire.

Il tramonto sta finalmente per arrivare.
Probabilmente mancano una manciata di minuti, una ventina presumibilmente. È bello fare previsioni di questo tipo perché

significa che sto ambientandomi con il nuovo posto e le geometrie totalmente fuori dalla mia solita routine.
Per l'occasione abbiamo scelto un luogo che sembra la scena di un film western.
In una via parallela alla principale, ai bordi del paese, abbiamo attraversato binari incustoditi lungo una stradina asfaltata ma stretta persino per la nostra utilitaria.
Pochi chilometri e sul lato destro è comparsa una fattoria, presumibilmente nuova, rigorosamente a un piano, con un enorme giardino e un immenso campo incolto recintato: perfetta!
Il Sole sta per toccare il serbatoio che raccoglie l'acqua del pozzo attraverso una grande elica azionata dal vento.
Per la prima volta la scena viene rubata dal quadro surreale che sto osservando. Fatico non poco a comprendere se sto fissando uno spezzone di film, oppure la realtà nuda e cruda.
Sembra davvero un incastro troppo perfetto per essere vero: la luce del giorno che sta calando, il suono della pompa del pozzo che sotto la brezza di questa giornata sta pompando acqua nella cisterna, grazie alle lame del piccolo mulino a vento che girano su se stesse e sembrano rinforzare con un sibilo il suono altrimenti impercettibile del vento.

Un surreale ed emozionante tramonto in un luogo sognato da tanto tempo.

Dalla steppa arida raccolgo un lungo filo d'erba e me lo metto in bocca quasi involontariamente.
Mi sincero che la staccionata sia sufficientemente resistente e poi mi ci siedo con le gambe sollevate da terra, per ammirare un pezzo di vita presa in prestito per qualche minuto dagli abitanti di questa fortunata fattoria.
Il lontananza, in avvicinamento a noi, si sentono e poi si vedono mucche e bufali completare nel più perfetto dei modi lo straordinario quadro bucolico.
Mancherebbe solamente qualcosa di tipicamente australiano, penso tra me e me sapendo benissimo a cosa mi riferisco.
E come se i miei pensieri fossero stati trasportati dal vento tiepido che ora spira dalle mie spalle, ecco comparire saltellando un canguro che sfila come una modella di fronte ai miei occhi increduli.
È la prima volta che ne vedo uno chiaramente e con la luce del giorno: saltella davvero come nei documentari!
Lo seguo con così tanta meraviglia che servono ancora interminabili secondi per notare che forse lui è solamente il capo del gruppo. Dietro, a pochi metri di distanza altri due, tre, cinque, sette... tanti canguri saltellano perfettamente a tempo.
Non so quanti sono, forse una ventina o più, distanti probabilmente una cinquantina di metri. Alcuni a un certo punto si fermano ad ammirare questi tre stranieri così palesemente diversi rispetto a tutti gli esseri umani incontrati nella loro vita.
Ci studiano tanto quanto noi facciamo con loro: come riescono a saltellare, qual è la forma del musetto, quanti sono e quanto sono grandi.
Ci scrutiamo con grande curiosità ma altrettanto rispetto: nessuno vuole invadere un confine invisibile ma ben marcato.
Un minuto, forse due, poi l'equilibrio viene rotto dall'irruenza e dall'assoluta mancanza di rispetto del fotografo che inizia a correre verso di loro per cercare di rubare un primo piano che non otterrà mai.
Gli sta bene!

Canguri curiosi osservano tre esseri umani buffi e goffi emettere strani suoni per un paesaggio che per loro è sinonimo di casa.

Così come arrivati, tutti questi simpaticissimi animaletti se ne vanno spaventati e infastiditi, fino a scomparire negli sterminati spazi di questo arido campo.

L'attenzione torna di nuovo su quello che sta succedendo al cielo.
Anche questa sera le grandi e dense nuvole provenienti dalla costa si dirigono verso di noi, ma si dissolvono proprio a pochi gradi dal percorso della nostra Stella.
È una processione continua che si ripete con assoluta e inamovibile precisione. Ogni nuvola sembra avere un compito da portare a termine, una missione che esegue senza sgarrare né di un secondo e nemmeno di un grado.
Troppo bello e prezioso il cielo, qui, per poterlo coprire.
Chissà se pensano questo mentre si dissolvono. Sicuramente no, ma se io fossi stato una nuvola e avessi avuto una coscienza, non mi sarei mai permesso di togliere alla Terra il tenue abbraccio delle stelle.

La processione di nuvole dalla costa si dissolve puntualmente prima di raggiungere il Sole.

Anche il Sole compie perfettamente il proprio dovere avvicinandosi all'orizzonte e poi scomparire nell'intervallo di tempo necessario per terminare questa frase.

È già notte.
Dieci minuti e nel cielo brillano un paio di stelle...
Un passaggio così rapido al quale non mi abituerò mai.
Ogni giro di orolo-

Tramonto nell'outback.

gio di quella lunga lancetta sembra essere la fabbrica ideale di nuove fiammelle, mentre le altre acquistano prepotentemente luminosità preparandosi in grande stile al momento del loro spettacolo.

Il sipario sul giorno è ormai calato e la coda dello Scorpione mi ricorda che tra poco l'unica luce che potrà disturbarci sarà quel bagliore così assurdo, per noi abitanti delle città, chiamato luce zodiacale, così alieno per noi quanto per gli animali di qui quelle perenni e artificiali aurore dei nostri cieli.

Lo scorpione cerca di rubare la scena a un altro tramonto spettacolare.

Purtroppo non avrò la possibilità di ammirarla di nuovo, perché propongo di tornare nel vicino albergo e cenare.

No; lo stomaco non ha preso il posto della mente.

Il mio piano è preciso: riportare gli altri due in albergo, farli mangiare, appesantire, appisolare e poi fuggire da solo per osservare il mio cielo, con i miei tempi, i miei occhi, i miei sentimenti ed emozioni. Per questo sono disposto a rinunciare all'ora di cielo più spettacolare, se poi potrei stare in santa pace per tutta la notte.

Tornati di corsa verso l'hotel e convinti gli altri, a fatica, di mangiare nel ristorante, ci sediamo ad aspettare e ci accorgiamo che nella sala quasi piena siamo gli unici stranieri. Questo ci regala ripetute occhiate e un buon 80% di tutte le incomprensibili chiacchiere che vengono scambiate ai tavoli.
Si, siamo proprio lontani dalle mete tradizionali dei turisti: sono davvero contento!

Il Cielo
Sono le 21:30
La cena è terminata proprio con la chiusura del ristorante e la pulizia della sala.
In questo posto è ancora più evidente quello che avevamo intuito qua e là nella vita vera degli australiani: la cena è alle 18, 18:30 massimo. Alle 21 tutti i ristoranti chiudono.
Non so se sia un bene o un male per il mio stomaco sempre affamato. Da una parte la cena arriva prima dei nostri soliti orari, quindi trascorre meno tempo dopo il pranzo; ma di sicuro se non mangio qualcosa prima di dormire potrei rischiare di trovarmi a mordicchiare le gambe del letto in un attacco di incontrollabile fame notturna. Per ora non ci penso, anche perché l'ennesimo piatto fritto con un olio sicuramente meno salutare di quello dei motori ha spento qualsiasi velleità cibaria da qui alle prossime 15 ore.
Spero che anche i miei compagni di viaggio siano altrettanto provati e rinuncino all'uscita che sto per rendere pubblica: "Bene, torno un attimo in camera per radunare le mie cose e poi me ne andrei in giro a cercare un posto per guardare le stelle lontano da qui. Vi vedo ben stanchi, quindi neanche vi chiedo se volete venir con me, tanto non ho paura ad andare in giro da solo".
Non mi sarei mai aspettato di imparare quaggiù, con due italiani, una sottile lezione di vita: inutile cercar di lasciare intendere qualcosa con parole dolci ed educate a chi non ne ha la capacità.

Se la mia compagna di viaggio, che d'ora in poi chiamerò giornalista, perché è questo che fa (o vorrebbe fare) nella vita, ha perfettamente compreso il vero significato della mia frase e del tono con cui l'ho pronunciata, dicendomi: "io sono stanca e tanto tu non hai bisogno di noi per andare a osservare il cielo, quindi vai pure", rafforzando inaspettatamente il mio desiderio di andare da solo, non si può dire altrettanto del fotografo, che esordisce con: "ah, io vengo assolutamente con te!"
Un attimo di imbarazzante silenzio e uno sguardo di delusione tra me e la giornalista, che mi ha dato la conferma di quanto lei avesse capito e cercato di aiutare, ahimé invano, la mia causa, poi rompo il ghiaccio provandoci di nuovo:
"Se vuoi venire vieni pure ma non farlo per me; io starò bene anche da solo e poi intendo fare molto tardi, non so se tu resisterai".
Niente, nessun effetto sortito vista la risposta:
"No, voglio venire alla scoperta con te. Posso perdermi il cielo perfetto? E che sono venuto a fare in Australia sennò?"
Con la coda tra le gambe, e la faccia tinta di un sorriso così falso che sento dolore a tutti i muscoli dalla forza che devo fare per mantenerli in questa posizione, me ne vado in camera a prendere le cose.
Nel tragitto penso che questa è stata l'ultima volta nella quale non sono stato diretto e brutale nei suoi confronti.

Fare un viaggio con un personaggio del genere, per quanto breve, rappresenta un'avventura che si vorrebbe sempre evitare, e quest'occasione non fa di certo eccezione.
Dopo la lunga fase di preparazione del materiale per la serata osservativa, conclusasi 15 minuti prima della sua, si accorge di aver perduto la videocamera con la quale ha tentato di fare un filmato time-lapse prima, al tramonto dalla farm. Sappiamo entrambi che è rimasta sicuramente nel prato.
Devo ammettere che mi dispiace pensare che probabilmente sarà ancora lì, visto il buio pesto e l'assenza di persone.

Quando si sale finalmente in macchina, non si ha altra scelta se non tornare in quel posto, esattamente dalla parte opposta a dove sarei voluto andare.
Perdo utilmente un'altra mezz'ora, per di più con il disappunto della videocamera che si ritrova lì dove era stata dimenticata.
Riprendo di fretta il percorso che avrei voluto percorrere ormai più di un'ora fa.
Mentre sfreccio lungo le strade deserte, vedo di fronte a me, nel mezzo della carreggiata, un canguro illuminato solamente dai miei fari, che se ne sta comodamente seduto a farsi il proprio comodo.
Per un attimo rallento pensando se ne sarebbe andato, proprio come quello che ho visto la prima serata, ma realizzo poco dopo che non ne ha alcuna intenzione. Così, disturbato dalle urla isteriche del mio compagno di viaggio, freno in modo deciso, intimandolo di non perdere quel briciolo di dignità rimastagli.
Quando l'auto si ferma a circa mezzo metro scarso, il curioso animaletto approfitta tranquillamente delle luci per potersi grattare in un punto che prima forse non riusciva a trovare.
Una decina di secondi, il musetto di qua, di là, poi di fronte a me per ringraziarmi della luce e sparisce saltellando in tutta calma.
Il fotografo è ancora sotto shock. Io invece sono divertito ed eccitato da questa esperienza: finalmente ho visto un canguro da vicino!
Questa è l'Australia e questo era quello che ci voleva per farmi dimenticare il modo in cui è iniziata la serata!
Riprendo la marcia senza paura, ma con un pizzico in più di attenzione, divertendomi mentre lui ormai in preda alle allucinazioni crede di vedere canguri e animali saltellare in mezzo alla strada.

La ricerca del luogo migliore richiede una sola parola d'ordine: allontanarsi più possibile da Mareeba e possibilmente lasciarla a est o a nord per evitare che il chiarore residuo possa rovinare la porzione più interessante, quella sud.
Per questo scopo ho deciso già da due giorni di continuare la strada che percorreremo domani mattina, ancora più all'interno.
Vorrei fare almeno una trentina di chilometri e arrivare a ridosso di una località chiamata Piemonte, sperando che il nome non ricordi, quanto a inquinamento, la nostra luminosa (in senso letterale) regione.
Percorriamo una ventina di chilometri.
La strada non riserva ancora nessuna sorpresa, se non le paranoie del fotografo che iniziano a diventare un po' pesanti.
Lunghi rettilinei, manto perfetto e limite a 100 km/h hanno reso molto veloce il tragitto.
Mentre divertito dalla guida e dal panorama che non vedo, sorrido e muovo la testa cercando di scrutare, invano, la presenza di luci dannose, penso a quanto sembri per noi stridente il connubio tra una strada tenuta in così perfette condizioni e l'assoluta mancanza di illuminazione pubblica e traffico. Si, perché non ho ancora incrociato neanche un veicolo in entrambe le direzioni: siamo proprio in viaggio nella Natura più selvaggia!
Altri dieci chilometri, e arriviamo a Piemonte.
Non so se i vetri siano appannati o gli occhi abbagliati dalle luci della macchina riflessi dal nero asfalto, ma io non noto traccia di civiltà.
Solo sulla sinistra, a circa 10 chilometri di distanza, una ciminiera debolmente illuminata butta su fumo arancione.
Non una casa, non una luce, neanche un incrocio.
Mi accorgo di aver passato questo paese fantasma solamente quando il cartello lungo la strada ci saluta.
Guardo il fotografo e gli domando:
"Ma tu sto paese l'hai visto?"
Laconica la sua risposta:

"Quale paese?".
Ho pensato inizialmente fosse una battuta.
Non lo era, perché dopo la mia risata rafforza il concetto:
"No, dimmi, c'era un paese?".
Torno serio perché mi accorgo con chi sto parlando e altrettanto seriamente rispondo:
"Si, secondo l'Ipad qui doveva esserci un paese chiamato Piemonte, te l'avevo detto proprio prima di partire!".
La sua risposta sintetizza bene la nostra perplessità:
"ah... hanno un concetto un po' particolare di paese".
Il divertente siparietto termina presto, perché con la voce calda non si lascia di certo sfuggire l'occasione di creare problemi:
"Non ci siamo allontanati abbastanza? Perché non troviamo una piazzola e vediamo com'è il cielo?"
Io sono convinto che ancora la distanza percorsa non sia sufficiente, ma cedo alla sua terrorizzata insistenza.
Appena possibile svoltiamo in una stradina asfaltata sulla destra che sale su un minuscolo altopiano.
Poche centinaia di metri e l'asfalto cambia il turno con sottile ghiaia.
Lui non sembra troppo turbato dalla visione. Ne approfitto per convincerlo a proseguire in modo da evitare il traffico (che non esiste, ma questo lo so solo io) della vicina strada principale.
Un chilometro e una lunga curva verso destra ci proietta su un rettilineo costeggiato da alte palme, che innalzano le loro scure e appuntite foglie fin sulla luce naturale del cielo.
"Non va bene qui?" cerca di bloccarmi subito.
Rispondo con chiarezza per evitare fraintendimenti:
"No!"
"Perché? Sembra perfetto!"
Forse devo sviluppare meglio il concetto.
"No... Andrà bene per fare foto estetiche, ma queste palme altissime non permettono di far foto astronomiche. Andiamo più avanti, poi magari torniamo indietro".

Dopo una breve discesa, la strada prima si restringe, poi diventa di terra battuta color rosso e sembra inoltrarsi attraverso un poco invitante tunnel di oscura vegetazione.
Ma proprio al confine, un larghissimo campo sembra perdersi nella sua infinita piattezza e invitarci per l'osservazione.
Mi avventuro per una decina di metri nell'erba bassa e, sembrerebbe, curata, poi spengo le luci per osservare se la posizione è buona come sembrerebbe.
Con gli occhi non abituati all'oscurità, tutto intorno a noi è nero assoluto.
Non è l'oscurità di una camera con le finestre chiuse, piuttosto l'opprimente sensazione di ignoti e sterminati spazi che non riusciamo a percepire.
Per cercare un briciolo di luce e calmare questa opprimente sensazione che prende lo stomaco e modifica il respiro, cerco sollievo nel cielo, che per contrasto sembra essere cosparso da luminose, quanto provvidenziali, lampadine.
Ecco che l'assillante paura dell'oblio si trasforma improvvisamente nell'incredibile spettacolo dell'Universo che, sicuramente, non ho mai visto così brillante.
Il corpo si rilassa; la mia mente dimentica l'istinto di conservazione artefice di quella brutta percezione.
Ora i movimenti istintivi appartengono a un livello superiore. Sono quelli che guidano la mano destra verso la portiera e le gambe fare un balzo cieco su quel prato oscuro e sconosciuto che potrebbe pullulare di qualsiasi tipo di animale.
Ecco di fronte a me, in tutta la sua prepotenza, il cielo scuro, così buio da cancellare il panorama e persino la mano che ora distesa di fronte a me sembra essere stata recisa.
"Allora è proprio vero quello che ho scritto sui miei libri!" grido a squarciagola dentro di me in parte incredulo.
Quella sensazione che ai più provocherebbe inquietudine, smarrimento, paura, e potrebbe riaccendere la mente assopita da anni quando, senza altra scelta, gli occhi si indirizzerebbero verso il cielo e osserverebbero quella realtà ormai invisibile, in me si trasforma in un grandissimo sollievo, perché è da un po-

sto come questo che si può finalmente comprendere il vero significato del Tutto. Delle stelle che brillano, di quelle nuvolette diffuse, ma anche di questi occhi che riflettono in parte la loro luce e del corpo, tutto, che si stupisce riconoscendo la materia dalla quale anche esso ha avuto origine.
Mi allontano per qualche metro in esplorazione, senza torcia, aspettando pazientemente che gli occhi si adattino al buio.
Riesco ora a sentire tutti gli altri sensi che per un attimo si erano assopiti. Ritornano più sensibili di prima.
Intorno a me si sente un silenzio surreale, direi quasi spettrale.
Per quanto mi sforzi non percepisco nulla.
L'assenza di qualsiasi suono rende l'atmosfera inaspettatamente più strana e pesante degli strani versi uditi continuamente nella giungla, o ieri sera a bordo strada.
Qui sembra che anche la Natura abbia deciso di contemplare in assoluto silenzio la danza delle stelle, che neanche un sordo o un cieco potrebbe non notare.
Resto esterrefatto.
Sembra di stare in un mondo alieno privo di vita, forse su Marte, quel pianeta che vorrei tanto visitare un giorno, magari in una vita futura.
La silenziosa e maestosa sinfonia dell'Universo scoperchia repentinamente il vaso di Pandora dei miei pensieri, che affollati s'affacciano impavidi verso lidi che trovarono sempre occupati.
Sublime.
Riesco a percepire le note dell'Universo scritte ovunque su questi spartiti cosmici, che si insinuano nei meandri più intimi della mente e si mescolano indissolubilmente ai pensieri che sembra abbiano trovato le perfette anime gemelle.
Dal connubio unico si genera la melodia più bella che abbia mai potuto ascoltare; la personale e segreta sinfonia dell'anima che guarda lontano verso le sue origini.
Il suono unico del silenzio... purtroppo pochi possono sopportarlo.

E mentre le stelle lassù continuano a muovere indisturbate poetiche note, un grido alieno acuto e confuso manda in mille pezzi la bolla che mi ero creato tra me e l'Universo:
"OH CAZZO!... Corri Daniele, corri! in macchina, IN MACCHINA!!" sono le prime parole comprensibili che ho potuto riconoscere.
Mi sveglio dal torpore e disgustato da quello che ho dovuto udire chiedo al fotografo:
"Ma perché che succede?"
In preda a una crisi di panico incontrollata, continua a gridare così tanto che riesce nel perfetto intendo di spaventare i miei pensieri e ricacciarli laddove prima si erano inserite le note di un Universo che ora è tornato lassù, a migliaia di anni luce:
"Corriiii, qualcosa ci insegueee! non hai sentito???"
Il mio istinto suggerisce di tornare in macchina, ma non lo imito nella folle corsa.
Chiudo lo sportello, lo guardo più arrabbiato che spaventato e chiedo, piuttosto scocciato: "Ma si può sapere cosa è successo? Io non ho visto né sentito niente!"
Con il respiro affannato dalla paura e dai pochi metri di corsa forsennata, trova le parole per rispondere e probabilmente anche un minimo di lucidità:
"Ma non hai sentito niente? C'era qualcosa che ci inseguiva! Me lo sono immaginato?"
Io ho già compreso tutto, ma parlare sarebbe tempo sprecato.
Accendo la macchina e tutte le luci per farlo arrivar da solo alla conclusione. "Azz, non c'è niente davvero! È che in quel silenzio di tomba mi sarò immaginato cose strane.
Meglio andare via da qui, però, no? Io di certo non scendo più. Che smaltita colossale!"
Senza pronunciar parola, ingrano la marcia e lentamente esco dal prato per riprendere la strada.
L'adrenalina è stata ormai riassorbita dal mio corpo, che sorride agro-dolce pensando che è proprio vero: il suono del silenzio dell'Universo è una dolce melodia riservata solamente a pochissime persone.

Ripercorrendo a ritroso la strada a passo d'uomo per trovare un posto migliore che sono sicuro non potrà accontentare entrambi, ci ritroviamo di nuovo sul rettilineo costeggiato dalle palme di prima e decido di fermarmi su sua, irritante, insistenza.
Accostata la macchina sul lato destro, ai bordi del solito prato ben curato (ma poi da chi o cosa?), scendo per il sopralluogo seguito da una coraggiosissima ombra che si muove quatta dietro di me a cercare una (finta) sensazione di protezione.
Sono sufficienti 30 secondi per capire quanto siano diverse le nostre esigenze.
Oltre alle palme invadenti, di fronte una schiera di luci di piccoli paesini (allora qualcuno ne esiste), diffusa a dismisura dalla grande umidità, illumina il sud al punto che riesco perfettamente a vedere le sagome di tutto quello che c'è intorno.
Le stelle non brillano più come prima, o meglio, forse è l'occhio che non riesce più ad abituarsi completamente all'oscurità che poco fa era totale.
Anche il silenzio sembra un lontano ricordo. Il vento tra le foglie delle palme provoca un suono particolare, simile a quello di una folta schiera di bacchette cinesi che urtano le une contro le altre.
Resto affascinato perché non ho mai sentito le foglie fare un frastuono così secco e poco delicato, ma anche infastidito per la loro invadenza.
No, questo posto non va proprio bene.
Sembra di stare in città, sia per la luce che per i rumori.
Non faccio in tempo a comunicare il verdetto senza appello al mio compagno di viaggio che lui, ringalluzzito e sorridente, si sposta di fronte a me ed esclama:
"Questo posto è perfetto!"
Resto interdetto; poi garbatamente chiedo spiegazioni. Ma risponde come se le mie opinioni non esistessero, vaneggiando frasi senza senso:
"Tra cielo e terra, un fiume contiguo di luce delizia i nostri occhi che vivono di stupore."

Non sono solito pensare queste finezze, ma qui un rutto in faccia sarebbe la risposta più appropriata.
Lo penso ma non lo faccio, così gli do la possibilità di porre rimedio. Ma la faccia da schiaffi che sorride mandandomi a quel paese, gli occhi che sembrano trovarsi 10 metri più in alto di me e i movimenti continui e scoordinati del corpo impegnato in altro, non promettono niente di buono. E infatti:
"Perché, per te non va bene? A me va benissimo!
Ci sono rumori, non è buio completo, le luci dei paesini creano un grande effetto scenografico e il cielo mi sembra scuro."
Lo guardo sconsolato e disgustato.
Fatico a trovar le parole, poi visibilmente irritato perché, come sospettavo, sta mettendo i bastoni tra me e la ricerca del cielo perfetto, pronuncio la mia frase che già so non sortirà alcun effetto:
"Il posto andrà bene a te che sei fotografo e del cielo non importa nulla, ma per me quelle luci laggiù sarebbero fastidiose pure in Italia, figurati in un posto come questo nel quale rappresentano un'eccezione evitabile già con due chilometri di macchina.
Se tu vuoi fare foto estetiche fai pure, qui io di astronomia non riesco a fare niente e non tiro fuori neanche la montatura del telescopio".
A questo punto lui fa la cosa che più gli riesce bene: starsene zitto e continuare a farsi i fatti propri come se nessuno avesse proferito parola.
Inizia a montare l'attrezzatura ma io non ho alcuna intenzione di buttare una notte, per di più la prima totalmente serena, quindi intervengo di nuovo, alzando ancora il tono:
"Fai qualche foto e poi tra mezz'ora al massimo torniamo in macchina e cerchiamo un nuovo posto. Altrimenti se sarai stanco ti accompagnerò all'hotel e andrò in giro da solo".
Questa volta mi degna almeno di un cenno positivo della testa, mentre inizia a fare foto che a me e a qualsiasi appassionato del cielo farebbero ribrezzo.

Lo guardo per alcuni minuti prima di dirigermi verso la parte di cielo che sembra più pulita, quella ovest, nord-ovest.
Mi chiedo come sia possibile rimanere affascinati da un gruppo di luci artificiali che cancellano le stelle per diversi gradi.
Come si può preferire dieci lampioni arancioni che buttano luce verso l'alto, all'incredibile spettacolo di quelle luci naturali che illuminano uno sterminato spazio vuoto molto più distante di quanto possiamo mai immaginare?
Come si può manifestare tanta sfrontatezza verso coloro che sono portatrici di vita, la nostra vita. Quelle scintille luminose che hanno fabbricato quasi tutti gli elementi del nostro corpo e della Terra sulla quale camminiamo?
Non lo so e non lo capirò mai, né comprenderò perché in poco più di cento anni molti di noi abbiamo perso l'abilità di sostenere il peso dell'Universo e del buio silenzio intorno a noi. Eppure ci riescono tutti gli animali del mondo; eppure ci siamo riusciti anche noi fino a poco tempo fa.

Nell'attesa del mio cielo, volgo lo sguardo verso ovest in costellazioni che ancora non conosco ma che voglio individuare da solo, almeno per ammazzare… il tempo.
Subito catturano la mia attenzione due fiocchetti di luce.
Il primo, più evidente, ha la tipica forma allungata di quella che sicuramente non può che essere la galassia di Andromeda. Caspita quanto è luminosa!
Perdo qualche minuto a cercare di individuare la costellazione, una delle più facili, ma ci sono troppe stelle e l'orientazione sballata di certo non facilita il compito.
Niente, non ci riesco, anche perché probabilmente parte della costellazione potrebbe essere già sotto l'orizzonte.
Fa impressione vedere a quanto sia bassa in questo periodo dell'anno, pensando che dalle nostre parti passa quasi allo zenit.
Si, siamo proprio dall'altra parte del mondo: ora me ne accorgo.

Interrompo l'infruttuosa ricerca delle stelle di Andromeda per concentrarmi verso l'altro evidente fiocco luminoso.
È perfettamente visibile in visione distolta e anche, seppur a fatica, in visione diretta.
Questa parte di cielo, anche se invertita, spostata e arricchita di stelle, la conosco bene, quindi non ci metto molto a capire che quel fiocco di luce alto una ventina di gradi sull'orizzonte non può che essere la galassia M33 nel triangolo.
Ne impiego decisamente di più a farmene una ragione.
Questa galassia è infatti così evanescente che da casa mia non l'ho vista neanche con il telescopio, e dallo scuro cielo di Forca canapine, uno dei migliori in Italia, era visibile a occhio nudo con estrema fatica solamente in visione distolta e con una buona dose di fantasia. E pensare che quel cielo, che noi astronomi e appassionati avremmo classificato con una magnitudine superficiale di 21,4, mi sembrava già incredibilmente scuro dopo il salto fatto dalla campagna vicino Perugia, che probabilmente si avvicina a 21 senza mai toccarlo.
Se riesco a vedere così bene M33, a questa scarsa altezza sull'orizzonte, siamo davvero vicini al cielo perfetto, che per noi è associato a un numero spesso visto come un mito irraggiungibile: magnitudine superficiale 22.
Guardo ancora M33 così evidente, poi mi giro e vedo le nubi di Magellano indistinte, immerse nel chiarore accentuato dall'umidità delle luci artificiali, e inizio a diventare impaziente.
Neanche a farlo apposta, di fronte a noi, distante qualche centinaio di metri, si accende un fastidioso lampione e si sentono voci. Probabilmente c'è una casa; il padrone avrà notato la nostra presenza e vorrà capire quali sono le nostre intenzioni.
Meglio, perché la paura di un fucile puntato alla testa convince il mio compagno di viaggio a un gesto di fine altruismo:
"Io ho fatto, se vuoi andiamo a cercare un cielo migliore per te".
Sia lodato il suo eroico coraggio!
Salto nella macchina che si è riempita di insetti e zanzare perché lui, furbamente, aveva deciso di lasciare lo sportello aperto per rientrare di fretta nel caso avesse incontrato un unicorno

rabbioso o un cinghiale volante, animali noti per la loro leggendaria voracità di carne umana.
Aspetto che carichi le cose e ripartiamo alla ricerca del luogo che decido io. Ho il sospetto, però, che un cielo perfetto sarebbe troppo lontano da raggiungere questa sera.
Mentre cerco di farmene una ragione, accontentandomi di una serata lunga e senza nuvole, dopo una decina di chilometri, forse 15, la strada principale, quella bellissima e mai trafficata, ci regala un attimo di avventura da me ben apprezzato, meno dal mio vicino.
Alcuni cartelli indicano l'imminenza di lavori in corso, poi un semaforo ai piedi di un rettilineo lunghissimo mi fa rallentare, ma non fermare, perché l'addetto seduto lì vicino, che nessuno dei due aveva visto a causa del buio, ce lo fa diventare verde.
Stiamo attraversando un enorme cantiere che ha probabilmente lo scopo di rifare il manto stradale. Dico probabilmente, perché la strada in questo pezzo non esiste più. Una corsia poco più larga della macchina, di terra battuta bagnata, piena di buche e di solchi che divertono tantissimo me e spaventano ancora di più l'altro.
Il cantiere finisce, ma la strada non torna più quella di prima. È più stretta, con l'asfalto invecchiato.
Decide di aprire di nuovo la bocca. Brutta cosa:
"Senti, perché non torniamo indietro e andiamo su quella stradina che ho visto proprio dove si trova il semaforo?"
Ecco, ho pensato; mi sta mettendo di nuovo i bastoni tra le ruote, semplicemente perché si è spaventato dei lavori stradali. Ma sapeva di venire in Australia e non nel giardino di un centro commerciale?
Vorrei tanto parlare ma per quieto vivere decido di assecondarlo e dargli una possibilità. No, bugia... Voglio solo ripercorrere il cantiere e assaporare di nuovo un pezzo di avventura!
Poi potrò sempre dirgli di no e rifarlo di nuovo!
Inverto la marcia: niente di più facile su una strada totalmente deserta e dritta, rifaccio il cantiere con il semaforo che magi-

camente diventa verde al nostro arrivo, senza che da questa parte ci sia l'operatore, poi sulla destra, alla fine, imbocco la stradina asfaltata, attraverso i binari non custoditi e proseguo per un paio di chilometri.
Il luogo sembra bello perché la strada principale resta più in basso e coperta da vegetazione, mentre qui sembra tutto un grande campo con erba secca intorno e qualche sparuto albero di tanto in tanto. Sulla sinistra una collina oscura un po' il cielo per qualche grado, ma potrebbe essere un bene perché nasconde le luci dei paesi, ora tutti a est.
Qualche altro metro prima di trovare sulla destra una stretta piazzola ghiaiosa ai bordi di una staccionata e un recinto.
Non sembra esserci di meglio; spero solo che questa strada non sia trafficata.
Parcheggio, esco ed effettivamente sembra di essere in un altro mondo.
L'umidità è sparita e l'aria è leggermente più frizzante.
Il sud è privo di luci artificiali e ostacoli, fatta eccezione per i rami di un albero solitario che trova compagnia proiettando rami e foglie fino a toccar le stelle sull'orizzonte sud-est.
Devo dargliene atto; questa volta non posso lamentarmi. Il cielo sembra ottimo. Sicuramente è il migliore che possiamo trovare questa sera, a meno di non voler fare altri 50 chilometri ancora più all'interno. Ma è tardi; non ho voglia di aspettare e soprattutto cercar di convincere il mio compagno di viaggio.
"Bravo, ci hai preso, questo mi piace!" esclamo con l'intento di distendere un po' l'atmosfera dopo la tensione che gli ho scaricato prima.
In realtà noto subito che non siamo sotto un cielo perfetto.
La collina a sinistra maschera, ma non cancella, un chiarore residuo che questa volta, sono sicuro, non è da attribuire alla luce zodiacale. Queste sono le luci dei paesini che si vedevano prima e che 20 chilometri scarsi non hanno di certo cancellato. Pazienza, un passo alla volta.
Questa sera mi accontento di compiere la prima immersione del cielo australe. Nei prossimi giorni, magari, troverò la perfe-

zione e realizzerò una piccola parte del sogno che si completerà, speriamo, la mattina dell'eclisse.
Preso da fretta e voglia di non perdere tempo, apro il retro della macchina ed estraggo la montatura con attaccata già la macchina fotografia.
Voglio riprendere da dove le nuvole hanno interrotto ieri: dalla ricerca di 47 Tucanae e dalla gita nel cuore della grande nube di Magellano.
Non ho il telescopio, ma ancora non ne ho bisogno; questa sera le mappe dell' Ipad saranno le migliori alleate.
Mentre nel buio quasi totale mi accingo a sistemare la montatura orientandola verso il polo sud celeste, con l'altro in macchina a far non so cosa, nel silenzio interrotto solo dal vento tra l'erba e le fronde dell'albero di fronte, sento un suono forte e prorompente che mi fa saltare:
"muuuuuuuuuuuuuuuuuuuu"
Il muggito di una mucca che non vedo ma che sembra molto vicina, mi spaventa sul serio questa volta. Cerco di guardare con gli occhi ma non so dove sia, probabilmente all'interno del recinto.
Sarà aperto o chiuso? Mi chiedo istintivamente mentre indietreggio alla velocità della luce.
"Muuuuuuuuuuuu" risuona nella notte, ancora più vicino.
Comincio a udire anche distintamente il rumore dei passi di uno, due o forse più animali; indietreggio ancora spaventato e chiedo aiuto al fotografo:
"Hai sentito? Ma che cavolo era? Sicuramente una mucca o un toro, ma sarà chiuso il recinto? Non vedo niente, fammi luce per favore!"
Chiuso nella macchina e nelle vie del cervello, non ha sentito nulla, quindi si disinteressa completamente di quanto detto da una persona di certo inferiore a lui.
Con nauseabonda calma apre lo sportello, costretto e scocciato. Afferra l'illuminatore, ci gioca per una decina di secondi, forse alla ricerca della manovella per caricare le pile all'interno

(!), poi si ricorda di accenderlo per farmi vedere cosa diamine sta succedendo di fronte al mio naso.
Appena agli occhi arriva la luce, tutta la paura, accentuata enormemente dalla cecità della notte, si trasforma in una risata sempre meno nervosa e più stupida.
Incuriosite dai rumori, una mandria di mucche sta camminando calma e paciosa verso di noi.
Dieci, venti, forse più, e si piazzano ordinatamente di fronte al recinto guardando incuriosite due strani uomini che a 3 metri di distanza parlano e osservano il cielo.
Così inizia la serata; con un pubblico calmo, educato e attento che sta qui ad ascoltare, condividere e celebrare la mia prima notte sotto il cielo australe.

Ora il cielo è finalmente mio.
Mi eclisso completamente dal fotografo con il quale, probabilmente, scambierò una parola ogni dieci minuti solamente per capire se sarà ancora nei dintorni.
Il buio non è completo ma più che sufficiente per rendere invisibile tutto intorno a me, tranne le fronde di quell'albero che sembrano toccare le stelle: beate loro!
Bene, eccoci laddove tutto è iniziato.
Questa sera voglio meravigliarmi per ore intere e non essere interrotto dalle nuvole.
Il primo conto da regolare riguarda 47 Tucanae.
Non mi sono di certo dimenticato quando ieri sera, sul più bello, non sono riuscito a fare una foto alla piccola nube per capire dove fosse.
Provo di nuovo a cercarlo a occhio nudo, magari questa sera lo trovo.
Macché, niente da fare.
La piccola nube di Magellano brilla decisamente più di ieri sera.
Bella ed evidente, anche se bassa, ha i contorni netti e regolari, che diventano facili da identificare in visione distolta, momento in cui si mostra leggermente allungata.

In questa parte di orizzonte, quella che più mi interessa, non si vedono luci di sorta, quindi sto osservando senza alcuna limitazione. Anche la trasparenza, come ovunque qui in Australia, è ottima.
Nonostante la serie di incoraggianti dettagli, cerco il grande ammasso globulare a occhio nudo e non lo trovo.
Vicino alla nube c'è sempre quella stellina vista anche ieri sera, ora molto evidente anche in visione diretta. Non dovrebbe raggiungere neanche la magnitudine 5. Solo lei; nei dintorni non ci sono piccole nuvolette che possano somigliare a un globulare.
Bene, decido di farmi prestare l'obiettivo da 85 mm.
Dopo aver stazionato con un po' di pazienza la montatura, aiutato dalla bussola dell'Ipad e dalla disposizione delle stelle, punto Giove per mettere a fuoco, poi sono pronto, in meno di 5 minuti, per riprendere e dirimere la questione una volta per tutte.
30 secondi di posa, 1600 ISO, f1.2. Scatto.
In questo lasso di tempo penso a quanto sia facile con questo setup preparare tutto in pochi minuti e godersi il cielo, piuttosto che il montaggio e i problemi strumentali.
La posa finalmente termina.
Mi avvicino curioso e abbastanza irritato alla fotocamera
Apro la foto scaricata.
La nube è evidentissima anche con una posa così breve, molto di più della sorella maggiore ieri sera.
Al confine sud-est la stellina che vedo perfettamente anche a occhio nudo, ora è l'oggetto più brillante del campo, ma appare inspiegabilmente dilatata.
"Ecco, ho sbagliato di grosso la messa a fuoco, dovrò rifare tutto!" esclamo alle mucche che continuano ad ascoltarmi, tanto che accennano una specie di risposta.
Quando ingrandisco l'immagine sul piccolo schermo LCD, faccio una scoperta sconvolgente.

47 Tucanae, finalmente ti ho trovato! Eri troppo brillante per essere visto.

Quella stellina ben evidente a occhio nudo non è affatto una stella e non è sfocata! È proprio l'ammasso 47 Tucanae, così tanto cercato in lungo e in largo!
Incredibile.
Non riesco a credere ai miei occhi.
Concordo che questo sia un mostro del cielo, per di più relativamente vicino. Mi sta pure bene che qui il cielo sia scuro, ma non avrei mai pensato che la combinazione potesse dare vita a un oggetto così facile da osservare.
Non ho mai visto M13 con tanta facilità e di questo aspetto. Vero, è forse una magnitudine più debole, ma da noi passa allo zenit, mentre 47 Tucanae è alto meno di 30° sull'orizzonte, il che rende la luminosità effettiva non troppo diversa.
Questo significa che non ho ancora compreso neanche lontanamente la reale portata di un cielo (quasi) perfetto, soprattutto se confrontata con i più scuri cieli italiani.
"Ecco, hai imparato una nuova lezione, Daniele", rivolgendomi a me stesso e alle mucche: "ora stai iniziando a comprendere quanto siano dannose le infinità di luci artificiali nelle quali affogano quotidianamente gli abitanti del tuo paese!"

Non ho il telescopio neanche stasera, ma da questa prima e sgranata foto capisco che 47 Tucanae è veramente un'altra cosa rispetto ai globulari che ho osservato.
Mezzo minuto di esposizione è sufficiente per saturarlo.
Nelle periferie, ancora salve, le stelle si contano come le formiche in quei grossi formicai visti ieri sera.
Provo a eseguire una fotografia con minore tempo di esposizione per cercare di vedere meglio attraverso le sue regioni centrali, ma l'obiettivo fallisce perché già con 10 secondi di posa il nucleo è saturato.
È veramente molto più denso di tutti gli altri globulari.
Somiglia vagamente a M5 nel Serpente, o M15 nel Pegaso, ma il nucleo è molto più esteso e la luminosità delle stelle decisamente maggiore.
Decido di fare una serie di pose da 30 secondi e intanto cominciare a esplorare il cielo, partendo proprio da questa stella che per due giorni, DUE GIORNI INTERI, ha nascosto ai miei occhi la sua straordinaria natura.

Una posa da 30 secondi con l'obiettivo da 85 mm f1.2 è sufficiente per far letteralmente esplodere questo enorme ammasso globulare.

Data l'ora ormai avanzata, non posso non fermarmi ad ammirare Orione e le Pleiadi.
Questa sera ne conto di nuovo 12, forse qualcuna in più, ma non ne sono sicuro perché sembrano tutte troppo ravvicinate.
L'impressione che si ha in visione distolta, comunque, è quella di un ammasso aperto contenente decine e decine di piccole capocchie di spillo troppo vicine per essere individuate singolarmente, ma abbastanza luminose per avere una visione globale granulosa.
Non so se sia la mia immaginazione, diretta conseguenza del fatto di sapere che lì in mezzo ci sono centinaia di astri, ma il fotografo, interpellato appositamente, conferma quanto sto vedendo io.
Le Iadi, visibili alla destra delle Pleiadi e

Le Pleiadi così bene le ho viste solo in foto.

circa la stessa altezza, formano una perfetta V rovesciata e contengono anche loro molte più stelle di quante me ne possa ricordare in tutte le osservazioni passate.
Abituato alle mie latitudini, istintivamente vado in basso e leggermente verso sud per cercare Orione.
Non lo trovo.
Il cacciatore, qui, si vede più in alto delle Pleiadi e del Toro, molto ben piazzato sull'orizzonte. Devo quindi alzare la testa fin quasi allo zenit, che verrà sfiorato tra qualche ora, per trovare l'inconfondibile figura a testa in giù.
Betelgeuse brilla in basso, mentre è Rigel a guadagnare la maggiore altezza. Entrambe sembrano dei fari del cielo, la cui colorazione accesa crea un contrasto davvero suggestivo.

Si fatica a riconoscere per intero la costellazione, dato il numero elevatissimo di stelline presenti in questa regione ai bordi della Via Lattea invernale.

La cintura, inconfondibile, è quasi parallela al lontano orizzonte, mentre la spada, perpendicolare, mette in mostra tutta la radiosa bellezza di M42, così evidente ed estesa che in visione distolta sembra coprire anche le altre due stelle. In effetti la vedo meglio di quanto non abbia fatto ora in una fosca nottata invernale con il mio telescopio da 35 centimetri, dal terrazzo di casa illuminato da una Luna quasi piena.

È una visione di imbarazzante bellezza, che sicuramente meriterà uno scatto non appena avrò chiuso i conti con le nubi di Magellano.

Orione sottosopra è il re incontrastato anche del cielo australe. Non c'è Giove che tenga.

Cerco di individuare la costellazione dell'Unicorno per sperare di osservare l'ammasso aperto associato alla nebulosa Rosetta. Non ci riesco, anche perché vengo interrotto dalla luce del display della mia reflex che avvisa di aver completato la serie di 10 immagini.

Sinceramente, in questo momento la fotografia è l'ultima cosa che mi interessa.

Quindi senza cambiare alcuna impostazione, sposto velocemente la montatura al centro della grande nube e ricomincio la serie di scatti da 30 secondi, giusto per avere a disposizione altri cinque minuti con il cielo.
Riparto da Orione, questa volta da Rigel, per dirigermi dapprima sulla bella costellazione della Lepre, troppo spesso sottovalutata dalle nostre latitudini, qui invece carina e ben definita, e arrivare a Sirio.
Alta oltre 50°, allo zenit perfetto tra qualche ora, adesso si prende tutta la sua rivincita, spazzando via con un sol colpo di luce tutte le perplessità che suscita quando gli appassionati scoprono essere la stella più brillante di tutto il firmamento.
Ora la sua luce bianchissima e ferma, come fosse il led di una torcia puntato a 10 centimetri dai miei occhi, si prende con eleganza e facilità lo scettro della più brillante del cielo.
La sagoma del Cane Maggiore, distesa parallela all'orizzonte, è perfettamente scolpita nel cielo, così come evidente, anche in visione diretta, l'ammasso M41, addirittura granuloso in visione distolta.

Sirio, a sinistra, è un faro del cielo che dalle nostre località non riusciamo ad ammirare come dovremmo. A destra Canopo, la seconda stella più brillante.

Sarebbe già una visione eccezionale senza andare oltre; invece questa sera voglio esagerare perché non molto lontano dalla punta estrema del Cane Maggiore risplende, in una zona di cielo meno luminosa perché al bordo della Via Lattea, la seconda stella più brillante del firmamento: Canopo, nella costellazione del Pittore, uno di quegli astri che non vedremo mai, qui comanda la scena e crea l'effetto di un immenso gioiello cosmico insieme alle altre gemme.

Non c'è che l'imbarazzo della scelta: Procione, Sirio e Canopo si trovano all'incirca sulla stella linea e sembrano un bracciale slacciato di diamanti. Betelgeuse, Sirio e Canopo, invece, formano un arco che da l'impressione di una collana di diamanti e rubini. Se ci vogliamo aggiungere anche Rigel, e reintrodurre Procione, si ha l'impressione di ammirare la corona fin troppo scintillante di un'immortale regina.

Questo, signori, è il cielo del sud.

Sembra popolato di stelle ai più.

In realtà sono fari cosmici che casualmente, o volutamente, illuminano anche questo pianeta azzurro e tutti i propri abitanti, trasformando l'inquietante infinità del cielo nero in uno spettacolo di rara bellezza che non ci si stancherebbe mai di osservare.

I gioielli preziosi di questa cristallina cartolina celeste: Betelgeuse a sinistra, Sirio al centro, Canopo a destra.

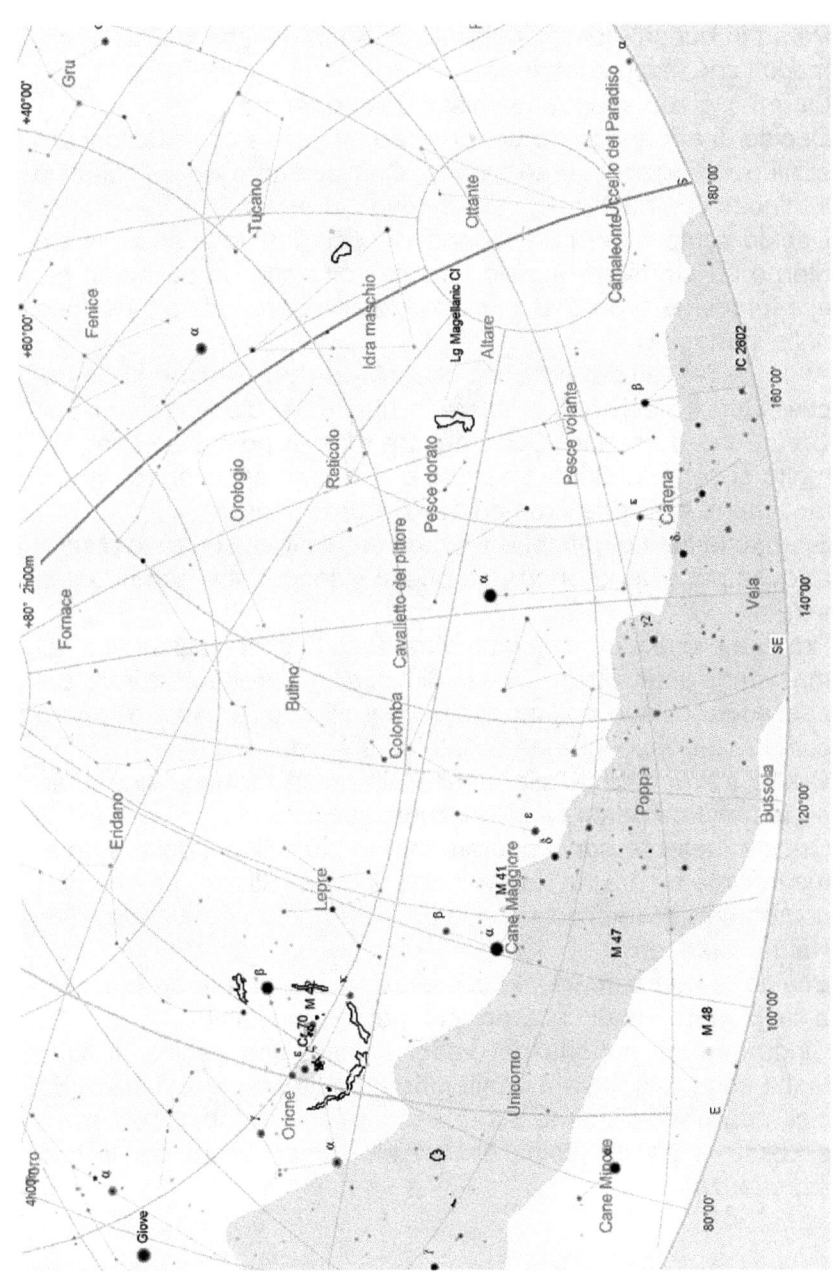

Perso in questo fiume di gioielli, mi sono dimenticato delle immagini che stavo scattando.
La reflex giace spenta da chissà quanto tempo.
Decido di abbandonare per qualche minuto le costellazioni australi per dirigermi verso Orione. Con questo cielo e l'obiettivo luminoso che mi ritrovo, chissà cosa potrei vedere.
Decido sempre per i 30 secondi di posa, lancio la sequenza e ritorno ad ammirare il cielo, questa volta con un occhio in più alla fotocamera perché mi piacerebbe vedere subito il risultato delle immagini.
Ai bordi del recinto continuo a sentire la presenza delle mucche. Con il flash del cellulare controllo se siano ancora qui. Certo, che domande! Sono ancora tutte in nostra compagnia, molte si sono addirittura sedute e dormono ascoltando i nostri movimenti e gli strani rumori della strumentazione.
Spengo la luce e continuo a osservare il cielo, contento e sicuro della protezione offerta da questi insospettabili compagni di serata.
Provo a proseguire il viaggio attraverso le costellazioni australi, ma vengo interrotto un paio di volte in altrettanti minuti dal passaggio di due brillanti stelle cadenti che terminano la loro corsa non troppo lontane della nubi di Magellano.
Ora si trovano circa alla stessa altezza e formano una linea perfettamente parallela all'orizzonte sud.
Queste meteore sono sicuramente le più brillanti della serata, ma in circa un'ora ne ho avvistate diverse. Strano, perché non dovrebbero esserci sciami attivi.
Hanno vinto loro.
Scelgo di non cercare più costellazioni ma di guardare il cielo a caso sperando di catturare più meteore possibili.
Cinque minuti appena per veder solcare una decina di scie. Molte sono di scarsa magnitudine e risulterebbero invisibili da cieli non perfettamente scuri; ecco spiegato, forse, l'anomalo eccesso: è ancora colpa di un cielo troppo scuro per la mia esperienza!

Sto anche notando che le meteore sono gli unici punti in rapido movimento. Di aerei e satelliti non ne ho avuto traccia sin dall'inizio delle osservazioni, e a pensarci bene neanche ieri sera né l'altra sera.
Al momento, però, non do troppo peso alla questione, perché è plausibile che il sovraccarico di emozioni mi abbia impedito di notare fenomeni che ormai non destano più attenzioni alle nostre latitudini.
La fotocamera ha concluso anche questa nuova serie di scatti su Orione. Decido di perdere un minuto visionando le immagini scattate.
Resto letteralmente impietrito.
Con soli 30 secondi di esposizione il sensore, peraltro nemmeno modificato, quindi quasi totalmente cieco al rosso, ha catturato molte più stelle e dettagli di quanti se ne possano percepire con diversi minuti di posa da un cielo normale.
A impressionare maggiormente è la totale mancanza di gradienti, quei fastidiosi aloni e fiumi di luminosità creati dall'inquinamento luminoso non omogeneo.
Niente; qui il cielo è ancora nero, ma la foto non sembra sottoesposta.
La nebulosa di Orione è enorme e con la parte principale, quella che di solito si osserva al telescopio, completamente bruciata.
Uno sguardo più attento mi rivela, nei pressi di Alnitak, sia la nebulosa fiamma che la molto elusiva testa di cavallo.
Non è finita: ai bordi del campo compare addirittura la sagoma inconfondibile dell'anello di Barnard!
Non è possibile! Tutto questo con una reflex non modificata che ha una risposta al rosso attorno al 5%!
Questo braccio della grande costellazione di Orione che si capovolge sempre di più mano a mano che si eleva sull'orizzonte, sembra uno spaccato di Universo catturato con chissà quale grande telescopio e mai osservato prima d'ora, invece è semplicemente la porzione più appariscente di una delle costellazioni più brillanti e conosciute del firmamento.

Cinque minuti nel cuore della costellazione di Orione e questa porzione si accende come nelle migliori e più profonde immagini. Com'è facile fare le foto con questo cielo!

Ora ne ho la certezza: questa è la serata giusta per osservare e far fotografie, devo cercare in tutti i modi di ottenerne il più possibile.
Resta ancora un soggetto da far esplodere come la nebulosa di Orione con questo obiettivo luminosissimo: la grande nube di Magellano, rimasta in sospeso da ieri sera.
La punto in pochi secondi senza cambiare nulla del setup.
Voglio però alzare la posta in gioco e arrivare al limite (forse oltre) della mia montatura: aumento il tempo di posa a 60 secondi. Questo mi costringe a scattare ogni volta manualmente, e di fatto mi impedisce di godere in modo continuativo del cielo, ma non fa niente; posso perderli volentieri 10 minuti se il risultato è quello assaggiato su Orione.
Faccio il primo scatto di prova.
La vicinanza al polo sud assicura un inseguimento sufficiente.
Decido quindi di continuare per una decina di minuti senza controllare le pose successive.

Naturalmente il mio sguardo non può allontanarsi da questa porzione di cielo, quindi provo ad osservare al meglio gli elusivi dettagli all'interno di questa enorme (per la nostra prospettiva) galassia.
La struttura, così evidente in fotografia, non risulta immediatamente riconoscibile, ma con un po' d'attenzione e l'aiuto della visione distolta appare evidente l'allungamento in direzione quasi perfettamente verticale, decisamente più luminoso delle parti più periferiche, comunque facili da notare.
Meno intuitiva, anzi, proprio al limite della percezione, è la differenza di luminosità tra i quattro lobi che formano quelli che io ho unilateralmente battezzato petali di fiore. Quello a nord-est è relativamente facile da staccare, mentre quelli a ovest sono uniti in un unico alone che sfuma abbastanza bruscamente nel fondo cielo.
So che nel cuore di questa galassia irregolare si trova un'immensa nebulosa, la famosa Tarantola Nebula, ma non riesco a scorgerla a occhio nudo.
Credo sia impossibile nonostante un cielo cristallino, anche se ogni tanto mi sembra di vedere una stellina debolissima, in visione distolta, proprio a ridosso della zona centrale allungata.
Non capisco però se si tratti di una stella, della nebulosa, oppure di fantasia. Probabilmente da località ancora più a sud la maggiore altezza sull'orizzonte consentirebbe di chiarire la questione.
Intanto, senza neanche accorgermene, ho raccolto una decina di immagini e direi che sono più che sufficienti.
Prima di passare a un altro soggetto, e probabilmente cambiare obiettivo, controllo le riprese.
Se la piccola nube, con 47 Tucanae mascherato da stella, mi ha aiutato a capire quanto fosse facile osservarlo; se l'immersione nel cuore di Orione mi ha regalato nebulose e colori che non mi sarei mai aspettato, niente può neanche avvicinarsi alla sensazione che sto provando ora che osservo le riprese scattate.

La grande nube di Magellano, con soli 5 minuti di posa, esplode di stelle, ammassi e nebulose.

Queste immagini sono perfette, non hanno bisogno neanche di elaborazione.

La galassia di Magellano non ha più l'aspetto nuvoloso e indistinto: è straripante di stelle!

La sagoma contrastata sul cielo, che continua inesorabilmente a essere nero e privo di gradienti. È questo il segreto per un'ottima foto, non ci sono Photoshop che tengano: un cielo nero fa tutto il lavoro che in fase di elaborazione cerchiamo, spesso malamente e comunque sempre in modo troppo invasivo, di accollarci noi.

Non è necessario esaltare le stelle, aumentare i colori, creare maschere di livello per eliminare gradienti o correggere il bilanciamento dei colori a seconda della zona ripresa.

Questa è la vera essenza della fotografia astronomica: il ritratto più possibile fedele alla realtà e semplice che possiamo fare del cielo.

Il computer dovrebbe servire per condividerlo insieme agli altri appassionati e ricordarci, un giorno lontano, di quando sotto quel cielo, a scattare quell'immagine, c'eravamo davvero.
Mi piace considerare le immagini come raccoglitori di ricordi, di istanti di una realtà che vengono sottratti alla dispersione del vento del tempo che scorre. E allora, non posso non cercare di raccogliere il momento in cui le nubi si trovano quasi alla massima altezza e allineate tra di loro.
Con super velocità sfilo via l'85 mm e prendo in prestito il 16 mm f2.8 del fotografo.
Punto Giove per la messa a fuoco e noto che sulla mia maglia bianca la macchina fotografica sembra proiettare un'ombra.
"Noooo ma allora è vero!"
Esclamo rompendo il silenzio della notte e la digestione di qualche mucca.
Il fotografo mi chiede preoccupato cosa fosse successo e io, felice come un bimbo che riesce a vedere per la prima volta Babbo Natale dopo averne tanto sentito parlare, continuo il mio delirio:
"Giove è così luminoso da far ombra! La fa davvero, non me la sto sognando! Guarda la macchia scura della fotocamera sulla mia maglia e la sagoma del dito, ancora più evidente!"
Questo effetto ha sconvolto anche lui, che per la prima volta vedo seriamente emozionato per il cielo, al punto che non può fare a meno di esclamare:
"Dai, è vero, ma non è possibile! Non ci avrei mai pensato, che spettacolo!"
Per un attimo dimentichiamo le diversità e scoppiamo in una risata di stupore accompagnata da strani saltelli e da un grido unanime:
"Ma dove siamo finiti? è un paradiso questo qui!!"
Si, è proprio un paradiso, o meglio, è ciò che avremmo potuto vivere, gratuitamente, se non ci fossimo costruiti l'inferno con le nostre mani, per di più con mille fatiche e sacrifici.

Cerco di tornare in me affinando la messa a fuoco rimasta in sospeso, operazione non così semplice ora che la mente è un po' annebbiata e le mani tremolanti.
"Certo che Giove da proprio fastidio quanto è luminoso!" esclamo. Non pago continuo:
"Non mi sarei mai aspettato di dirlo! Pensa da Bologna lo vedo a malapena!"
Forse ho parlato alle mucche, perché non odo alcuna risposta umana, ma in effetti non serve.
Finita la messa a fuoco punto dritto nel mezzo delle nubi di Magellano e inizio a scattare. Questa volta non ho problemi di rotazione, quindi decido di spingermi ad almeno 3 minuti.
Cosa succederà? Come vedrò questa parte di cielo e quali sorprese mi riserverà?
Aspetto fiducioso seduto qui in terra sotto lo schermo della mia Canon, fermo e con la testa in alto che cerca ancora un po' di abbronzatura cosmica.
Altre meteore nel frattempo continuano a offrire un contorno decisamente gradito. Peccato che nessuna passi di fronte all'obiettivo. Sembra che questa maledizione voglia continuare anche dall'altra parte del mondo. Si, perché a pensarci bene è dal 1998 che ho cercato in tutti i modi di riprendere stelle cadenti, prima su pellicola, poi in digitale, ma senza risultati degni di nota. I luminosi bolidi, visti spesso durante le date sensibili, hanno sempre evitato accuratamente il campo inquadrato, mentre le piccole meteore risultano invisibili.
Anche questa sera sembra andare così: prima puntavo Orione e vedevo scie brillanti verso le nubi di Magellano; ora sono qui, per di più con un grandangolare, e vedo sfrecciare meteore luminose poco sotto Giove, all'altezza del cane Minore.
Sapete che vi dico, care stelle cadenti dispettose?
Che non siete altro che delle mere comparse, per me seduto in prima fila di fronte a questo teatro cosmico, quindi anche se non vi catturo di certo non me la prenderò.

Per sfatare la maledizione posso accontentarmi anche del cielo che mi ritrovo a casa, tanto un bolide di magnitudine negativa lo posso riprendere anche dal centro di Bologna!
Quando premo il pulsante del telecomando a infrarossi per terminare la prima posa da 180 secondi, lo schermo della fotocamera si illumina e mi fa vedere per qualche istante lo scatto.
Le nubi di Magellano, piccole e vicine, paiono i lampioni delle nostre città avvolti da una leggera foschia, per quanto sono staccate dal fondo cielo che continua ancora a essere sorprendentemente scuro!
Solo in basso intravedo una tenue luminosità color verde, che peraltro non capisco a cosa sia dovuta, poiché l'orizzonte è completamente omogeneo e sembra addirittura più scuro della zona sovrastante.

Le nubi di Magellano con 10 minuti di posa si stagliano perfettamente contrastate su un cielo ancora molto scuro.

In effetti, pensandoci meglio, è tutto alquanto strano. Il cielo a pochi gradi dal piatto orizzonte sembra molto scuro e quasi completamente privo di stelle.

Forse è colpa di quella che si chiama estinzione atmosferica, nient'altro che l'assorbimento crescente degli strati d'aria sempre più spessi che si incontrano alle basse altezze. Anche questo è un altro fenomeno da segnare tra i miei ricordi, perché non ho mai avuto un orizzonte libero e abbastanza scuro da notarlo in modo così evidente.

Continuo invece a non spiegarmi la presenza della fascia con dominante verdognola e uniforme, che poi lentamente sfuma e lascia il posto al blu scuro, quasi nero, del cielo più in alto.

Ora non ci posso pensare, meglio continuare a scattare.

L'attesa delle immagini, la comodità del terreno, la consueta compagnia delle mucche che mi divertono con suoni (intestinali) di vario genere, la desolazione della strada nella quale non è passato nessuno in quasi due ore, i rami dell'albero che accarezzano le stelle, placano la mia eccitazione e mi catturano con la loro superba armonia.

Il tempo scorre sempre troppo velocemente sotto un cielo scuro.

È tutto così perfetto che ora le mie membra si abbandonano alla solennità di un momento tanto cercato e mai trovato in 29 e passa anni.
Non avrei bisogno di nient'altro nella vita.
Non mi serve denaro, un lavoro che non mi piace, compiti e doveri preparati da una società della quale non condivido neanche uno dei "valori" di cui spesso va addirittura orgogliosa.
La tentazione di restare, lontano da tutto e tutti, vivendo la mia personalissima e unica esperienza su questo pianeta è ora più forte che mai. Ma allo stesso tempo sento anche tutto così lontano e irrealizzabile: tra un paio di settimane sarò di nuovo a casa e di questa esperienza resterà un ricordo che lentamente si trasformerà in un sogno sempre più sbiadito. Verrò di nuovo catturato dalle grinfie del nostro mondo artificiale, di quello che si deve fare perché è così, e ciò che non possiamo permetterci di pensare, o, peggio, sognare.
Verrò reinserito in un luogo malsano che non mi piace e dal quale sembra impossibile fuggire.
Spero solo di ricordarmi abbastanza nitidamente questa esperienza, per riuscire perlomeno a trovare la forza di lottare fino alla fine per cambiare le cose.
Ho visto troppo per arrendermi ora.
Per evitare di correre il pericolo di dimenticare, passerò così il resto della serata, vivendo al massimo senza troppo distrarmi con fotografie e questioni tecniche.
Farò probabilmente qualche altro scatto: uno alla rotazione delle stelle attorno al polo sud celeste e forse di nuovo a Orione, ma a grande campo. Poi, quando la Luna starà per sorgere, attorno alle 2:30, ripercorrerò a ritroso la strada di prima che sicuramente vedrò diversa.
Sta per iniziare un momento così intimo e personale che placherò anche la voce della mia mente per far arrivare l'Universo nel profondo di quella che qualcuno chiamerebbe anima.

La Via Lattea dietro le fronde dell'albero saluta la mia prima serata serena sotto il limpido cielo australiano, già entrato nel profondo.

La vera Australia tra cielo e terra

La notte trascorsa è già un ricordo.
Il Sole ha fatto capolino tra nuvole che non so quando si siano formate e scalda già da qualche ora, sebbene da questo buco chiamato camera io abbia continuato, attraverso i sogni, a dormire sotto quell'immensamente unico cielo stellato.
Ho riposato male, per poche ore; ho sentito caldo grazie alla giornalista che nel cuore della notte ha chiuso l'unica fonte di sopravvivenza: il climatizzatore.
In un bagno di sudore, con i muscoli indolenziti a causa dell'angolo di letto concessomi dall'irrequieto sonno del fotografo, ho aperto gli occhi ma non mi sono sentito affatto male.
Nel profondo della mia pelle, ben più dentro degli organi interni, resta l'energia, il calore e la lezione di vita che ieri, nell'ultima ora e mezzo di contemplazione, mi ha regalato l'Universo.
Non racconterò fino in fondo cosa abbia significato per me, semplicemente perché non riuscirò, sia per mancanza di capacità che per i limiti di questa serie di simboli chiamati parole.
E forse non c'è neanche il tempo materiale per metabolizzare tutto, perché oggi l'avventura continuerà, sia quella naturalistica (era ora che iniziasse!), che quella celeste, nuvole permettendo.
Dopo essere usciti in fretta e in furia da questo tugurio contemporaneo per il quale abbiamo pure pagato dei soldi, abbiamo fatto tappa in un vicino parco e seduti su un tavolo ci siamo serviti una semplice colazione a base di latte e cereali.
Non sono ancora pienamente cosciente del mondo che mi circonda, sebbene toccherà di nuovo a me, almeno spero, guidare verso la meta che ancora non conosciamo con precisione.
L'obiettivo è proseguire più all'interno possibile, passare i paesini fantasma visti ieri sera e continuare fino a quando la strada e le nostre energie lo permetteranno; trovare un posto in cui dormire e presumibilmente osservare quel cielo perfetto che ieri sera ho quasi assaggiato.

Inizia in questo modo, frastornato per la mancanza di sonno e soprattutto per il nuovo mondo assaporato, il viaggio nella natura selvaggia.

Mareeba, un paese molto diverso rispetto ai nostri.

In poche decine di minuti ripercorriamo la strada di ieri sera ma oggi riusciamo a vedere distintamente il panorama.
L'aria è sempre di una trasparenza unica, al punto che si riesce benissimo a gettare lo sguardo verso colline lontane decine di chilometri come se si trovassero a poche centinaia di metri dal naso.
Non solo l'inquinamento luminoso di notte è merce rara in questo posto. Di giorno sorprende la totale mancanza di inquinamento atmosferico.
L'aria è sempre così profumata da volerla respirare per gusto piuttosto che per necessità. Non si sente la solita cappa pesante di smog, polveri e umidità che invece affliggono ormai anche i nostri luoghi più incontaminati.

Sarà forse anche merito del vento che qui, senza grossi ostacoli naturali, spira indisturbato per migliaia di chilometri e mescola continuamente gli strati d'aria.
Sarà per lo strato più sottile d'ozono che contribuisce a un cielo più terso e a una luce più intensa.
Sarà per qualsiasi altro motivo, ma quella che sento non è suggestione: qui l'aria è davvero diversa.

La vegetazione intorno a noi si fa sempre più diradata.
Gli alberi continuano a essere alti ma sempre più sottili e rari. Un'immensa steppa, bruciata da mesi di siccità e caldo torrido, somiglia a quella che in Africa verrebbe probabilmente chiamata savana, e che così tanto mi affascina.

Scenari da outback australiano che lasciano a bocca aperta.

La strada, in perfette condizioni, è sempre deserta. Gli unici abitanti che iniziamo a notare sempre più spesso sono gli ultimi compagni d'avventura che ci aspetteremmo di vedere nella terra dei canguri: di nuovo le mucche!

Ai bordi della strada, qualcuna anche in mezzo alla carreggiata; molte a pochi metri cercano di mangiare quel poco che ancora non si è arrostito sotto il Sole. Sono presenti ovunque, ma ben diverse da quelle dell'allevamento che mi hanno tenuto compagnia per tutta la scorsa notte.

Mucche selvatiche pascolano in libertà ai bordi della strada.

Queste sono bestie abbandonate al proprio destino, proprietà di nessuno, che vagano cercando di sopravvivere in un ambiente per loro terribilmente ostile.
La pelle rinseccolita, la carne lascia il posto a ossa sporgenti, il muso visibilmente sofferente; sono i tratti tipici della difficoltà

della vita in queste lande desolate nelle quali, per chilometri e chilometri, non incontriamo alcun segno di civiltà.
Sembra che il genere umano sia improvvisamente scomparso da questo paese, lasciando una strada in perfette condizioni che tra poco conoscerà anch'essa i segni della Natura che avanza e comanda su tutto.
Il paesaggio è così fuori dal comune che spesso facciamo delle brevi soste per passeggiare, fotografare e osservare qualcosa che sicuramente non incontreremo mai nel nostro sovrappopolato paese.
E ogni volta che il motore dell'auto si prende una pausa dal suo incessante ronzio, colpisce di nuovo il desolante silenzio intorno a noi.
Siamo da soli.
Il segnale telefonico è scomparso da tempo, non esistono punti di ristoro, pompe di benzina, non si vedono aerei intasare in cielo e irrompere nella spettrale tranquillità di questi luoghi.
Se ci dovesse succedere qualcosa, qualsiasi cosa, nessuno lo verrebbe a sapere per giorni. Potremmo morire, farci male, o semplicemente decidere di scomparire dalla civiltà e nessuno ci troverebbe per mesi.
Dei paesi segnati sulla mappa se ne incontrano solamente un paio. Il primo, Dimbulah, assomiglia in piccolo a Mareeba ma sembra disabitato. Forse il Sole che ora filtra attraverso le nubi e picchia sulla verticale non invoglia gli abitanti a uscire dalle case.
Il climatizzatore dell'auto fatica a mantenerci a temperature accettabili, speriamo non si rompa perché fuori è davvero un forno.
La Bourke Develompment road dopo questo paese regala un paesaggio di nuovo diverso.
Le colline dolci che fino a questo momento hanno dato la direzione alla strada, si diradano lentamente lasciando il posto a una specie di pianura, interrotta qua e là da lievi saliscendi, probabilmente quello che resta di una antichissima catena

montuosa ormai appiattita da migliaia di secoli di eventi atmosferici.
Ora che la strada non trova più ostacoli naturali, diventa a tutti gli effetti il set di un film cinematografico ambientato nel moderno west americano.
Le curve scompaiono in cambio di rettilinei irregolari pieni di avvallamenti e dossi che sembrano terminare in una cresta un po' più alta, ma che in realtà, appena raggiunta, si inoltrano per chilometri e chilometri.
Il calore del Sole sull'asfalto fa salire la temperatura e provoca vistosi effetti lago.
La strada sembra a volte un fiume pieno d'acqua; ma questo è solo un miraggio.

Lunghe strade in perfette condizioni interrotte qua e là da passaggi a livello incustoditi: questa è l' Australia.

In questo luogo ancora più arido le mucche iniziano a essere accompagnate dai canguri. Un paio attraversano la strada in lontananza; alcuni, purtroppo, giacciono privi di vita ai bordi della carreggiata.

Rettilinei infiniti che seguono i sinuosi e dolci avvallamenti del terreno: anche questa è l'Australia.

Anche loro sembrano provati da mesi di calura, perché tutti piuttosto esili.
Mano a mano che proseguiamo ne contiamo di più e sempre a gruppi.
Contrariamente alle impassibili mucche, sono molto sensibili ai rumori dell'auto, quindi quando li avvistiamo, anche a diversi metri dalla carreggiata, schizzano via sempre di corsa, anzi, di salto.
Il quadro è completo: questa ora è l'Australia che ho sempre sognato e per la quale non avrei alcun dubbio nel lasciare il mio paese e i sogni infranti che continuamente mi regala.
Dopo quasi trenta chilometri senza incontrare né una casa né un campo coltivato, giungiamo al bivio che avevamo notato sulle mappe già giorni addietro e che rappresenta l'obiettivo minimo del viaggio.
Il Sole ormai ha iniziato da almeno un'oretta la sua fase discendente nel cielo, quindi sarebbe meglio organizzarci e trovare un posto dove passare la notte, cosa tutt'altro che scontata.

La diramazione con la Herberton-Petford road giunge a ridosso di un paio di abitazioni e di un binario, sembrerebbe abbandonato, privo come sempre di qualsiasi barriera o segnale di avviso luminoso.
Rallento il passo perché non sono semplici case: c'è un bar/gelateria, chiuso e con l'insegna impolverata e arrugginita.
A lato un ampio piazzale in terra battuta ospita un pick-up con due giovani che stanno salendo a bordo.
Gli altri decidono di approfittare della situazione e chiedere consigli su dove andare.
Accosto la macchina al grosso furgone dove sul cassone trova posto un grosso cane, e il fotografo attira il tizio che stava ormai facendo manovra per uscire dal parcheggio.
Gentilissimo ferma l'auto e scende per parlare con noi.
È un giovane cow boy alto, muscoloso e con un po' di pancia, con la camicia a maniche corte a quadri sbottonata nella parte alta del petto, pieno di tatuaggi sulle braccia e con il classico cappello che ho visto solo nei film americani.
Gli occhi azzurri, scavati, brillano di più a contrasto con la pelle secca e bruciata dal Sole cocente che pullula di rughe, regalo di una vita segnata dal correre del tempo.
Parla una lingua davvero strana, con il tipico accento inglese ma incomprensibile. Ecco finalmente l'australiano genuino! Peccato non riuscire a capirne il significato!
In una lingua altrettanto incomprensibile, molto simile all'italiano, il fotografo chiede dove possiamo trovare un posto per dormire.
Il ragazzo molto gentilmente ci da delle indicazioni che più o meno riesco a comprendere, grazie anche all'enfatizzato gesticolare.
Mi volto verso la giornalista seduta dietro e le chiedo:
"Ho capito bene? Dice di proseguire sulla strada che stiamo facendo? Non riesco però a capire per quanto. Ha detto un numero, 30. Poi ha aggiunto una strana parola... ki? chei? E che vuol dire??"

Mi fa cenno con lo sguardo di continuare ad ascoltare, perché sta ripetendo questa parola che non riesco a comprendere. Sarà un'unità di misura loro?
Il fotografo si rende inaspettatamente utile, chiedendo giustamente con aria dubbiosa: "But, chei?" e il ragazzo risponde: "oh yeah, kay! kilometers!"
La spiegazione era più semplice del previsto: sta parlando di chilometri. Era però così difficile pronunciarlo in modo corretto e non con questa pessima abbreviazione?
Le facce di questi due in macchina insieme a me si fanno più rilassate, perché è normale fidarsi più di uno sconosciuto appena incontrato, piuttosto del guidatore che per un giorno intero ha preparato l'itinerario in dettaglio su ogni tipo di mappa.
Niente di nuovo sotto al sole quindi: a 30 chilometri c'è un paese con hotel.
Il carburante ancora è più che abbondante, così salutiamo il giovane e continuiamo sulla strada, decidendo, senza doverne parlare, che quel paese sarà la meta di questa notte.
Attraverso con prudenza i binari incustoditi e continuo la strada facendomi spiegare quello che loro hanno capito dal monologo del cow boy.
In pratica, ma sull'attendibilità della traduzione non ci giurerei, gli ha raccontato di essere un cacciatore di maiali selvatici e abita in una farm nelle vicinanze. Ha poi detto che la strada non sarà così bella come quella che abbiamo fatto e che dobbiamo aver prudenza perché la nostra utilitaria non è la più adatta per un tragitto come questo.
Non sembrano preoccupati e di certo non lo sono neanche io; abbiamo molta acqua, il serbatoio pieno, ruota di scorta e circa 4 ore di Sole ancora. Direi che vale la pena andare avanti senza porsi troppi problemi.
Dopo il bar abbandonato, che in pratica era tutto il villaggio chiamato Pertord, il panorama torna quello di prima, con lievi dossi, avvallamenti e lunghissimi rettilinei.
Le mucche, che poco prima sembravano scomparse, tornano a salutarci insieme ai canguri.

La strada sembra buona, ma di macchine non ne abbiamo incontrata nessuna nel nostro senso di marcia; un paio nell'altro. Dopo 6 chilometri, inaspettatamente, un cartello malandato ci da il benvenuto a Lappa, un altro paesino fantasma costituito da un paio di baracche poste in cima a una piccola salita lungo la ferrovia.

Appena superato lo svincolo, la giornalista interviene:
"avete letto anche voi un'insegna museo?"
Io ribatto scettico: "Un museo in mezzo al nulla? E che museo sarà? Sicura non ti sia sbagliata?"
"No, sono sicura!"
"L'ho vista anche io l'insegna" attacca il fotografo.
"Vogliamo andare a vedere cosa c'è?" aggiungo io per niente interessato.
"Direi di si" anticipa il fotografo.
Accosto la macchina, faccio inversione e raggiungiamo in pochi secondi lo svincolo.
Effettivamente l'insegna scritta a mano recita proprio museo.

Un improvvisato e inquietante segnale in mezzo al nulla più assoluto ci indica un museo.

Con prudenza e scetticismo, imbocchiamo la stradina bianca che ci porta fin su alla baracca adiacente a quella che un tempo era una stazione ferroviaria.
Prima ancora di arrivare mi colpisce una cabina in legno con tetto in lamiera e la porta aperta a far vedere in bella vista un... water!
Sgrano incredulo gli occhi e mi convinco che questo posto vale la pena di essere visto.
Parcheggiamo di fronte alla baracca principale ma aspettiamo a scendere perché un cane da caccia gigante è lì incuriosito di fronte a noi. Non sembra avere la faccia minacciosa, ma è grande e ci può atterrare anche facendoci semplicemente un saluto.

Un lussuoso bagno che rispetta tutte le nostre norme igieniche!

Non sono molto convinto di scendere, ma i miei compagni sembrano avere le idee molto più chiare.
Decido di assecondare la voglia di scendere del fotografo e lo mando avanti: chi sono io per privare un cane del suo giocattolo?
Il bestione, però, mi aspetta mi salta addosso per festeggiarmi non appena scendo dall'auto. Come sospettavo è così irruento che mi graffia la schiena e riesce quasi a farmi cadere un paio di volte.
Riusciamo ad allontanarlo. Ora possiamo esplorare il posto.
Una cadente insegna recita: "Espanol hotel".

Ci guardiamo perplessi io e la giornalista e diciamo la stessa cosa: "Sarà questo il museo? Oppure sono la ferrovia e i rottami dell'auto?"
Io esagerando aggiungo: "Dai, abbiamo trovato una camera per la notte!" ma sono davvero convinto che sia un hotel ancora funzionante.

Espanol hotel: albergo o museo?

Appena entrati, però, guardinghi come felini, ci accorgiamo che questo è sicuramente il museo: un vecchissimo hotel risalente al diciannovesimo secolo, dimora e meta dei minatori che popolavano questo paese prima della chiusura delle miniere e del fuggi fuggi generale verso altri lidi.
Il sito è irreale.
Tutto aperto, senza alcun guardiano, di fronte a noi si presenta uno scricchiolante pavimento di legno. Sulla destra il lurido bancone del bar e dietro bottiglie e bicchieri risalenti a decenni fa, compreso un frigorifero con le ante di legno ancora funzionante.

Decisamente un museo di tempi che furono...

A sinistra, invece, quelle che sembravano delle antiche camere con ancora i materassi sporchi sul pavimento.
Il tetto in lamiera bucherellato si muove sotto i colpi del vento rendendo l'atmosfera ideale per l'ambientazione di un film dell'orrore.
Prima o poi mi aspetto un pazzo sbucare dagli assi del pavimento con una sega elettrica e farci fuori.
Ad accentuare la sensazione di malessere alcuni oggetti non proprio comuni per un museo. Di fronte, in quella che forse era la sala principale, c'è un bazooka e un paio di razzi.
Sulla parete sinistra delle pistole arrugginite e in un contenitore aperto bossoli e proiettili ancora inesplosi.
In un angolo una cassa con la scritta TNT completa l'opera.
Un po' spaventati continuiamo a esplorare le altre stanze e troviamo, tra l'altro, dei serpenti in formaldeide, vecchie fotografie di uomini felici provati dal duro lavoro, qualche ferro da stiro, ingranaggi, cartucce, cesoie, ferri di cavallo, chiodi e martelli: gli strumenti con cui si affrontava la vita cento anni fa.

....con alcuni oggetti di dubbia sicurezza!

L'unico segno di modernità sono due piccole lavagne scritte a mano nelle quali si riassume la storia di questo vecchio motel ora diventato un museo aperto al pubblico.
Un museo dell'orrore direi!
Ogni tanto, con il vento che si calma, si sente il suono di una televisione accesa. In molte situazioni sarebbe passata inosservata; in altre sarebbe stata gradita, ma qui e ora stona come un violino suonato con le dita sott'acqua. Evidentemente nella baracca di fianco c'è qualcuno: sarà il maniaco omicida che non aspetta altro se non ucciderci?
Razionalmente so di essere al sicuro, ma una strana sensazione allo stomaco mi impedisce di essere tranquillo al 100%.
La pensa allo stesso modo anche la giornalista. Il fotografo non fa testo: spaventato dalle stelle e non da serpenti che si avvinghiano alla caviglia; dal silenzio della notte e non da uomini che lo inseguono con mazze e manganelli.
Altri due minuti, poi su nostra insistenza lo convinciamo ad andarcene e proseguire il nostro tragitto diretti fino alla meta.

Questo è tutto ciò che rimane di Lappa, paese fantasma completamente disabitato, un tempo ricca miniera.

Altri 25 chilometri di strada ancora buona nel mezzo di un panorama sempre più arido e privo di quei saliscendi dei precedenti chilometri. Arriviamo in fretta al paese che ci aveva consigliato il giovane cow-boy. L'insegna recita Almaden, soprannominata Cow Town.
Non riusciamo neanche a porci la domanda che subito ne capiamo il significato.
Abbandonata la strada principale per l'unica via che porta dentro al paese, all'unico hotel segnalato, incrociamo nei 200 metri percorsi sulla terra battuta molte più mucche di quante ne abbiamo viste fino a questo momento.
Il piazzale dell'hotel è privo di macchine e pieno di questi affamati animali che ci guardano con occhi curiosi. Saranno una ventina, sistemate ovunque, persino all'ombra di quello che sembra un grande serbatoio di acqua.
Sorridiamo increduli: non ci saremmo mai e poi mai aspettati di trovare un panorama del genere in Australia. Se qualcuno ce lo avesse raccontato di certo non gli avremmo creduto.

Cow Town, alias Almaden, è un altro piccolo paese perlopiù deserto, con più mucche che abitanti.

Decidiamo di dedicare maggiori attenzioni a questo posto fuori dal mondo appena avremo trovato sistemazione.
Entrati nella hall una signora cinquantenne con riccioluti capelli biondi fin sulle spalle, grassottella, gli occhi azzurri e i segni del sole sulla sua pelle un tempo pallida, ci accoglie con freddezza, chiedendoci, scocciata, cosa vogliamo. Sembra anche lei un'attrice del nostro personalissimo film dell'orrore attraverso la steppa selvaggia.
Le diciamo di essere in cerca di una sistemazione per la notte. Lei subito ci risponde seccata che non ha posto.
Ci guardiamo attorno leggermente spaesati e fatichiamo a capire: nel parcheggio non ci sono macchine, nell'hotel non si sente alcuna voce, la polvere sul pavimento indica che probabilmente siamo le uniche persone transitate oggi.
Il fotografo chiede spiegazioni e la signora ci liquida con una storia alla quale nessuno di noi crede:
"Un gruppo di lavoratori ha affittato tutte le camere per questa notte. Ora sono al lavoro, arriveranno tra un'ora".

"Però" continua con un inglese che riusciamo più o meno a comprendere "c'è un altro paese a 30 chilometri da qui che è più grande e ha sicuramente posto per la notte. Non è neanche mezz'ora di macchina, vi conviene provare".
Capiamo di non aver speranza e la salutiamo.
La conversazione ci ha spiazzato a tal punto che non notiamo più neanche le mucche custodire l'auto e adiacenti l'entrata.
È fin troppo evidente che in questo paese noi stranieri non siamo affatto benvenuti. L'ospitalità dei luoghi turistici della costa è ormai un lontanissimo ricordo.
Anche questa è l'Australia; un continente fatto di minuscole e chiuse comunità che non vogliono mettere a repentaglio la loro semplice e ripetitiva routine.
Un po' sconsolati decidiamo di proseguire, sperano che al prossimo paese non ci venga destinato un trattamento simile.
Appena superato il paese, che poi è composto da altre 8-9 case sparse, con sorpresa termina anche il tratto asfaltato.
Non ce lo aspettavamo.
La strada, ancora larga, è cosparsa di ghiaia sottile che alza un gran polverone dietro di noi.

La strada perde il nero asfalto per mimetizzarsi con la natura circostante.

Ci guardiamo in silenzio e decidiamo di continuare.
Ora la guida sarà sicuramente molto più difficile e pericolosa: una foratura e le cose si potrebbero complicare molto. Due forature o la rottura di una parte meccanica per le sollecitazioni, e potremmo correre il rischio di non poterlo raccontare.
Il viaggio, tuttavia, prosegue relativamente tranquillo.
La strada, nonostante sia sterrata, è tenuta molto bene, priva di buche e massi. La percorriamo a velocità abbastanza sostenuta attorno agli 80 km/h, sebbene ben più bassa del limite di 100 km/h che solo un pazzo con un super pick-up potrebbe avvicinare.
Senza più la scura lingua d'asfalto, la Natura ha il monopolio del luogo. Il rumore del motore e le ruote che sfregano la ghiaia sono suoni alieni di un oggetto completamente alieno all'ambiente.

Bisogna aver rispetto quando si è soli in casa d'altri, altrimenti si rischia di terminare la corsa ribaltati in mezzo a un cespuglio e arricchire la vasta collezione di cimeli storici a bordo strada.

Auto incidentate e abbandonate chissà quanti anni fa, perfettamente conservate dal calore della savana.

Dopo una mezz'oretta di viaggio, senza particolari cambi di paesaggio, arriviamo al paesino che ci aveva suggerito la signora dell'hotel.
Si chiama Chillagoe e sembra molto più curato e abitato di Cow town.
È la nostra ultima possibilità. Se non troviamo qualcosa qui saremo costretti a tornare indietro almeno fino a Mareeba, che ormai dista 140 km.

La via principale di Chillagoe, l'ultimo paesino prima di 560 chilometri di natura selvaggia.

Percorriamo le vie silenziose, asfaltate e deserte del paesino fino ad arrivare a un motel e annesso bar con un paio di persone fuori e qualche macchina ferma lungo la strada.
Ci facciamo convincere dalla presenza umana e parcheggiamo per chiedere un posto per la notte.
L'ingresso, tranne per la porta, è identico a quello di un saloon. In prima vista il lungo bancone rigato dal fondo dei boccali striscianti e da alcune gocce di birra vecchie di anni, dietro una sfilza di bottiglie, a lato un vecchio telefono a monete che un tempo era azzurro acceso, nell'altra sala un tavolo da biliardo vissuto e qualche tavolo per mangiare.
Ci accoglie una ragazzina carina e gentile, chiedendoci cosa può fare per noi. Dall'accento non sembra australiana e di sicuro non è originaria di questi luoghi. Chiediamo se c'è posto per la notte e ci risponde di si, ma ci deve chiamare il capo.
Dopo un minuto, già storditi dal caldo soffocante, si presenta dinnanzi a noi un omone alto e ben piazzato sulla sessantina. Bocca piegata in giù, grosso naso appuntito, sopracciglia folte che coprono quasi per intero gli occhi bruni semichiusi, respiro

affaticato. Sguardo arrabbiato, come se avesse appena avuto un incontro con una preda da sbranare, ci chiede che cosa volevamo.
Ripetiamo timidamente la nostra intenzione di restare per la notte. Un cenno con la testa è tutto ciò che ci regala, ma è più che sufficiente per farci tranquillizzare.
Paghiamo i 95 dollari e poi ci facciamo accompagnare in camera. È molto bella, pulita, spaziosa, con un ampio bagno e ingresso indipendente.
Il problema, di nuovo, è la presenza di soli due letti: un singolo e un matrimoniale.
Siamo comunque soddisfatti. Ringraziamo e salutiamo il boss.
Lui ringrazia mormorando qualcosa a bocca chiusa, ma poi trova improvvisamente fiato per sottolineare una questione fondamentale: "voi due" indicando me e il fotografo, "dormite qui sul matrimoniale, mentre lei andrà sul lettino, capito?" Con il modo in cui ha pronunciato la frase, avremmo detto di si anche se ci avesse piazzato una mucca nel mezzo. Esterrefatti e un po' spaventati rispondiamo di si e lo lasciamo uscire.
Ci guardiamo un po' attoniti.
La mente viaggia a quando la signora all'hotel di Mareeba ci aveva chiesto se due di noi erano fidanzati, sposati, o amici, mentre cercava posto negli altri hotel.
Ora capiamo che quella domanda curiosa dimenticata sin da subito non era un'eccezione, piuttosto una regola. Che la signora dell'hotel di Cow-Town ci abbia detto di no perché non è morale per loro ospitare tre persone di sessi diversi che non abbiano legami di parentela?
Naturalmente non comprendo, né mai comprenderò, questi comportamenti rudi e un po' ottocenteschi, ma nel luogo in cui siamo, per l'avventura che personalmente avevo in mente di vivere, sembra siano stati costruiti ad arte.
Stride per contrasto con la rudezza e la sinteticità del burbero proprietario, la disponibilità di un giovane signore che incrociamo proprio fuori dalla nostra camera e si prodiga a darci utili consigli per il nostro soggiorno e le eventuali escursioni.

Lui e la fidanzata si trovano da queste parti per trascorrere il fine settimana, poi torneranno a Cairns dove vivono.

Dall'idea del ragazzo prendiamo spunto per osservare il tramonto ormai imminente dalla cima di una piccola montagna tutte rocce e spigoli che si erge nel mezzo del paese, quasi come fosse una palazzo eretto dalla natura per ospitare animali che hanno bisogno di Sole, rocce e molti nascondigli. Qui sono gli unici palazzi che troveremo: non è bellissimo?

Una collina rocciosa in mezzo al paese, ideale per ammirare il tramonto imminente.

Il fotografo parte spedito con le ciabatte, incurante del pericolo e delle insidie, reali, che potrebbero nascondere queste rocce appuntite. L'importante, evidentemente, è non essere al buio.

Io e la giornalista, con pantaloni lunghi e scarpe appropriate, cominciamo la salita indipendentemente.

Per la prima volta ho occasione di ammirare da vicino un'altura, di toccare con le mani rocce antichissime rimaste esposte al Sole e alla pioggia per miliardi di anni.

Le impressioni dei giorni precedenti sono pienamente confermate.

Qui anche le piccole colline sono costituite da grandi massi indipendenti, scavati spesso dall'acqua e dagli elementi atmosferici, privi di terra, eppure popolati da piccoli alberi, che si ergono sull'ambiente circostante e danno vita al rilievo in modo casuale. Un incastro, apparentemente precario, di spunzoni tutti dello steso colore grigio scuro, con lievi sfumature blu.

Le pietre sono così antiche che sono state scavate da milioni, anzi, miliardi di anni di piogge.

La salita, durata appena cinque minuti, è stata facile, sebbene abbia destato in me qualche preoccupazione.

Le fessure profonde tra i caldi pietroni potrebbero essere il rifugio ideale per animali poco simpatici, tipo scorpioni e serpenti.
Fortunatamente la mia sensazione è rimasta tale.
Il tempo di trovare una pietra abbastanza comoda per il mio sedere, e con questa vasta scelta non è stato per niente difficile, ed ecco che posso godermi in pace il primo tramonto dall'outback australiano, pitturato qua e là da innocue e colorate nuvolette.
Da questo punto panoramico, un centinaio di metri al di sopra della piana circostante, si riesce a vedere molto bene il paese e la splendida desolazione che lo circonda. Sembra un'oasi in mezzo al dominio incontrastato della Natura, più delicata e discreta rispetto alla foresta pluviale della costa, ma altrettanto pericolosa.
La palla di fuoco, resa grande dal cervello e rossissima dall'atmosfera, sta per regalarci l'ultimo saluto e al contempo l'invito per l'imminente accensione delle stelle.
In lontananza non si scorgono colline, evidentemente assenti per diverse centinaia di chilometri.

Il Sole tramonta su questo paese sperduto e perfettamente incastonato nell'incontaminata natura circostante.

Non appena il Sole scende sotto l'orizzonte l'atmosfera sembra cambiare. Il vento si calma, le nuvolette cominciano lentamente a dissolversi, preparandosi per una serata che si prospetta entusiasmante.
Chissà quanto sarà illuminato il paese.
Vedo qualche lampione nelle due strade principali, ma non so ancora quanto siano in grado di sopravanzare la luce dell'Universo.

Intanto prima che faccia buio scendiamo dalla collina aguzza e ci dirigiamo verso la cena.
Non siamo sulla costa, dobbiamo rispettare gli orari degli australiani.
Nel bar/saloon dell'hotel ci sediamo su comodi sgabelli di fronte al bancone e ci gustiamo una cena australiana.

Aperitivo australiano al bancone di un vecchio saloon.

Per me birra, naturalmente australiana, e un piatto contenente pollo arrosto, patate fritte e verdure che di certo non mangerò, servite direttamente dalla cuoca: una donna di mezza età alta forse un metro e ottanta, non grassa, ma con due spalle da pugile professionista, biondissima, occhi azzurri e la mascella provata da anni di pugni, di gomme da masticare simili a quella che spavaldamente ci mostra nella sua bocca aperta.
Il bancone è affollato di altri 5-6 singolari personaggi che nella migliore tradizione stanno trangugiando fiumi di birra che ogni tanto vanno ad aggiungersi alla collezione di macchie delle loro camicie sporche e sudate.

Parlano tra di loro e spesso ci lanciano delle occhiate.
Non riusciamo a comprendere una parola di quello che si dicono, ma non ci vuole uno scienziato per capire che questa sera noi, unici turisti, siamo le attrazioni indiscusse.
In pochi minuti la voce si sparge, perché il bar e l'esterno si riempiono di uomini.
Le donne inesistenti, fatta eccezione per una mamma con passeggino di fuori e una bimba, forse la figlia del proprietario, che gioca con una bambola seduta sullo sgabello accanto agli adulti che tra poco, per scelta, regrediranno al suo stadio.
Mi sento troppo al centro dell'attenzione, una sensazione che in altri ambiti avrei evitato con tutte le mie forze; in questo caso decido di fare un'eccezione perché loro sono al centro della mia attenzione tanto quanto noi, con la sola differenza che io lo faccio in silenzio e senza dare troppo nell'occhio.
In effetti, non posso non osservare con curiosità lo svolgersi delle vicende. Questa è l'Australia, questi sono gli australiani!
Non si può invece dire la stessa cosa della ragazza che prende le ordinazioni e serve i fini signori della sala.
Sudata, imbarazzata dagli sguardi insistenti e dai complimenti, presumo non troppo delicati, ben presto si rifugia nel nostro angolo e comincia a parlare per cercare un supporto psicologico che di certo non verrà da nessun altro nella sala.
Come sospettavo non è australiana, ma una giovane straniera che chissà per quale motivo è finita a lavorare in questo posto per il suo Working Holiday.
È il suo terzo giorno qui, insieme alla sua amica che in realtà è colei che ha il turno ora. Si sente palesemente a disagio con tutti, compreso il capo del quale sembra avere una gran paura.
In effetti, quando entra nel bar e si mette seduto vicino a noi per soddisfare la sua curiosità, lei intimorita se ne va fino a quando lui non torna fuori.
A questo punto il fotografo non perde occasione per attuare il ripetitivo e disgustoso piano: adescare con frasi a effetto (vomito) e senza senso tutte le persone di sesso femminile al di sotto dei 30 anni che entrano nel suo radar visivo.

Io termino velocemente il mio piatto, davvero molto buono, forse il migliore mai mangiato fino a questo momento, lancio un'occhiata d'intesa alla giornalista e senza proferir parola ci alziamo e salutiamo, lasciando il fotografo al centro di quell'attenzione che brama più dell'aria.
Lei vuole semplicemente scappare, io invece ho voglia di vedere il cielo e capire dove e come potrò osservare questa sera.

La luce dell'Universo, più forte dei lampioni
Appena usciti dal bar, e percorsa l'inevitabile passerella immaginaria in mezzo agli uomini che ci hanno scrutato come fossimo cavie da laboratorio, passo di fronte la camera, saluto la giornalista e proseguo oltre l'angolo per scoprire un pezzo di cielo ed evitare l'accecante lampione sopra di me.
Prima ancora che la sfacciata luce bianca esca dal campo di vista, mi sembra di vedere qualcosa che non credo sia possibile. Di fronte a me, a ovest, brilla evidente quello che somiglia al centro della Via Lattea, con un chiarore diffuso più ampio che potrebbe essere la luce zodiacale.
Impossibile; da sotto un lampione in questi luoghi si può davvero assistere a un fenomeno che in Italia non ho mai visto?
La curiosità è così grande che mi metto a correre senza motivo apparente sin dietro l'angolo, trovando riparo dalla luce sotto un ampio albero.
Ora con l'occhio non più abbagliato riesco perfettamente a contemplare impietrito l'inquinamento luminoso cosmico dovuto alla combinazione tra Via Lattea e luce zodiacale.
Sconvolgente.
Non sono per niente adattato al buio, non credo che il crepuscolo sia ancora finito, sono circondato da una decina di lampioni bianchi e io riesco a osservare un cielo che è ancora dominato dalla luce naturale della stelle?
Assurdo!
A questo non crederà proprio nessuno, devo fare una fotografia prima che sia troppo tardi!

Sotto i lampioni di Chillagoe è ancora il cielo a dettar legge. Il centro galattico e la luce zodiacale si sommano e ci ricordano la mastodontica potenza dell'Universo.

Sempre di corsa, torno indietro fino alla macchina parcheggiata di fronte la porta della camera ed estraggo in fretta e in furia la montatura equatoriale e la fotocamera.
Sulla mia strada giace a testa bassa e bocca chiusa il fotografo, che indubbiamente ha già ricevuto il due di picche, e come un pazzo mi metto a urlare:
"La luce zodiacale! È impressionante, si vede benissimo anche da sotto i lampioni! È una cosa che non puoi perderti assolutamente, se vuoi io sono qui dietro l'angolo a fare foto!"
Non so cosa mi abbia risposto e neanche mi interessa, perché appena finito di parlare ho ripreso a correre di nuovo verso l'angolo per vedere se quello che ho appena descritto fosse reale, oppure frutto dell'immaginazione.
E con gli occhi un po' più adattati al buio ho capito che la fantasia non avrebbe mai potuto costruire un siffatto affresco.
Posiziono quasi casualmente la montatura e inizio a fare pose con l'obiettivo da 16 mm. Non so quanto saranno lunghe, cre-

do circa 3-5 minuti, dipende da quanto si dilungheranno i miei ragionamenti.
Non è possibile che qui la Natura sia così dominatrice da riuscire addirittura a vincere la volontà degli uomini di spegnere il cielo, e non è neanche possibile che la trasparenza sia così elevata da impedire, da sola, il diffondersi della luce artificiale verso l'alto.
La spiegazione è molto più semplice e probabilmente sembrerà banale già tra qualche ora quando mi sarò calmato: le luci, per quanto non illuminino perfettamente solamente il suolo, sono comunque in numero molto ridotto e non gettano mai la luce direttamente verso l'alto.
Nei dintorni non esistono grandi città né lampioni stradali. Il paese più vicino è Mareeba, distante 140 km, e non era neanche tanto illuminato. La prima città che si incontra è Cairns, sulla costa, a oltre 200 km di distanza, per di più incastonata tra le montagne e l'oceano Pacifico.
Questa è la prova che l'inquinamento luminoso è dannoso quando la quantità di luci artificiali è elevatissima e si espande su un'area di migliaia di chilometri quadrati. Pochi lampioni, orientati nel modo giusto, non danneggiano affatto il cielo, al limite solo l'adattamento al buio dell'occhio qualora la loro luce arrivasse diretta. Sarebbe una bellissima lezione per il nostro paese, perché se tutti adottassero questa mentalità, avremmo strade illuminate per soddisfare dubbi motivi di sicurezza, e cieli ancora scuri.
A colpire in questo posto, ancora una volta, è il rispetto per la Natura tutta.
Le case non possiedono mirabolanti sistemi di illuminazione che hanno l'unico scopo di aumentare l'ego del padrone.
Sono sufficienti pochi lampioni pubblici nelle vie più trafficate, giusto per evitare di investire qualche canguro.
Sebbene questa gente possa sembrare rude, all'antica e ignorante, ha una sensibilità verso l'ambiente, probabilmente inconscia, che noi uomini autodefinitisi colti, avanzati e tecnologici abbiamo perso decine di anni addietro.

Siamo allora davvero sicuri di essere noi gli intelligenti e loro i contadini ignoranti?

La luce zodiacale e il centro galattico con una posa complessiva di circa 15 minuti.

Questo paese non può che piacermi.
Se riuscissi a capire come mantenermi, o a mettere abbastanza denaro da parte, non esiterei un attimo a mollare tutto, soprattutto cellulari, tablet, computer e qualsiasi diavoleria tecnologica, e trasferirmi qui per restarci una vita intera, in compagnia di me stesso e del cielo stellato.
Non so se sarà possibile; magari un giorno lontano, ma questa sera voglio far finta che sia così.

Complice una grande stanchezza e le nuvole che ogni tanto oscurano porzioni di cielo, decido di osservare da dove s'è accesa la luce zodiacale.
Prendo in prestito due sedie, le porto dietro l'angolo e mi siedo mentre la macchina fotografica continua a scattare, guardando

le stelle dal morbido prato di un paese in prima fila sull'incredibile spettacolo dell'Universo.
Il cielo sembra molto buono.
Non è naturalmente la perfezione che cercavo già ieri sera, ma anche in questo frangente sembra più un fatto psicologico che altro. Alla fine riesco ad osservare 12 Pleiadi, distintamente le nubi di Magellano e 47 Tucanae, che ora di certo non mi sfuggirà più.
Orione, Sirio e Canopo brillano proprio come ieri, sebbene io intorno riesca a vedere senza problemi il panorama.

Sirio, a sinistra, Canopo verso destra e la grande nube di Magellano. In basso a destra le fronte degli alberi illuminate dai lampioni, che nulla possono contro lo strapotere del Cosmo.

La schiera dei lampioni è limitata alla strada, lungo la quale giace questo giardino curato. La loro luce è ben diretta verso il basso, tanto che al di fuori del loro cono non riesco a vedere più nulla. È una sensazione molto particolare perché il cono di luce è evidentissimo e il contrasto con il buio pesto oltre il quale potrebbe benissimo esserci un muro nero è sorprendente.

La delicata illuminazione mi consente anche di assistere a un altro spettacolo.

Fermo e immobile ormai da diversi minuti, senza che nessuno sia passato né a piedi né in macchina, inizio a vedere strani movimenti a pochi metri da me.

Sono i canguri che incuriositi, e probabilmente affamati, giungono dalle vicinanze e si addentrano nel paese con il favore del buio.

Ne vedo uno, poi due, tre... Mi accorgo di essere circondato da più di una dozzina di questi buffi animali.

Ogni tanto i miei movimenti attirano la curiosa attenzione quel tanto che basta per farne girare qualcuno verso di me e osservarmi alzandosi sulle zampe posteriori, cercando di capire chi sia e perché stia lì fermo su una sedia.

La tentazione è troppo forte: provo ad alzarmi lentamente e ad avvicinarmi per osservarli meglio, ma al primo movimento brusco si spaventano e fuggono via fuori dai coni di luce dei lampioni.

È sufficiente aspettare tre minuti seduto in silenzio per cominciare di nuovo a riosservare la processione che si sposta da destra a sinistra attraversando la strada, poi il giardino e scomparendo laddove il buio torna sovrano. Qualcuno continua a fermarsi e scrutare, altri si riposano, altri ancora, dagli strani versi che sento, stanno probabilmente litigando.

Una mamma con quattro piccoli dalle dimensioni di poco superiori al palmo di una mano entra e scompare saltellando di fronte al mio campo di vista.

Cerco di non far alcun tipo di rumore, se non quello degli scatti della fotocamera che intanto sta riprendendo un po' a caso il cielo. In pochi minuti una ventina di marsupiali sono intorno a me, ormai spintesi a non più di 5 metri di distanza.

È il momento perfetto per tornare al cielo e decidere di continuare la pura contemplazione con cui ho terminato la scorsa nottata e mi godo uno sprazzo di vita parallela che vorrei tanto diventasse routine.

Purtroppo le nuvole vanno e vengono e coprono con ordine ogni oggetto che vorrei riprendere: prima la grande nube di Magellano, poi Andromeda che già bassa ha mostrato più dettagli con 60 secondi di posa e obiettivo da 85 mm rispetto alle decine di minuti sotto cieli normali, poi anche M33, perfettamente visibile, forse anche più di ieri.

Andromeda, scatto singolo da 60 secondi. Obiettivo 85 mm f1.2, Canon 450D, 1600 ISO. Un risultato del genere dai nostri cieli si otterrebbe solo con decine di minuti di integrazione.

Mi viene voglia di provare un esperimento incoraggiato anche dalle nubi di passaggio che impediscono lunghe pose.
Mi dirigo sulle Pleiadi e scatto.
È incredibile come altrettanti secondi di posa riescano a staccare perfettamente la debole nebulosità azzurra che le circonda.

Le Iadi e l'invadenza di Giove. Stesso setup e posa della precedente immagine.

Com'è facile e rilassante fare fotografie del cielo in questo modo!

146

Mi sento lontano anni e anni luce da quella serata di fine dicembre nella quale, dal terrazzo della mia casa di Perugia, persi 3 ore di esposizioni di 5 minuti ciascuna con un telescopio da 106 mm e autoguida, cercando di far emergere dallo schifoso chiarore la nebulosità delle Pleiadi, senza riuscirci meglio di quanto abbia ora fatto in appena 60 secondi.

Giocando con le Pleiadi: 30 secondi di esposizione, nessuna elaborazione. Chi ha detto che la fotografia astronomica è lunga e noiosa?

Ma chi me lo fa fare di tornare a soffrire ore al freddo e altrettanto tempo di fronte al computer con una manciata di ore di sonno alle spalle, privandomi della gioia del cielo in visuale e a volte persino della voglia di Universo?

L'esperienza di fotografia astronomica rapida prosegue senza sosta.

Cintura e la spada di Orione: tre pose da 60 secondi mostrano tutto quello scritto nei libri di astronomia, più un suggestivo effetto diffusione alla Akira Fuji migliore di quanto gli smanettoni di Photoshop credono di saper fare in diverse ore.

Le nubi hanno coperto la costellazione?

Pazienza, si torna sull'ever green di questi cieli: la grande nube di Magellano.

Avrò forse un minuto scarso, perché si trova nella discontinuità tra due spessi veli; più che sufficienti per una scultura marmorea che cattura ogni minima stella con uno scatto di 60 secondi.

Il sipario cala, ma la coperta è evidentemente corta perché la piccola viene lasciata momentaneamente scoperta.

Posso permettermi addirittura 5 pose da 60 secondi, ma già con una si vede perfettamente tutto, compreso quel mostro di 47 Tucanae che tenta di rubarle la scena!
Poco sopra gli alberi, verso sud-est, c'è una piccola nuvoletta che sta sorgendo, poco sopra a una stella rossa di buona luminosità. Il telescopio è troppo lontano e non ho voglia di alzarmi. Che fare? Semplice! Sblocco, punto, blocco, scatto, aspetto 60 secondi e scopro.
Un bellissimo ammasso aperto denominato NGC 3114, dominato da suggestive stelline di color rosso acceso!
Troppo pigro per prendere le mappe e rovinare pure l'adattamento al buio? Basta puntare nel cuore della Via Lattea e non si rimarrà di certo delusi. Che campo avrò inquadrato con questa posa da 60 secondi?

La grande nube ripresa con un'estenuante posa da 60 secondi e non elaborata. D'altra parte, che tipo di elaborazione di potrebbe fare se non vi sono gradienti dovuti al fondo luminoso, e i colori già perfetti?
Tutto questo, naturalmente, sotto i lampioni di Chillagoe.

Parte della costellazione di Orione, con M42, la nebulosa Fiamma e la Testa di Cavallo e un involontario effetto flou causato da sottili velature.

5 minuti sulla piccola nube di Magellano e 47 Tucanae.

L'ammasso NGC 3114 lo scopro casualmente con 60 secondi di posa, dopo averne individuato la sagoma a occhio nudo.

Un campo casuale nella Via Lattea australe.

Non ho mai ottenuto così tante immagini in una sola notte: eccezionale!
Intanto continuo a sentire strani suoni e fruscii, quest'ultimi anche vicini, che mi preoccupano un poco. Niente paura: è sufficiente accendere un attimo il display del telefono per allontanare l'invisibile curioso.
Sembra che i canguri, proprio come i colleghi umani prima, abbiano trovato l'attrazione della serata, perché sono circondato da piccole teste appuntite scure che si voltano a scatti verso di me e tra di loro.
Ieri le mucche, questa sera loro; non potrei chiedere di meglio in questo momento.
E quando penso di aver visto tutto, ecco che odo inconfondibili passi umani che da qualche parte si avvicinano correndo. Non riesco a comprendere di chi siano e se io sia il loro obiettivo, fino a quando a distanza di pochi metri non vengono illuminati dai lampioni. Sembra un tizio che scappa da qualcuno o qualcosa che per quanto mi sforzi non riesco ad avvistare.
Non sono affatto spaventato dall'ambiente insolito in cui sono immerso, anzi, è una sensazione davvero eccitante e piacevole, al punto che fa persino passare in secondo piano il cielo.
Per la prima volta nella vita mi sento a casa in un posto sconosciuto e al di fuori di tutte le passate esperienze.
È come se sentissi di appartenere a questi luoghi, a questi cieli, al giardino che mi ospita in mezzo ai canguri. È una sensazione difficile da descrivere a parole, ma mi sento molto più a mio agio qui che nel mio lontano paese. Mi muovo bene, so come comportarmi, non sento il peso dell'ignoto e dei rischi che potrebbero esserci
Non ho alcun timore perché sento di saper perfettamente cosa sto facendo e come eventualmente comportarmi in caso di un imprevisto.
È bello trovare la propria strada in un labirinto di vie spesso insoddisfacenti, ma allo stesso tempo è anche una tortura perché non so se mai un giorno io possa realizzare quanto sta implorando il mio cuore ora.

Secondo giorno nell'outback

Notte insonne, come sospettavo, per le belle emozioni e il fastidioso sonno agitato del fotografo, che a quanto pare ha l'abilità di rompere le scatole anche da incosciente: davvero una grande abilità!
Nonostante tutto mi sento allegro e pieno di energie perché abbiamo appena deciso di trascorrere in questo paesino un'altra notte. E sento che sta per arrivare la serata perfetta. I tempi sono maturi; la cercherò con tutte le mie forze e so per certo che la troverò.
Forse sarà l'ultima possibilità, perché da domani torneremo verso la costa e inoltrarsi per così tanti chilometri sarà estremamente difficile.
Non posso controllare le previsioni meteo per il giorno dell'eclisse. In cuor mio so che questo non è affatto un male perché non sono molto ottimista e non vorrei rovinare il raro buon umore.
Oggi è il 10; mancano esattamente quattro giorni. Ancora non so se e dove la vedrò.
Durante colazione di fronte la porta della camera, seduti al tavolo, comincio a proporre ai miei compagni di viaggio un punto fermo al quale non rinuncerò per nulla al mondo:
"Ragazzi, so che stiamo facendo questo viaggio insieme e sarebbe bello ormai continuare così fino alla fine" mento spudoratamente "ma io sono qui per vedere l'eclisse e farò di tutto per riuscirci. Poiché sulla costa probabilmente sarà tempo brutto, io sto pensando di allontanarmene. Sta a voi decidere se venir con me, o dare la priorità al vostro progetto sugli indigeni."
Un po' disorientati, aspettano qualche secondo prima di proferir parola, il che è senz'altro un bene.
Il fotografo è visibilmente scocciato, mentre più diplomatica e razionale si dimostra la giornalista, la prima ad aprir bocca:
"Beh, sarebbe bello continuare insieme, ma se tu dici che sulla spiaggia degli Yarrabah il meteo sarà sicuramente brutto, è

giusto che cerchi un altro luogo per vederla. Noi non sappiamo se verremo con te, questo lo decideremo nei prossimi giorni".
Inaspettatamente, seppur con linguaggio diplomatico e attento, si è dimostrata sensibile e, ma questa è solo una sensazione, desiderosa anche lei di dar la priorità all'eclisse piuttosto che al progetto sugli indigeni.
Molto più diretto il fotografo, che stoppa ogni sua velleità indipendentista: "Tu, Daniele, se proprio devi andare vai pure, ma noi", guardando la giornalista come se in mano avesse un immaginario estintore per spegnere sadicamente il piccolo fuoco accesosi nei suoi occhi, "dobbiamo portare avanti il nostro progetto sugli aborigeni, quindi staremo lì e se ci saranno le nuvole pazienza".
Non contento, prende fiato e continua: "per noi questa occasione è troppo importante. Dobbiamo ancora raccogliere molto materiale: nuove interviste, consegnare gli occhialini con il nostro logo per l'osservazione in sicurezza del Sole, cercare di estrapolare quante più informazioni possibili per poterle così presentare alle persone che contano e magari guadagnarci qualcosa".
Interviene la giornalista con un tono di voce assolutamente contraddittorio rispetto al linguaggio del suo viso:
"Ma scusa, non ti bastano le interviste che abbiamo già fatto? Quanto gli vuoi rompere le palle a questa povera gente? Non dobbiamo approfittarci della loro disponibilità. Alla fine di materiale ne abbiamo a sufficienza."
"No, è necessario fare nuove interviste, consegnare gli occhialini e documentare al meglio la nostra missione umanitaria" ribatte il fotografo, che però ormai si è fregato con le sue mani e la tipa, sveglia, l'ha capito:
"Missione umanitaria per te! A me, dalle tue parole di ora e da come ti sei comportato l'altro giorno, sembra proprio che tu voglia semplicemente portare avanti la tua personale missione commerciale. E sinceramente a me, in questi termini, non sta bene perché non voglio approfittare della disponibilità e dei problemi di una popolazione per guadagnare qualche soldo".

Un secondo di silenzio, forse due o tre, perché vistosi scoperto deve cercare le giuste parole che possano tener buona la giornalista, della quale ha un estremo bisogno. Ma non ce la fa a sostenere il suo sguardo, quindi si gira verso di me ed esclama la solita idiozia: "anche quella verso di noi è beneficenza! A te fanno schifo quattro soldi in più?" Io resto impassibile come se non avesse detto niente, guardandolo come un povero pazzo.
Capiamo sia io che la giornalista di aver fatto colpo in questo caso, ma comprendiamo anche che non vale la pena continuare perché le nostre perplessità hanno trovato già tutte le conferme possibili.
Ecco qui, finalmente è uscito allo scoperto, penso tra me e me. A lui dell'eclisse, del cielo, della natura e della gente non interessa nulla.
Il suo unico scopo è quello di documentare più possibile la vita, la società e i problemi degli aborigeni. Il che, raccontato in questi termini, non sarebbe affatto disdicevole: alla fine le passioni si possono manifestare in modi estremamente diversi.
Quello che invece traspare dal suo atteggiamento è qualcosa che le crude parole riportate su carta non riescono in pieno a identificare. Gli aborigeni sono solamente un pretesto per sviluppare il suo progetto umanitario per le proprie tasche. Come un parassita annusa la preda più succulenta e poi ci si attacca per succhiare prezioso nettare vitale, che per lui sono soldi e fama. Ora quel dubbio di qualche giorno fa è diventato certezza. La sua è un'operazione prettamente commerciale, avvolta da un linguaggio appreso dai peggior politici nostrani per tenere stretti quei collaboratori di cui ha uno strenuo bisogno per manifesti limiti intellettivi. Nulla di quello che fa, anche nei nostri confronti, è dettato dal disinteresse. Una battuta, un sorriso, la disponibilità a guardar il cielo insieme e prestarmi i suoi preziosi obiettivi, la complicità cercata e mai trovata, sono tutti gesti che hanno uno scopo ben preciso.

L'ho capito chiaramente io, l'ha capito, sicuramente prima di me, la giornalista, che ora ha l'aspetto di una cagna bastonata che in realtà sta fremendo dalla rabbia e fatica a trattenersi.
Lo dicono le sue braccia attaccate al corpo e le mani nascoste dal tavolo che sta muovendo nervosamente, così tanto che anche le spalle compiono impercettibili e scattose oscillazioni.
Rompo il momento di tensione alzandomi dal tavolo e spronandoli a far qualcosa: sono già le 11 e io vorrei esplorare.

La giornata prevede una visita a dei siti naturalistici qui intorno e nel pomeriggio un'escursione ancora più all'interno.
Il giovane di Cairns, che questa mattina è già in sella alla sua mountain bike, ci ha detto che se vogliamo vedere un bel tramonto dobbiamo proseguire la strada dalla quale siamo venuti per una cinquantina di chilometri, fino agli argini di un fiume.
Bene, per oggi l'itinerario è stabilito, chissà se riusciremo a rispettarlo dati i tempi biblici con cui il nostro non più amato compagno di viaggio ci costringe ad affrontare le giornate.
Percorriamo un paio di chilometri di strada in terra battuta e arriviamo al primo appuntamento: un percorso di un chilometro che si chiama Balancing Rocks.
Sul momento nessuno dei tre coglie il vero significato del nome e d'altra parte non avremmo mai potuto immaginare qualcosa mai visto in vita nostra.
Il sentiero, stretto ma ben curato, si divincola in mezzo a una serie di rocce e piccole alture appuntite che lasciano senza parole.
Questo posto sembra il luogo nel quale la Natura ha testato le leggi della

Questa è l'Australia: l'antico parco giochi di antichi giganti.

fisica prima di applicarle all'intero pianeta, o in alternativa il parco giochi di qualche antico gigante.

Si, perché le rocce alte, spigolose e scavate dall'acqua, sono incastrate come dei giganteschi lego. Alcune, davvero impressionanti, sembra non abbiano mai conosciuto il significato della forza di gravità, ergendosi le une sulle altre per diverse decine di metri, sorrette apparentemente solo da una gran forza di volontà.

Intanto che mi soffermo sulla costruzione più particolare, spingendomi incoscientemente fin sotto per provarne la resistenza, non posso fare a meno di sorridere pensando a una classica scena di un cartone animato della mia generazione, nel quale un buffo coyote trascorreva il tempo sperando di catturare un velocissimo e furbastro uccello colorato.

Lungo il breve cammino incontro molte altre peculiarità.

Una delle rocce è piena di una specie di muschio verdastro con sfumature rosate. Mi avvicino per toccarlo, ma non ha la consistenza tipica della nostra familiare vegetazione.

È estremamente duro e frastagliato, ricorda tanto i coralli già visti nel mio viaggio in Egitto. E probabilmente sono proprio questi a riempire la roccia, poiché tutta questa porzione di terra centinaia di milioni di anni fa era completamente sommersa.

È suggestivo e impressionante pensare a quanto possa essere cambiato il paesaggio e al fatto di camminare su rocce che un periodo molto più antico dell'Italia si trovavano sul fondo del mare e pullulavano di vita.

Mare, acqua, oceano... Li rimpiango un po' per la loro azione mitigatrice. Ora invece, nonostante il Sole sia coperto da un sottile strato di nuvole medio - alte che sembrano stazionarie, tutto intorno ribolle come se ci si trovasse in un gigantesco forno a cielo aperto.

Le pietre sono perfette per la cottura di un uovo, l'aria, secchissima, assomiglia al getto sparato da un phon per capelli a pochi centimetri dalla faccia. Si suda molto e si perdono liquidi con una velocità impressionante. In meno di un'ora ho già terminato la mia riserva d'acqua senza placare la sete.

Balancing rocks: rocce antiche che sfidano le leggi della fisica.

Coralli nascosti tra le cavità delle rocce testimoniano un passato molto diverso da quello attuale.

Il cammino fortunatamente si è concluso. Arrivato alla macchina faccio il pieno, prima di percorrere altri 400 metri e arrivare all'altro punto di interesse.
Questo luogo è decisamente più attrezzato e visitato.
Il piazzale per parcheggiare è enorme e molto ben curato, ma completamente deserto. Dalla parte opposta a dove abbiamo fermato l'auto, una passerella porta a una specie di casa in legno che sembra essere stata eretta poche ore fa, tanto è pulita e in ordine. Inizialmente pensiamo sia una specie di ufficio informazioni dove si possono fare i biglietti per le numerose grotte che ospita la montagna di fronte a noi, ma avvicinandoci capiamo che si tratta di un punto di ristoro con un lavandino esterno molto più pulito del bagno di casa mia e due accoglienti bagni.
Nei dintorni, nessuno.
Questa struttura, come l'imponente scalinata e tutte le grotte, sono disponibili gratuitamente ai visitatori, che si impegnano a utilizzarle per i propri bisogni/desideri e a lasciarle pulite come

le avevano trovate. Resto meravigliato, di nuovo, dalla distanza con il mondo nel quale ho sempre vissuto. Una struttura del genere in Italia non potrebbe mai esistere, demolita poche ore dopo dal solito gruppo di teppisti.

La scalinata e le grotte, perfettamente mantenute dal senso civico dei visitatori, sarebbero ben presto state imbrattate di scritte e murales.

Comincia a serpeggiare in me l'idea di non essere un mezzo disadattato che odia la gente, ma semplicemente di non appartenere a una società che distrugge costantemente la Natura e tutto quello che loro stessi hanno creato per il bene comune.

Con la solita lentezza iniziamo a salire la scalinata e a capire quali grotte potremmo vedere. Un cartello ci indica la strada e la difficoltà della camminata all'interno dei cunicoli.

La prima, la più facile, è purtroppo chiusa; le altre, invece, accessibili.

Ho visitato più volte delle grotte in Italia e in Europa, ma tutte sono ormai delle attrazioni turistiche nelle quali si viene presi per mano e si percorre un facilissimo, quanto artificiale, sentiero, con il divieto assoluto di toccare le rocce e scattare fotografie.

Non in questo caso; non in Australia.

Qui si è da soli di fronte alla natura e si è responsabili delle proprie azioni. Non ci sono strutture che pensano al posto nostro e che prendendoci per mano come bambini autistici si prefiggono l'utopico obiettivo di sapere cosa sia meglio per noi. Queste grotte sono prive di guide, sentieri prestabiliti, illuminazione. Si entra, si visita e si esce con le proprie gambe.

Si potrebbero staccare tutte le rocce che si vogliono, scarabocchiare, trapanare, persino riempire di dinamite per far saltare in aria tutta la montagna. Non c'è nessuno che lo impedisca, nessuna guardia, nessuna telecamera, nessun sistema invisibile di rilevazione delle infrazioni a regole stupide e superflue. Non c'è niente che impedisca di farlo, eppure nessuno lo ha fatto per anni, e nessuno sicuramente mai lo farà, né qui,

né in quella specie di museo che abbiamo visitato ieri nel quale sarebbe facilissimo far sparire bossoli, proiettili e bazooka, né nella turisticissima Cairns, dove persone di ogni nazione si incontrano facendo barbecue in compagnia nelle apposite aree pubbliche.
Questa è la società nella quale mi piacerebbe vivere; quel libero arbitrio che vorrei assaporare e che nelle mie sfortunate vicende nel vecchio continente avevo dimenticato persino esistesse.

Ci avviciniamo alla grotta più vicina e cominciamo ad addentrarci. La mancanza di guardie, regole e leggi non cancella di certo il mio buon senso e la capacità di valutare il rischio.
Decido quindi di non proseguire perché non sono un esperto speleologo; a ricordarmelo una strisciata a una roccia appuntita che mi ha procurato un doloroso graffio sulla schiena.
I miei due compagni decidono il contrario. Mentre loro si addentrano, io torno di sotto verso la macchina per usufruire del bagno pulito, dell'acqua potabile e dei panini che mi sono portato per il pranzo.
Dopo un'oretta al riparo dal caldo torrido, tra l'aria condizionata e la tettoia dei bagni pubblici, tornano gli altri e mentre mi raccontano la bellezza incontaminata della grotta riprendiamo la strada principale e ci avventuriamo fin dove possiamo, ancora più verso l'interno.
I patti con il proprietario dell'hotel erano chiari: se torniamo entro le 20:30 ci farà trovare la cena, altrimenti resteremo senza pasto.

Appena superato il paese, la strada torna sterrata.
Un cartello al lato, poco prima della fine dell'asfalto, ci ricorda che in Australia la vita è nelle nostre mani: la prossima stazione di servizio è al paese più vicino, che si trova all'esigua distanza di 560 km! Una foto è d'obbligo prima di ripartire tenendo d'occhio la lancetta del carburante, ancora confortevolmente in alto.

Ho idea però che il segnale stradale possa alimentare paranoie che non avrebbero senso di esistere, da parte di qualcuno. Speriamo di no...

Pochi chilometri e la strada cambia, diventando un po' più stretta e completamente di terra battuta.

Ogni tanto dei cartelli a bordo strada ci ricordano del rischio incendi e delle frequenze da utilizzare per chiedere aiuto via radio... peccato che non ce l'abbiamo!

Un segnale molto chiaro ci avverte di quanto siano frequenti le pompe di benzina all'interno.

Il manto stradale è decisamente più impegnativo di prima, perché irregolare e cosparso da pietre e ciottoli.

Non di rado la macchina è sottoposta a pesanti vibrazioni a causa di fitti solchi trasversali che sembrano scavati dai cingoli di un gigantesco trattore.

Non facciamo in tempo a chiederci che cosa possa causare questi strani segni, che di fronte a noi compare la sagoma di un tir. È il classico autotreno australiano e americano, pensiamo ingenuamente, con una motrice enorme e aggressiva che fa un po' paura.

Quando però lo incrociamo, comprendiamo il significato di un cartello che abbiamo da poco passato, nel quale ci avvertiva di prestare attenzione ai road trains.

"Road trains? Che cosa saranno questi treni della strada?" avevo domandato perplesso ai miei compagni di viaggio.

161

L'unico a rispondere, neanche a farlo apposta, fu il fotografo, che naturalmente perse un'altra occasione per star zitto e ammettere umilmente di non saperlo: "Secondo me saranno i soliti binari incustoditi in mezzo alla strada che magari con un po' di polvere sono difficili da vedere, quindi bisogna fare più attenzione". Non gli risposi per non insultarlo, ma credo che lui avesse capito, di nuovo, di essere certamente più intelligente degli altri.
Ora è arrivato il mio momento:
"Binari incustoditi che attraversano la strada? Ecco cos'è un road train!" urlo tra il soddisfatto e lo spaventato perché questo mostro, lungo una cinquantina di metri e con tre o quattro rimorchi, solleva un muro impenetrabile di polvere e continua a scorrere rumorosamente come fosse un caccia al decollo.

Un road train ci viene incontro a tutta velocità e ci fa assaporare la polvere sollevata da questo mostro lungo oltre 50 metri.

Nel panico generale, sono l'unico che mantiene la calma.
Rallento fino a fermarmi a bordo strada per far abbassare la polvere. In questo momento, se fossimo stati sulla scena di un film, ci sarebbe stato benissimo un cartello stradale che di fronte a noi, non appena le nuvole di polvere si fossero dilatate, ci avrebbe salutato con un caloroso: "Welcome to Australia!"
Non c'è naturalmente nulla del genere, ma la mia mente deve averlo visto, perché il sorriso stampato sul viso stupisce e infastidisce il pallido fotografo:
"Perché ridi? Io me la sono quasi fatta sotto!"
Lo guardo e non rispondo, perché la sua faccia è parte fondamentale di un divertimento che sarebbe quindi brutto, oltre che inutile, condividere con lui. Mi limito a dire: "Andiamo, ora la strada è tornata visibile!".
Il viaggio continua ma i miei compagni sono sempre meno convinti di proseguire.
Il colpo di grazia arriva non molti chilometri dopo, quando un altro sospetto segnale ci avverte di una misteriosa "grid".
Loro non sembrano accorgersene e io naturalmente non glielo faccio notare proseguendo ma rallentando prudentemente.
200 metri più in là, in mezzo alla carreggiata, ci attende una griglia che somiglia a un sistema da scolo dell'acqua.
Mi sento in parte sollevato, perché se questo era ciò che ci segnalava il cartello, non è nulla di pericoloso. E resto di quest'idea fino a quando non l'attraversiamo.
La macchina sobbalza e vibra fragorosamente per un interminabile secondo, offrendoci un rumore simile a quello di un martello pneumatico che mette a dura prova le nostre orecchie. Se avessimo avuto dello shampoo a bordo, sarebbe esploso inondandoci di schiuma.
In un attimo è tutto finito, ma i nostri visi sono sbiancati.
Sembrava proprio una griglia da scolo dell'acqua, ma il problema è che è stata progettata per le mastodontiche ruote dei road trains e dei grandi pick-up australiani, non di certo per i minuscoli pneumatici di una Hyundai getz! Lo spazio tra due grate contiene quasi per intero la ruota della macchina.

Canali da scolo in mezzo alle strade con grate larghe quasi quanto le ruote della nostra utilitaria: anche questa è l'Australia.

Quando l'adrenalina comincia a scemare perché capisco di non aver corso pericoli, proseguo la strada ma i miei compagni di viaggio non sono dello stesso avviso: "Non vi sembra il caso di fermarci? La strada non è adatta alla macchina!" suggerisce sicura la giornalista, spalleggiata dallo sguardo compiacente del fotografo.
Non sono della stessa idea, ma il Sole effettivamente è già basso sull'orizzonte e potrei decidere di dargli retta.
Poi, sono esasperato dalla voce del fotografo che per tutto il viaggio, in preda a quella paranoia che le mie antenne avevano anticipato, ha continuato a intromettersi nel mio stile di guida: "Metti la quarta, sei gia a 30 km/h"(!).
"Io qui cambierei marcia per ottimizzare il carburante"
"Vai in folle così consumiamo di meno "
"Se ti dico di accostare per fare le foto tu non frenare ma lascia che la macchina si fermi da sola, così consumi meno carburante".
Neanche mia madre durante la prima lezione di guida mi è stata così addosso.

Non sopporto la gente che mi dice, sbagliando, cosa devo fare semplicemente perché si sente in diritto di doverlo fare dall'alto della propria superiorità (e paura).
Pochi chilometri ancora e decido quindi di fermarmi appena passato il letto di un fiume prosciugato.
Lascio scendere il fotografo che deve correre a fare le foto e mi sfogo un po' con la giornalista dicendole che la prossima volta che mi dice qualcosa mi fermo e faccio guidare lui.
Lei mi implora di non farlo, perché è un vero e proprio pericolo pubblico, ma io sono così stanco che preferisco metterlo alla guida e fargli combinare qualche casino piuttosto che starlo ad ascoltare ancora.
Passato il momento di sangue al cervello, scendo per ammirare il panorama e resto di nuovo sorpreso. Prima dalla strada che attraversa il letto prosciugato. Probabilmente è, o era, il fiume che ci ha consigliato di raggiungere il ragazzo di Cairns.
Il piccolo ponticello, privo di qualsiasi barriera, è lungo pochi metri e copre a malapena un quarto del fiume: bellissimo.

La piccola stradina polverosa attraversa un fiume asciutto.

Giunto ai piedi del ponticello, arriva il secondo colpo, diretto al cuore, perché vengo proiettato istantaneamente lontano da questo pianeta, fin su Marte.
Il letto è cosparso di sottile sabbia rossa, privo di vegetazione e popolato qua e la da grandi pietre color marrone scuro, quasi nero, levigate dall'acqua che un tempo, chissà quando, scorreva imponente. Non si sa quando, forse pochi mesi fa, o probabilmente anni addietro; difficile capirlo.
È una scena che ho già visto in qualche immagine scattata dai rover marziani, ed è assolutamente sorprendente.
Mi addentro per queste sabbie finissime e accarezzo le pietre rese incandescenti dal sole cocente, fino a sentire sulla mia pelle la silenziosa bellezza di questo luogo alieno.
Scatto una foto escludendo il panorama tipicamente terrestre e mi siedo per qualche minuto su uno di questi caldi e comodi pietroni ad ammirare un pezzo di quel rosso Marte che contemplo estasiato ogni notte serena, ma che so già non potrò mai visitare nonostante lo desideri con tutte le mie forze.
Questa è l'Australia: più pianeti in un solo continente.
Vorrei restare qui almeno fino a quando il Sole non tramonta, giocando con la sabbia rossa e lanciando piccole pietre che simulano l'impatto di un asteroide, seduto all'ombra, in compagnia della giornalista che sembra avere i miei stessi desideri.

Il paesaggio marziano del Walsh River.

Lo capisco dal rispetto e dall'ammirazione che ha per questo posto che osserva insieme a me in rigoroso e contemplativo silenzio.
È un momento molto rilassante e a diretto contatto con questa grandiosa natura.
Di fronte a noi, tanto per rendere perfetto lo spettacolo, grandi pappagalli colorati volano di albero in albero emettendo i tipici suoni che nelle nostre città possiamo sentire, incupiti e sofferenti, solamente dentro strette e sporche gabbie.
È tutto così perfetto.
La pace che stiamo provando merita tutti gli sforzi e le arrabbiature che abbiamo dovuto subire.
Ma improvvisamente come è arrivata se ne va, quando pesante, goffo e irriverente, il passo di un bipede cotto dal sole anticipa di qualche secondo la voce steccante con tutto quello che ci circonda.
Non gli rispondiamo ancora, perché non vogliamo disturbare la Natura e trasformarci in stupidi spettatori piuttosto che attivi attori, ma la sua insistenza e ignoranza riescono nel sublime intento di portarci di nuovo alla cruda realtà.
Uno sguardo di complicità tra me e la giornalista ci permette di condividere pensieri comuni, e d'altra parte non potrebbe essere altrimenti osservando il ciondolare disinteressato e annoiato di un corpo che parla e guarda verso di noi senza realmente interessarsi di quello che fino a questo momento ha fotografato.
Ha compiuto la sua personalissima missione commerciale.
Ha immortalato natura e bellezze che non ha mai neanche provato a capire, perché semplicemente non gli interessano, ed è pronto per tornare verso l'hotel, non importa cosa possono pensare (se mai lo facciano) i propri compagni d'avventura, anzi, meglio, i suoi assistenti.
Non proferiamo parola, sperando almeno si stanchi di ascoltare la sua stridula voce, ma non è così.
Riprendo l'auto, inverto la rotta e in silenzio, come se mi sentissi profanato di qualcosa, ci dirigiamo verso Chillagoe.

Prima però, dobbiamo trovare un posto per fargli osservare, anzi, fotografare il tramonto. L'osservazione, quella vera, sentita e commossa, toccherà a noi due e a nessun obiettivo fotografico da mille mila euro.

Percorriamo forse un paio di chilometri, poi mi suggerisce di accostare.

Compio però l'imperdonabile errore di frenare e inserire la terza dalla quarta, quando sono ancora a 50 km/h(!), consumando il preziosissimo carburante.

Scatta puntuale quello che decido essere l'ultimo rimprovero.

Fermo la macchina inchiodando e alzando una soddisfacente quantità di polvere, scendo di scatto, mi dirigo verso il suo sportello aperto e gli consegno le chiavi, dicendo:

"Ora guidi tu, così saprai benissimo come fare a ottimizzare il carburante. Io d'ora in poi non toccherò più il volante!"

Come ormai consuetudine, messo alle strette e incalzato non risponde e cerca di evitare ogni sguardo. Accetta le mie chiavi con un sussurrato: "ok" e si allontana per vedere se il posto può essere all'altezza dei suoi costosissimi obiettivi fotografici.

Io resto qui ad aspettare, perché so già che non andrà bene per lui, eterno indeciso.

Come previsto, dopo un paio di minuti torna senza dire nulla e si mette alla guida sbagliando puntualmente lato della strada e la posizione delle frecce, alla ricerca di un altro luogo.

Una curva con il freno a mano per dare prova ulteriore della sua abilità al volante e sperare di convincermi a sentirmi inferiore a lui, un'altra sosta inutile, poi la terza è quella buona.

La strada in terra battuta ospita i raggi rossi del Sole ormai quasi in dirittura d'arrivo per questa giornata.

La terra rossastra vira prepotentemente sull'arancio. Il blu del cielo sopra è così intenso che negli spazi d'ombra si può vedere colorare timidamente il manto fangoso essiccato.

Il rettilineo prosegue fino a incontrare nuvole lontane che, già lo so, spariranno a breve. Mi siedo un secondo al centro della strada e lascio che il calore che sale culli i miei sogni e la voglia di vivere questa straordinaria esistenza.

La strada di terra battuta diventa ancora più rossa con i raggi del Sole radenti l'orizzonte.

Nell'altro lato della strada, a un centinaio di metri di distanza, un piccolo rilievo roccioso alto una trentina di metri sembra soddisfare la sua ingordigia.
Lo lasciamo andare avanti.
Noi due cerchiamo di rientrare in punta dei piedi nelle grazie della natura, sperando ci regali un altro momento da ricordare.
Scaliamo agevolmente la cima di questo agglomerato roccioso e ci sediamo sui caldi e appuntiti solchi scavati dall'acqua.
Non possiamo purtroppo allontanarci quanto vorremmo dal nostro rumoroso compagno di viaggio.
L'incessante scattare della sua macchina fotografica rispecchia perfettamente l'aria indifferente del suo viso, concentrato solamente nel rubare, e poi utilizzare per i suoi loschi scopi, quest'attimo di poesia. L'irriverenza nei confronti di questi luoghi mi rattrista, perché è come se assistessi impotente a una violenza che non riesco a sopportare. Un maltrattamento che irrita me, l'altra e tutta la natura circostante, che offesa ha deciso improvvisamente di piazzare una spessa nuvola di fronte alla sagoma del Sole tangente all'orizzonte.

Un tramonto da gustare con gli occhi e in rigoroso silenzio.

Tentiamo di estraniarci da lui, ma ci riusciamo solamente quando la luce ormai diventa abbastanza scarsa da spegnere l'incessante scattare della fotocamera.
Un'espressione eloquente dice tutto:
"Bene, non posso più scattare, possiamo pure andare".
Facciamo finta di ignorarlo.
Per un paio di minuti ci godiamo il panorama attorno, ora ancora più bello del tramonto precedentemente offuscato.
Il cielo esibisce fiero tutte le tonalità dell'arcobaleno, alcune mai osservate con tanta chiarezza. Il rosso, confinato a dove si è appena spento il Sole, è sovrastato dall'arancio, che diventa giallo, poi verde. Più in alto, laddove sfuma nel blu, una fila ordinata di sottili nuvole risplende come l'oro e saluta perfettamente un altro giorno in questo meraviglioso paradiso naturale.
Gli animali, tutti, sono improvvisamente scomparsi, resi muti dall'immensa potenza di un pianeta che rappresenta alla perfezione l'infinita bellezza dell'Universo a cui appartiene.
Due minuti, non di più, che cancellano tutto quello accaduto nelle ultime ore e mi regalano uno dei momenti più toccanti dell'intero viaggio.

Uno dei tramonti più belli della mia vita in questo incontaminato paradiso.

Il rapido imbrunire del cielo e le nuvole che perdono la loro lucentezza, ci avvisano che la notte sta scendendo veloce come al solito. Ci dirigiamo in macchina, io al posto del passeggero, e torniamo verso l'hotel.
Un paio di road train mettono alla prova i nervi del nuovo guidatore; altrettanti sono i richiami da parte della giornalista perché ogni tanto si dimentica di dover guidare sul lato sinistro. Qualche canguro e mucca che a bordo strada, con la notte già scesa, fanno inchiodare senza motivo, perché non hanno alcuna intenzione di mettersi sulla nostra via, e finalmente torniamo sani e salvi (tutt'altro che scontato) all'hotel, giusto in tempo per la cena.
È sabato... Complice la voce di tre turisti italiani, dentro e fuori dal bar c'è davvero tutto il paese, o meglio, la popolazione maschile. Delle donne, ancora una volta, nessuna traccia, a eccezione della bambina seduta al bancone e della cuoca poco fine, ma altrettanto brava tra i fornelli.
Arrivo con anticipo rispetto agli altri, impegnati a far non so cosa in camera, e nell'attesa chiedo alla spaventata ragazza una birra. Appena mi vede, mi regala un grande sorriso di sollievo e decide di fare qualche chiacchiera con me.
Subito il suo viso si rilassa vistosamente.
Il sudore sulla fronte, di certo non causato dalla temperatura, lentamente si asciuga; gli occhi, palesemente stanchi, si concedono un momento di meritato riposo.
Viene dalla Germania e ha appena 19 anni; è finita qui per caso cercando disperatamente lavoro prima che i pochi soldi finissero. Non ha l'auto e ha speso quasi tutto quello che le era rimasto in tasca (60 dollari) per venire in autobus dalla lontana Cairns, insieme alla sua amica.
Mi confida di non trovarsi bene qui "in the middle of nowhere", nel mezzo del nulla, circondata da una mandria di bifolchi che non fanno altro che guardarla e provarci continuamente con lei e l'amica.
Come se non fosse già abbastanza, il capo paga una miseria ed è molto severo.

Si lascia andare dicendo di non sapere quanto potrà resistere in queste condizioni. Cerco di farle forza con qualche frase fatta in inglese un po' stentato. Non so se ci riesco, perché lei cambia discorso.
"Ma dov'è il fotografo? L'avete lasciato nell'outback?"
Scoppio in una risata un po' rumorosa e ribatto: "eh, magari! È in camera e tra poco sarà qui, purtroppo."
Non è servito dire altro per capire che lei ha la stessa simpatia per lui di quanta ne abbia io, e d'altra parte come poterle dare torto se ieri sera, dopo che me ne sono andato, ha provato in tutti i modi a far foto e un'intervista solamente per farsi bello ai suoi occhi?
"Sai, non mi sta simpatico; è davvero fastidioso" si lascia andare ora che ha capito di trovare una valida spalla.
"Mi dispiace. Lui purtroppo è fatto così" è tutto quello che le posso dire.
Per cambiare discorso ancora, e magari rendere più allegra la conversazione, le chiedo se quella che ho visto passare correndo ieri sera nel mezzo della notte fosse lei, perché ora mi pare di riuscire a trovare punti in comune con quel viso sfocato. Diventando rossa uniformemente in tutto il volto, e con un filo di voce rotto dall'imbarazzo, mi confida di si. Abbassando gli occhi verso il bancone e incrociando il mignolo della mano destra che fa strani e inconsci disegni, mi chiede dove fossi e quante volte l'avevo vista passare. Le dico che me ne stavo a far foto alle stelle dietro l'angolo, quasi certo che mi avesse visto.
"Perché vai a correre a mezzanotte e mezzo, nel cuore della notte?" Le chiedo incuriosito e affascinato.
"Perché io amo correre ma di giorno mi possono vedere tutti e mi vergogno, così ci vado di notte quando non c'è nessuno... A parte te!"
Prima ancora che io possa intervenire, si fa coraggio e mi spiega perché l'ho vista: "Di solito faccio un altro giro, ma ieri sera c'era un cane che abbaiava e per un po' mi ha pure rincorso, così ho deciso di cambiar percorso. Ecco perché mi hai

visto, di solito non ci passo mai di qui... O mio Dio, che vergogna! Ma mi hai visto bene? Che vergogna!"
È fortemente imbarazzata, ma non sa ancora che quella che lei reputa una stranezza per me è invece qualcosa di estremamente intrigante. Ci vuole coraggio a correre in mezzo al buio, ai canguri e ai road trains che ogni tanto attraversano la strada principale, e al buio quasi totale.
Le dico che non ha assolutamente nulla di cui vergognarsi e che l'idea di correre e guardar le stelle non è per niente male.
L'espressione del suo viso cambia di nuovo. Lo leggo negli occhi che le mie parole hanno forse lasciato il segno. Ora sorride di nuovo, riesce a sostenere il mio sguardo e trova persino il coraggio di propormi qualcosa che in cuor mio, probabilmente, speravo facesse: "Perché questa sera, appena finisco il turno dopo le 22, non vieni a correre con me?".
Ricambiando il sorriso, leggermente imbarazzato, la guardo e le sussurro: "Perché no, l'idea mi piace molto, dopo quando hai finito ci organizziamo!"
Terminata questa frase, entrano in coppia il fotografo e il capo che ormai sembrano aver fatto amicizia, o quasi.
Lo sguardo immediatamente torna serio; i muscoli, tutti, le si tendono come e più di prima, e velocemente si allontana da questa postazione che fino a due secondi fa era un rifugio sicuro, ora diventato mare in burrasca.
Pochi secondi e si unisce anche la giornalista per consumare la nostra meritata, e di nuovo buonissima, cena: bistecca di vitello di generose dimensioni, accompagnata dalle onnipresenti patate fritte e da verdure non identificate.
Terminata la cena me ne torno verso la camera cercando di scrutare il cielo che però presenta nuvole sparse.
Non sono preoccupato; so che basta un pizzico di pazienza.
Non avrò problemi questa sera.
Seduto sul letto accendo il computer e cerco di elaborare qualche foto tra uno sbadiglio e l'altro. Quando in camera tornano gli altri, la pace termina, ma almeno la mia efficienza al pc migliora notevolmente.

Il fotografo, ignaro dell'accaduto, inizia a darsi arie come al solito:
"Sai la ragazzina tedesca? È proprio carina, le ho fatto parecchie foto e sembrava gradisse molto. Quasi quasi torno là e le chiedo di far qualcosa questa sera".
Lo guardo divertito e impaziente di dire la mia, ma aspetto per gustarmela ancora meglio.
Prima mi preparo il terreno:
"Davvero? Perché non vai? Se mi dici che è disponibile vai senza problemi!". Non credo arrivi a comprendere, o mi creda così furbo da essere riuscito a capire il suo ennesimo bluff, tanto che con estrema sicurezza continua:
"Mah, guarda, questa sera sono stanco, e poi qui non c'è posto, dove andrei se decidesse di darmela? E poi, sinceramente, è un po' piccola e neanche così bella. Ecco, se fosse stata l'amica bionda un po' più carina ci saresti tornato, ma per lei non vale la pena."
Questo è il momento migliore per intervenire, sempre tenendo il profilo basso e facendo il finto tonto:
"Mah, secondo me ti ha lanciato dei segnali strani perché io ci ho parlato e mi ha invitato a uscire con lei tra poco. Mi ha detto se vado a correre sotto le stelle e probabilmente andrò. Ma tranquillo, sono impegnato, quindi non succederà altro!".
Resta basito e senza parole; sguardo perso nel vuoto, occhi grandi che faticano a riempire gli occhiali, fronte sudata e arricciata all'insù. Non interviene per qualche secondo, e io di certo non faccio nulla per alleggerire il momento, anzi, cerco il suo sguardo e sorrido alla giornalista, che divertita s'è messa a fissarlo.
Decido di dare un altro piccolo pizzicotto: "E se devo essere sincero questa sera a cena, da lontano, mi ha lanciato molte occhiate...".
La giornalista coglie la palla al balzo:
"Hai capito!, bravo Dani!", e rivolgendosi al fotografo lancia una stoccata fatale:

"Vedi, non serve vantarsi e fare il pagliaccio per conquistare le donne, caro il mio fotografo! Prendi esempio da chi è più giovane di te, ma ne sa sicuramente di più!"
È uno dei momenti più divertenti del viaggio.
Vorrei scoppiare a ridere, così come lei, ma non possiamo.
I nostri occhi però, non si riescono a mascherare e si riempiono di lacrimoni che non possiamo trattenere. Dentro di me sto morendo dalle risate, persino gli addominali sono contratti dal movimento che solo la bocca, con molta fatica, riesce a non assecondare.
Impietrito e ormai accerchiato, il nostro caro "amico" cerca di divincolarsi con una battuta, poiché il silenzio non sembra stia funzionando:
"Ne ho rimorchiate così tante che questa, che non è niente di che, l'ho lasciata all'astronomo. Dovresti pure ringraziarmi! Invece fai lo scemo pensando a quella in Italia. Sta a ventimila chilometri di distanza, non saprà mai quello che farai, svegliati!"
"Ma io lo saprò anche se dovessi scappare fin sulla Luna! Comunque grazie, sei gentilissimo! Ora, se vuoi scusarmi, ho un appuntamento sotto le stelle di cui a te non importa niente"
"Dani, io ti adoro! Senti come parla un vero uomo, impara fotografo!" urla la giornalista come fosse allo stadio.
Mi alzo divertitissimo, saluto con un sorriso ed esco raggiungendo la ragazza al banco del bar che mi sta già aspettando per l'inaspettata corsa notturna.
Sono in jeans e maglietta a maniche corte, con le scarpe di certo non adatte, mentre lei è attrezzatissima con abbigliamento e musica. Non mi importa di essere mal vestito; se ho imparato una gran lezione di vita qui in Australia, nei paesi come nelle grandi metropoli, è che la gente non ti giudica per come sei conciato e non si sente l'obbligo di dover apparire per forza secondo stupidi canoni inventati dalla società.
In pieno spirito australiano, anche lei non fa domande sul mio vestiario per la corsa.

Sono stanco, provato, appesantito dal cibo di certo non leggero e da una giornata pesante, ma quando iniziamo a correre e dopo pochi secondi usciamo dal cono di luce di un lampione, vedo alla mia destra Orione sorridere e alla sinistra il centro galattico con la luce zodiacale a rinforzarlo, tutto passa.
Gambe e muscoli diventano leggeri, quasi impercettibili. I jeans comodissimi pantaloncini, le scarpe cuscini d'aria sui quali scivolare via con il minimo sforzo. Guardo lei e non posso fare a meno che ringraziarla per questa esperienza che non avrei mai pensato di fare in vita mia.
È assolutamente stupefacente correre osservando le stelle, vedere il mondo tutto intorno muoversi e quello infinito di sopra, così ricco e luminoso, non cambiare mai, anzi, seguire ogni piccolo movimento. E quando qualche lampione tenta di oscurare il cielo con la sua fastidiosa luce, in verità non fa altro che aumentare il mio desiderio. So che in pochi secondi il bagliore sparirà e di colpo l'Universo si accenderà regalandomi un'emozione alla quale non ci si potrebbe mai abituare.
Sta succedendo proprio ora... due secondi di suspense...
Ecco di nuovo le stelle esplodere!
Ogni angolo che giriamo ci regala uno spicchio assolutamente indimenticabile di cielo di fronte ai nostri occhi.
Nel lato più buio, lungo la strada principale, sembra quasi di veder le stelle riflettersi sul nero asfalto. Credo sia una sensazione piuttosto che realtà, ma è comunque bellissima, così come è fantastico correre senza luci, con un cielo nerissimo, nel bel mezzo di una strada completamente deserta e silenziosa.
Passa mezz'ora, sufficiente a fare tre volte il giro dell'intero paese, senza che in realtà me ne sia accorto.
La ragazza mi chiede come mai non abbia la musica.
Le rispondo che non ne ho bisogno perché sto ascoltando, vedendo e sentendo con tutto me stesso la melodia del Cosmo.

Terminata la corsa ringrazio la giovane, e me ne torno in camera per evitare qualsiasi problema.
I compagni di viaggio mi aspettano apparentemente nelle stesse posizioni in cui li avevo lasciati e io, che ora non posso più vedere il cielo, sento tutta la stanchezza della giornata e per una manciata di minuti, forse mezz'ora, crollo sul letto.
Al mio risveglio, probabilmente a causa dei soliti rumori maleducati, è quasi mezzanotte.
Non so dove troverò la forza, ma non posso permettermi di perdere la nottata.
Mi alzo, esco fuori senza dire niente e vedo il cielo completamente sereno. Lo sapevo perfettamente: certe cose si sentono.
Ho già deciso cosa fare.
Rientro di corsa in camera e comunico a entrambi:
"Io prendo la macchina, mi allontano qualche chilometro dal paese per vedere le stelle. Voi state pure, io non ho paura e resto comunque nelle vicinanze."
Mi sembra di essere stato chiaro nel non voler rotture di scatole, ma poiché la perspicacia non abbonda in tutti, decido di non aspettare alcuna risposta, mi volto e cerco di andarmene prima possibile.
Troppo lento.
Il fotografo subito mi blocca:
"Vengo con te!"
Prima di girarmi faccio in tempo a lanciare verso la porta uno sguardo tra l'arrabbiato, lo sconsolato e il terribilmente deluso, tipico di chi viene privato di una gioia aspettata una vita e sfuggita per un soffio, proprio sul più bello.
Cerco di salvarmi:
"Guarda che io non so dove vado e quanto sto, probabilmente per tutta la notte. Non so se a te vada bene, casomai possiamo fare anche un altro giorno, tanto ho sempre voglia di guardare il cielo".
Niente da fare:

"No, no! Vengo con te, dai! Vorrei guardare il cielo anche io, senza problemi d'orario. Siamo arrivati fin qui e mi perdo questo spettacolo?"
Il mio tentativo disperato, come sospettavo, è fallito miseramente.
Lascio correre pensando che tutto sommato è forse meglio se non mi avventuro da solo nel buio, questa volta pestissimo, che abbraccia tutt'intorno questa piccola oasi.
Sposto dal sedile al retro della macchina la montatura del telescopio, che pochi minuti prima avevo sistemato nella speranza di non dover ospitare nessun'altro e mi siedo, rigorosamente al lato passeggero.
Il mio obiettivo è l'ampio parcheggio con bagno e lavandino ai piedi delle grotte di questa mattina. È appena fuori dal paese, al massimo 3-4 chilometri, ma dovrebbe essere più che sufficiente per trovare, finalmente, il cielo perfetto.
Per quest'occasione è giunto il momento di portarsi dietro anche il piccolo rifrattore.
Dopo aver scoperto che le nuvole sono brillanti solo se si tratta di due galassie satelliti; dopo aver imprecato contro la luce zodiacale spacciandola per la colonna luminosa di un'enorme città invisibile; dopo aver finalmente osservato un cielo privo di nuvole, quelle oscure e fastidiose, riconosciuto costellazioni e gemme scambiate per stelle, in compagnia di simpatiche mucche e, proprio ieri sera, aver osservato comodamente seduto su una sedia nel giardino all'angolo della camera, circondato dai canguri, un cielo molto più brillante della luce dei lampioni, ora, conclusa una straordinaria corsa sotto le stelle, è arrivato il momento ideale per il cielo perfetto. Il momento giusto per la realizzazione di quel sogno che dopo una vita sotto le stelle, e decine di migliaia di chilometri percorsi, stava diventando un'utopia forte quanto quella di raggiungere la Luna con le proprie forze.
Un sogno, una meta che è cresciuta dentro di me e che per lunghi periodi sotto l'arancione cielo Bolognese ho temuto non poter mai raggiungere.

Ho fatto sacrifici immensi per arrivare in questo luogo, soprattutto negli ultimi due anni.
Per raccogliere il denaro necessario ho mangiato pane vecchio di una settimana per non doverne comprare di nuovo, ho bevuto la calcarosa acqua di rubinetto, tenuto spento il riscaldamento quando era freddo e il condizionatore quando invece si moriva di caldo. Ho rinunciato alle uscite in pizzeria il sabato sera, mi sono portato panini preparati a casa per la pausa tra una lezione e l'altra, ho percorso 5 chilometri al giorno a piedi, anche sotto la pioggia incessante, pur di non prendere l'autobus e risparmiare quei fondamentali 3 euro; ho indossato vestiti prestati e vecchi di 5 anni e due paia di scarpe in altrettanto tempo.
Ho accettato conferenze e lavori per poche decine di euro a fronte di sforzi fisici enormi. Ma se devo essere sincero, non ho mai sentito il peso di una singola azione che mi ha avvicinato, giorno dopo giorno, di qualche euro al coronamento di un sogno inseguito una vita.
Ora eccomi qui, due anni più tardi, ventimila chilometri più in là, a testa in giù senza sentire il sangue salire, pronto più che mai a compiere l'ultimo, piccolissimo passo verso un traguardo che finalmente posso toccare, intravedere tra le cime degli strani alberi di queste parti.
Un traguardo che per me è rappresentato dal cielo, per altri potrebbe essere qualsiasi cosa.
A non cambiare è la voglia, la determinazione, la pazienza, la caparbietà e il coraggio, purtroppo, anche di rendersi conto di doverlo molto probabilmente raggiungere fuori dal proprio, morente, paese.
Anche in questo caso il cielo non è poi così diverso da tanti altri obiettivi, sebbene alcuni siano disperatamente più utili, come la necessità di garantirsi una dignitosa sopravvivenza.

Il cielo perfetto
Pochi minuti di orribile guida (credo che lui sia anche mezzo cieco di notte) mi portano sul piazzale deserto e completamente oscuro. I discreti lampioni del paese non si vedono più per niente e con le luci ancora accese sembra di essere immersi in un mare di petrolio, tanto è impenetrabile la spessa cortina di oscurità tutta intorno a noi.
So già che uscendo mi mancherà il respiro per quello che i miei occhi potranno vedere.
Decido allora di prendere più aria possibile e cercare di calmare inutilmente il cuore, che grazie all'adrenalina ormai batte all'impazzata, come se lì fuori mi aspettasse il suolo di un pianeta sconosciuto dopo una traversata durata quasi trent'anni, poggio la mano sinistra ormai completamente sudata sulla maniglia della portiera, traguardo attraverso il vetro che riflette in parte i miei occhi brillanti, guardo il fotografo e ordino:
"Spegni i fari, io esco".
Mentre trovo il coraggio per uscire, assolutamente incurante di quello che potrei trovare in terra, le luci si spengono, la portiera si spalanca con una spallata decisa, forse anche troppo, i miei occhi scorrono via dalla campana di vetro sporco avuta sempre sulla mia testa.
L'aria nei polmoni esce istantaneamente, stritolata dalla pressione dell'Universo, che in un decimo di secondo mi cinge tutt'intorno con un infinito abbraccio, al quale partecipano tutte le migliaia di stelle appese alle invisibili pareti di questa gigantesca cupola.
"No, questo è chiaramente l'effetto di un planetario; non esiste nella realtà un cielo come questo!" esclamo al vento piangendo già di gioia. "Tu non puoi essere così perfetto, non puoi essere così bello. Tu, Universo che ammiro sin da quando ero bambino, mi stai regalando il momento più alto e profondo della mia vita. Sei riuscito a trasformare un grande sogno in una realtà che lo surclassa sotto ogni aspetto e alla quale nessuno potrebbe mai arrivare preparato".

Dalla testa ai piedi, attraversando vestiti e cingendo tutta la Natura che da questi luoghi conosce perfettamente il vero sapore delle stelle, un brivido, immenso quanto la bellezza che sto osservando, si espande a dismisura alla velocità della luce, rivaleggiando, in potenza, con queste gemme colorate e perfettamente ferme che sembra vogliano precipitare in terra, tanto sono nitide e luminose.
Nel più assoluto silenzio di un luogo che non si stanca di rispettare la più grande manifestazione di tutto il creato, mi inginocchio sui sassolini taglienti di questo piazzale sul Cosmo e con le mani tra i capelli, visibili solo per contrasto con il cielo più luminoso, vivo in pieno il momento sublime della realizzazione del mio sudato e ardentemente desiderato sogno.
Questo è il cielo perfetto; è il miraggio diventato realtà che finalmente potrò gustare e che poi fiero porterò con me tra i ricordi vissuti, non incompiuti, della mia vita.

Ho bisogno di qualche minuto per riprendermi.
È già mezzanotte ma ho intenzione di fare l'alba; nemmeno un forte temporale potrebbe farmi spostare.
Con l'aiuto del display del cellulare, estraggo la montatura e la fotocamera. Non so cosa avrò da fotografare, né se effettivamente potrei ottenere scatti diversi rispetto a quelli già acquisiti. Intanto perdo cinque minuti a fare lo stazionamento per far pace con il polo sud celeste.
Aiutato dalle mappe dell'Ipad, comincio a orientarmi in questo cielo che contiene molte più stelle delle serate precedenti.
Le nubi di Magellano, evidenti, anzi, invadenti, governano la scena e rappresentano il punto di riferimento ideale.
Una, la piccola, scende, mentre l'altra, la Grande, sale. In mezzo, perfettamente a metà strada, il polo sud celeste è probabilmente alla stessa altezza dell'acuminata vetta della montagna poco più a destra. La scenografia sembra costruita dalla più fervida mente del miglior sceneggiatore mai vissuto.
Il bello è che è tutto sorprendentemente reale.

Le nubi di Magellano ruotano attorno al polo sud celeste sotto il mio cielo perfetto.

Sistemato lo stazionamento, prendo in prestito il 16 mm e comincio a scattare.
Sotto un soffitto come questo non ci si deve preoccupare di ridurre la sensibilità o chiudere l'obiettivo.
E la prova ce l'ho dopo i cinque minuti di posa eseguiti a f2.8 e 1600 ISO: il cielo è ancora molto scuro, con una strana tonalità verdina verso il basso, la vetta rocciosa ancora avvolta dalla completa oscurità e con i bordi, nerissimi, perfettamente stagliati sulla naturale luminosità del mio Cosmo perfetto.
Non sono riuscito a capire quante pose ho fatto e di quale durata, ma credo siano sufficienti.
Voglio riprendere la scena inseguendo le stelle e vedere a quale profondità riesco ad arrivare. No, in realtà sto dicendo una bugia; voglio riprendere la scena e starci almeno una mezz'ora per poter godere in santa pace di tempo da dedicare all'osservazione.
Strano, penso. Spesso fotografiamo le stelle per scoprire fenomeni e oggetti che altrimenti ai nostri occhi sarebbero invisibili. Qui, invece, ho la forte sensazione che la macchina fotografica non riesca nemmeno lontanamente a catturare la sconvolgente bellezza dell'intera volta celeste, i colori, i dettagli, le differenti luminosità, le sfumature, le nebulose e persino le galassie, così evidenti e vicine a occhio nudo.
In tutte le serate osservative del passato ho visto l'Universo attraverso l'occhio lento della macchina fotografica, cercando di aggirare luci, nebbie, smog e spesso le nuvole brillanti che sempre hanno accompagnato i miei viaggi nel Cosmo.
Ora, invece, questo gioiello di tecnologia non è altri che un'inefficiente distrazione che vorrei rendere meno invadente possibile.
Parcheggiata la reflex verso il polo sud celeste, mi viene in mente che nel baule della macchina c'è una coperta che ieri abbiamo preso in prestito dal fornito armadio della camera. L'afferro goffamente, la stendo in terra a poco più di un metro dalla macchina fotografica e faccio un gesto che spesso, sotto i cieli scuri, ho molto apprezzato: sdraiarmi a testa in su e

guardare in un sol colpo l'intera volta celeste, con l'orizzonte che cinge a 360° i bordi del campo di questi due formidabili strumenti naturali chiamati occhi.
La sensazione di un momento già vissuto altre volte passa non appena raggiungo la posizione.
Ci sono così tante stelle che le costellazioni sembrano essere state inghiottite.
Impossibile capirci qualcosa iniziando dalle nubi di Magellano, meglio cominciare dalle stelle che si trovano verso lo zenit, che poi sono quelle che potrei osservare, seppur molto più basse, anche in Italia in questo momento.
Lì in alto riconosco la fastidiosa luce di Sirio e realizzo che le maniche corte, l'aria calda e il terreno che sembra ancora un termosifone, sono sensazioni fuorvianti per un abitante dell'emisfero nord.
Qui sopra le nostre teste sta ruotando il cielo invernale: Sirio e un irriconoscibile Orione, anch'esso altissimo, ne sono la prova schiacciante.
Che strana sensazione osservare il gigante cacciatore con il caldo. Sembra quasi di soffrire per lui, a caccia di prede avvolto da spesse pelli per combattere i rigori di un inverno che qui, come per un potentissimo gioco di prestigio, si è trasformato in estate.
Sorrido perché odio il freddo; divertito perché, come se il cielo non bastasse, qui ho trovato anche il mio clima ideale.
Com'è strano il mondo, verrebbe da pensare.
Serve uno sforzo non banale per superare questa visione intuitiva e comprendere che in realtà siamo noi e le nostre esperienze a essere così piccoli da considerare completamente estraneo quello che in realtà lo è per dei limiti che spesso siamo noi stessi a non voler superare, per paura e ignoranza.
Qui funziona in questo modo: è caldo a Novembre e fresco a Giugno. Se ci sembra strano, gli abitanti di questo continente potrebbero dire la stessa cosa, quando per osservare la nebulosa di Orione dovrebbero indossare sciarpa, guanti e scarpe da neve!

Se ne sono andati già venti minuti e quattro o cinque scatti della macchina fotografica.
Decido di cambiare soggetto e dirigermi verso le costellazioni invern... ehm... estive.
Tra Orione, il Toro e il Cane Maggiore risplende alta ed evidentissima la Via Lattea.
Questa dovrebbe essere la porzione meno spettacolare, eppure brilla circa come la nostra Via Lattea estiva vista dal più scuro dei cieli italiani.
È toccante.
Si vedono distintamente le lunghe scie scure delle nebulose fredde, il cui contrasto è accentuato dalla perfetta disposizione delle nubi stellari brillanti.
Sembra l'opera di un grande architetto, che con sapiente maestria è riuscito a preparare una scena che sicuramente darà spettacolo sopra gli scuri orizzonti di milioni, se non miliardi, di pianeti.
Questa è una porzione di cielo che si trova a ottime altezze anche da noi, eppure non sono mai riuscito a osservarla con tale facilità e spettacolarità.
Non posso non puntare l'obiettivo proprio qui, tra il Toro e Orione, cercando di scoprire i segreti che il mio occhio non riesce a vedere: la nebulosità attorno alle sette sorelle, che sembrano somigliare più al frutto di genitori intraprendenti e molto fertili, altro che sette, e i gioielli nascosti dalla costellazione di Orione, tra cui l'elusivo anello di Barnard, inseguito sin da quando ho iniziato a fotografare il cielo, nel lontano 1998, ma mai catturato.
Per quest'ultimo, a dire il vero, non nutro speranze. Oltre a essere debole, brilla della tipica luminosità rossa emessa dalla riga H-alpha dell'idrogeno ionizzato, una lunghezza d'onda (656,3 nm) alla quale la mia reflex non modificata mostra una sensibilità dell'80% inferiore rispetto alle altre.
Pazienza, non è di certo per questo che mi dispererò!

Così facendo, penso, mi sono regalato almeno altri venti minuti di libertà, steso su questa coperta nella completa contemplazione del cielo.
Probabilmente trascorro i primi dieci fissando Orione e cercando di captare un minimo scintillio di Sirio, poi mi viene un'idea: prendere il telescopio!

Sotto un cielo perfetto anche l'anello di Barnard è facile preda di una reflex digitale non modificata e 3 minuti di esposizione.

Non posso metterlo sulla montatura, ma con l'oculare da 25 mm ho appena 16 ingrandimenti, ancora gestibili a mano libera.
Senza pensare alle conseguenze del gesto e a quello che avrei visto, afferro dal baule della macchina il graffiato rifrattore, fido compagno di tanti viaggi, e lo punto nel cielo proprio nella direzione della nebulosa di Orione.
Resto istantaneamente folgorato.
Capisco che le imprecazioni siano una cosa poco fine e piacevole, ma in questo caso ho fatto un'eccezione è d'obbligo:
"Ma che cazzo è!? MA VAI A QUEL PAESE, NON CI CREDO!" esclamo incredulo, forse addirittura in un principio di imprevedibile stato di shock.

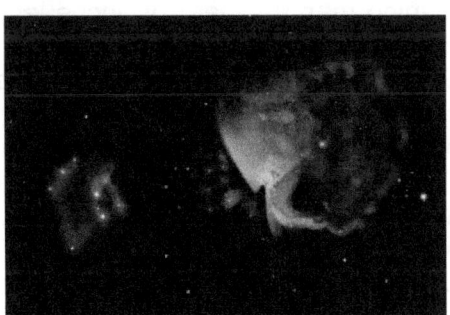

Non avrei mai creduto di vedere M42 così dettagliata attraverso un piccolo rifrattore da 80 mm di diametro sostenuto a mano.

"Mi stai prendendo in giro, di la verità!" me la prendo evidentemente con un amico invisibile che ha sovrapposto alle lenti del rifrattore una bellissima fotografia della nebulosa di Orione.
"O cazzo. Non c'è nessuna foto!" esclamo controllando davvero se l'obiettivo avesse qualcosa di strano.
Provo di nuovo a puntare la zona della spada di Orione e capisco che quello che sto osservando, per quanto possa sembrare impossibile, è assolutamente reale.
La nebulosa di Orione è perfettamente scolpita al centro del campo dell'oculare che fatica a tenere la posizione.
Il trapezio centrale, piccolissimo, è offuscato dalle nubi di gas che raggiungono la stessa estensione delle fotografie a lunga posa.
La piccola nuvoletta confusa, niente di spettacolare neanche con il mio telescopio da 235 mm dal cielo dei colli Bolognesi, ora è una gigantesca aquila che ad ali spiegate mostra alla Terra tutta la sua magnifica eleganza.
Le tenui propaggini si perdono nello spazio a distanza di qualche grado dalla zona nucleare, già in visione diretta.
In visione distolta sembra uscire dal campo e rovinare addirittura l'adattamento al buio.
È perfettamente visibile anche la tenue nebulosità che fatica ad apparire nelle profonde foto a grande campo, chiamata running man nebula. È lì anche lei, fragorosamente scolpita e delicatamente frastagliata.
Sento l'adrenalina che si impossessa completamente del mio corpo. Impossibile staccarmi da questo dipinto, se non per riprendere fiato e convincermi di non sognare.
Ho visto tante, tantissime immagini di questa zona di cielo; molte sono quelle che ho scattato, l'ultima proprio quasi un anno fa in una fredda nottata natalizia.
E seppur piene di colorazioni, quelle foto ora mi sembrano solamente una colossale perdita di tempo.
Quello che sto osservando ora, con un misero rifrattore acromatico da 80 mm di dubbia qualità, con un oculare da 30 euro

e sostenuto a mano libera, è incommensurabilmente più bello ed emozionante di qualsiasi foto abbia mai scattato.
Nessun dispositivo potrebbe riuscire a catturare l'intimità del momento e il legame unico e diretto con l'Universo, ma neanche i dettagli che si presentano perfettamente esposti all'occhio. Non esiste sensore digitale che potrebbe neanche avvicinarsi alla dinamica della nostra vista che ora, qui, in questo preciso istante, sta dedicando una visione che continuerò a sognare la notte, per molte notti a venire.
Non esiste il problema dell'inseguimento, non ci sono nuclei bruciati da salvare, dark frame da applicare, flat field da inventare: siamo io e il cielo, senza filtri, senza ambasciatori, senza interpreti.
Scatto la mia personale e meravigliosa fotografia, strizzando l'occhio sinistro che cerca di compensare i movimenti inevitabili delle mie mani. Scatto imprimendo nella retina, trasferendo al cervello e poi rilegando ai meandri della mente e del cuore l'immagine più bella che abbia mai visto.

Trascorrono forse altri venti minuti o più, e io a fatica riesco a staccarmi da M42, osservata ininterrottamente: mai successo neanche con un telescopio di mezzo metro.
Decido di fare una pausa per riposare l'occhio, così ne approfitto per cambiare obiettivo.
Il fotografo ha a disposizione un invitante 50 mm f1.2 che mi piacerebbe provare, magari di nuovo su una delle due nubi di Magellano.
Me lo faccio prestare, sperando di non impiegare troppo tempo per la messa a punto e il centraggio, perché ho in mente di proseguire il tour appena iniziato. Solamente in Orione ho un'infinità di cose da vedere, o provare a vedere: la nebulosa Fiamma, l'impossibile Testa di Cavallo, M78, elusiva anche con strumenti generosi, la nebulosa Rosetta con la quale ho un conto in sospeso da un paio di giorni, poi le Pleiadi e la nebulosità, la Crab Nebula e tutto il cielo del sud, a cominciare dalle nubi di Magellano e 47 Tucanae.

Ho già l'acquolina in bocca.
Sento che sarà davvero una notte memorabile. Spero solo di aver abbastanza tempo e lucidità per dare un'occhiata a tutti i principali oggetti.
Completo, non senza un po' di fatica per la fase di messa a fuoco, il settaggio del nuovo obiettivo che non sembra essere di buona qualità.
Sono indeciso se puntare la grande o la piccola nube, ma è un'indecisione che dura giusto l'attimo necessario per individuare i nostri due satelliti galattici e comprendere che la Natura ha deciso per la grande nube, nascondendo dietro la cima della montagna già le propaggini più esterne della sorella minore.
Bene, che grande nube sia, anche se ormai di primi piani, ben più profondi e dettagliati, ne ho già scattati con l'85 mm.
Pazienza, mi serve per guadagnare un'altra mezz'oretta da dedicare al cielo.
Punto la galassia, questa volta visibile anche nello scuro mirino della reflex, serro gli assi della montatura, imposto la posa B, mi siedo di nuovo sulla coperta con una gamba piegata verso l'altra, che invece è rialzata e pronta per spingermi di nuovo a testa in su non appena il telecomando farà iniziare la ripresa.
Sto per scattare... ma vengo bruscamente fermato dal cielo che improvvisamente s'accende.
Un secondo, forse due, di luce via via crescente, come se uno di quei spaventosi road train avesse deciso di dirigere verso l'alto tutti i watt dei suoi quattro o cinque fari.
Non capisco cosa stia succedendo.
Quando tutto sembra tornare alla normalità, un immenso flash illumina a giorno il paesaggio, permettendomi di vedere distintamente i colori di tutto il panorama intorno, prima spegnersi e lasciarmi cieco per qualche altro secondo.
Ancora abbagliato, mi alzo di scatto urlando terrorizzato verso il fotografo che fa altrettanto, sovrastando la mia voce:
"Oh cazzo!!

Ma che cavolo era!?!?
Io non vedo più niente, tu riesci a capire che cazzo è stato!?"
Il panico dura un attimo; ma in quell'eterno momento l'istinto di conservazione ha preso il sopravvento sulla razionalità e mi ha fatto pensare alle ipotesi più assurde, tra cui quella di un aereo precipitato o un attacco missilistico.
Il dilatarsi del tempo ha abbracciato anche gli istanti precedenti e mi permette di ricordare perfettamente la direzione delle ombre e la provenienza del lampo, esattamente nella parte opposta a dove stavo osservando.
Riesco a ricordare l'altezza delle ombre e a capire, istintivamente (incredibile!) che il lampo deve essere avvenuto basso nel cielo.
Succede tutto in cinque, forse sei, secondi, decisamente meno di quanto sia necessario a raccontare la storia.
Mi giro e a colpo sicuro credo, sempre inconsapevolmente, di aver individuato subito la zona nella quale si è verificato lo scoppio.
Sto iniziando a comprendere cosa sia successo e tranquillizzo il fotografo in evidente stato di shock:
"Era un bolide, anzi, un meteorite bello grosso. Forse è arrivato anche in terra! Ma porca puttana che botto impressionante! Da far accapponare la pelle!"
Resto incollato a quella zona di cielo mentre silenzioso, forse per la prima volta nella sua vita, il mio compagno di viaggio non riesce a proferir parola.
So istintivamente che quel masso cosmico avrà sicuramente lasciato una scia in cielo; l'ho vista per qualche secondo con bolidi ben più piccoli.
Devo trovarla, ma ora che sta tornando lentamente l'adattamento al buio capisco che nella zona ci sono delle nuvole perché le stelle non si vedono.
Resto ancora più impressionato: se effettivamente c'erano le nubi e il flash era comunque così luminoso, probabilmente superiore a magnitudine -20, vuol dire che è venuto giù qualcosa

di veramente grosso che avrebbe potuto illuminare ancora di più il paesaggio!
"Eccola, eccola qui! Guarda poco sopra l'albero, si intravede una nuvola brillante!" Esclamo urlando e facendo uscire definitivamente quello che rimane della paura di prima.
"La vedi? È evidentissima, fa impressione!"
"Ma cos'è?" sibila con voce ancora tremolante e con le mani tra i radi capelli.
"È la scia lasciata dal meteorite che è entrato in atmosfera. Ha bruciato in parte prima di esplodere".
Mi accorgo che il cuore in gola e lo sconvolgimento della calma serata mi impediscono di spiegare degnamente il fenomeno, ma poco importa, perché tanto lui non sembra ascoltare.
Il sibilo della sua voce, che farfuglia parole che nulla hanno a che vedere con quanto ho appena detto, stride enormemente con l'eccitazione che traspare dalle mie parole sconclusionate e urlate: "hai visto che botto? Ma sei sicuro fosse un meteorite? E dove è caduto?"
"Si, certo che era un meteorite, è quello che si chiama superbolide; abbiamo avuto una fortuna sfacciata a poterlo vedere!"
"E dove sarà caduto?" continua a ripetere ancora in evidente stato confusionale.
"Non lo so, probabilmente, se lo ha fatto, molto lontano. Tieni presente che quando si accende la scia di solito si trova a circa 80 km di altezza e considerando che è a pochi gradi dal nostro orizzonte, potrebbe essere precipitato a più di 500 km di distanza!"
Non riesco a comprendere quanto sia angosciato dall'evento che per me, in questo contesto, rappresenta l'inaspettata sorpresa che rende ancora più straordinario l'incontro con la realtà del proprio sogno.
La scia ora è evidentissima e forma una specie di arco.
Ho paura che stia per sparire, così faccio un estremo tentativo di catturarla con l'obiettivo già impostato e pronto a scattare.

Una foto di 30 secondi non mette in mostra niente, se non una pesante sfocatura.

Provo a rimettere a fuoco, scatto di nuovo e nell'angolo vedo finalmente evidentissima la nuvola, che sul sensore ha un color arancio.

Le stelle, purtroppo, sono dilatatissime di nuovo; dovrei rifare la messa a fuoco e perdere altri preziosi minuti, probabilmente sufficienti per far scomparire questo inaspettato dettaglio.

Decido di rinunciare ad altre foto, tanto tra poco se ne andrà.

Torno sulla grande nube di Magellano, rimetto a fuoco, faccio uno scatto di 30 secondi ma le stelle sono ancora sfocate.

Non riesco a capire e mi sto innervosendo, perché ho già perso l'occasione per documentare un fenomeno più unico che raro.

Tra le nuvole gli alberi e le aberrazioni dell'obiettivo, risplende la scia del meteorite che ha illuminato la notte.

Rimetto a fuoco, scatto di nuovo ma ancora sfocato.

Chiedo aiuto: "Mi spieghi perché le stelle fanno così schifo?"

Viene a darmi una mano.

Prova a mettere a fuoco. Scatto... ma niente, ancora fuori fuoco!

Mi sto arrabbiando.
Mi giro verso la scia ed è inspiegabilmente ancora lì, sembra addirittura meglio visibile, perché intanto le nuvole sono magicamente scomparse.
Non mi arrendo, chiedo spiegazioni: "Mi dici perché fa così l'obiettivo? Pensaci te, altrimenti io lo lancio in aria!"
È palese che non siamo lucidi, perché la soluzione è sotto gli occhi. Lui, che a prescindere dal lato umano è un eccellente fotografo, ci arriva prima di me, sebbene mi regali una lezione di fotografia superflua quanto irritante, proprio ora che sto fremendo:
"Prova a chiuderlo un po', magari a f2 o più, perché questo è un obiettivo della serie S e di certo non è di prima qualità. In effetti è la stessa serie dell'85 mm, ma il prezzo molto diverso lascia già intuire che la qualità non può essere di certo equiparabile. Avrai un'immagine sicuramente più scura, ma le aberrazioni, che diminuiscono con la chiusura degli stop, dovrebbero ridimensionarsi notevolmente. Tanto la profondità di campo, fondamentale nelle foto naturalistiche, non ti serve sul cielo perché sembra tutto alla stessa distanza. Ci vorrebbe il telescopio Hubble per notare differenze di fuoco tra le stelle!".
MA CHI SE NE FREGA DI QUESTO MONOLOGO ORA, Vorrei urlargli in faccia, ma preferisco assecondare sinteticamente il suo ego: "si", "ah, si, capisco", "ah, grazie" "davvero? Non lo sapevo. Ora fammi provare!"
Finalmente riesco a impossessarmi di nuovo della strumentazione. Chiudo immediatamente l'obiettivo a f2 e qualcosa, punto la zona prima ancora di capire se la scia è visibile, scatto per non so quanti secondi, perché appena alzo gli occhi vedo questo arco di gas brillante circa come la piccola nube di Magellano, che si è vistosamente espanso.
Resto teso ancora un momento, giusto il tempo di chiudere l'obiettivo e vedere che la scia questa volta è rimasta ben impressa sul sensore, con le immagini stellari finalmente definite.

Non ho mai visto un meteorite in cielo lasciare una scia così imponente e ben visibile per oltre un'ora. Succede anche questo sotto un cielo perfetto, durante una serata perfetta.

Tiro un vento di sollievo, rilasso tutti i muscoli che senza accorgermene avevo contratto all'inverosimile e mi abbandono di nuovo alla contemplazione di questo irripetibile evento violento, eppure al tempo stesso silenzioso ed elegante.
"Guarda!" rivolgendomi al fotografo con tono di nuovo più meravigliato, " la scia è ancora ben visibile, si è espansa a dismisura e non sembra voler scomparire! Mai vista una cosa del genere, non credevo neanche fosse possibile!"
Anche il suo viso manifesta evidenti i segni del passaggio di testimone dalla paura alla meraviglia:
"Non avrei mai pensato di vedere qualcosa di simile, ma d'altra parte questo è un cielo che non ho mai osservato. Me ne rendo conto solamente ora, dopo una vita passata a Bologna. La gente dovrebbe vederlo almeno una volta nella vita!"
Per la prima volta da quando abbiamo iniziato questa avventura, riesco a trovare una corrispondenza tra le parole e il linguaggio del suo corpo. In questo momento è veramente colpito da quello che sta ammirando; le parole sono dirette ambasciatrici del suo cuore.
Non è più il commerciante senz'anima e pochi scrupoli che cerca di sfruttare la Natura per i propri, discutibilissimi, tornaconti. Ora è finalmente l'uomo che liberatosi dall'ambiente artificiale che si è creato, con somma fatica e grazie all'aiuto di un rarissimo meteorite, ha capito che il mondo, quello vero, è ben altra cosa.
Non so quanto durerà questa nuova sensibilità; spero possa protrarsi almeno per la notte, così riuscirò a godermi in santa pace questo idilliaco capolavoro.
Passano dieci minuti o più.
Continuo a seguire la scia, sempre puntato in basso tra le fronde degli alberi, in una zona che dovrebbe trovarsi tra Cassiopea e Perseo. Si è espansa e indebolita ma è ancora visibile a occhio nudo, sebbene con difficoltà. In fotografia, invece, regala ancora magia: si notano evidenti irregolarità e una colorazione arancio che l'occhio non può percepire.

Riprendo ancora altre due foto, poi quando l'adrenalina è scesa e l'arco, debole, non riesce a entrare più nel campo della reflex, decido di tornare al cielo che non conosco e di abbandonare questa porzione che per decenni non ho mai visto scendere sotto l'orizzonte.
Sono più calmo ma ancora non ho recuperato lucidità.
Mi sento confuso, spaesato, faccio fatica a decidere cosa fare; probabilmente sarà così per tutto il resto della nottata, che intanto ha compiuto il giro di boa da oltre un'ora e mezzo.
Della luce zodiacale non vi è traccia, o almeno non riesco a vederne, né a est, né a ovest.
Mi guardo attorno per controllare se verso l'orizzonte riesco a vedere anche una minima traccia di inquinamento luminoso, e non ho mai amato così tanto fallire.
Il cielo è davvero perfetto questa sera, ne ho una nuova conferma. È un incontaminato che evidentemente risveglia le nostre antiche origini animali, perché non riesco a stupirmi neanche della totale assenza di aerei. A dire la verità, ho trovato perfettamente normale non avvistare alcun puntino luminoso in movimento, sia esso dovuto a un aereo o a un satellite. Non ci avrei neanche pensato se non me lo avesse fatto appena notare il fotografo.
Che strano sedersi per la prima volta sotto un Universo che non abbiamo intaccato e sentirsi perfettamente a proprio agio, come se sotto questo tappeto immobile di stelle ci avessi trascorso secoli.
Mi sdraio sulla coperta, completamente priva di quella maledetta umidità che sempre accompagnava le lontane serate italiane, e per qualche minuto, in rigoroso e contemplativo silenzio, lascio sia il Cosmo a parlare.
Niente sembra poter interrompere il movimento della volta celeste, che a ben guardare sembra diventare percepibile nella regione attorno allo zenit, proprio dove sta transitando Sirio.
Più in basso, verso sud est, un chiarore sta salendo dall'orizzonte.

Ormai so perfettamente che non si tratta di inquinamento luminoso, né della luce zodiacale che dovrebbe trovarsi molto più a est.
Dietro le fronde degli alberi, accarezzate delicatamente dal vento, le stelle si divertono a giocare a nascondino. Brillano, scompaiono, scintillano tra le foglie silenziose, le uniche che riescono a smuovere questa fissa luce che ha viaggiato per migliaia di miliardi di chilometri.
Quel chiarore che tanto mi attrae sembra essere il cuore segreto della Via Lattea, una porzione che guarda di nuovo verso le regioni centrali e che quindi si addensa di nubi brillanti e serpeggianti vuoti cosmici, invisibile dall'emisfero nord.
Potrebbe essere una regione piena di sorprese, penso tra me e me; se non sbaglio dovrebbe custodire anche la costellazione australe per eccellenza: la croce del sud!

Difficile credere che sotto un cielo perfetto questa non è una fotografia a lunga esposizione ma quello che si può davvero vedere ad occhio nudo. Eppure è così, anzi, forse si può vedere anche di più.

L'idea di poter vedere un mito che mi porto dietro da anni, sin quando bambino l'ho vista sui libri di astronomia, mi eccita a tal punto che involontariamente mi alzo dalla coperta, e senza un'idea precisa in testa inizio a camminare. Solo dopo qualche secondo riesco a comprendere quello che la mia mente sta già mettendo in pratica, senza disturbarsi a informarmi: cercare di spostarmi quel tanto che basta per vedere distintamente se tra quelle stelle riesco a riconoscere l'inconfondibile croce.
Non so come sia orientata, né quanto sia luminosa ed estesa; di certo non controllerò sulle mappe: non voglio privarmi del gusto della scoperta!
Un paio di minuti, ma non mi sembra di scorgere alcunché.
Forse è ancora troppo presto, penso; in effetti, anche ieri sera era all'incirca la stessa ora e non ho notato niente di vagamente somigliante a quello che sto cercando.
Da uno spettacolo mancato, a un altro che non ho ancora notato coscientemente, ma che invece occupa buona parte del firmamento.
La Via Lattea estiva (invernale per noi) dal Toro al Cane Maggiore ha ormai raggiunto una grande altezza e si mostra molto più netta e incisa di un'ora prima.
Sono visibili costellazioni tipicamente australi, tra cui, credo, la Poppa, la Vela e la Carena.
Queste sono proprio le porzioni più brillanti ed evidenti, quelle che prima erano immerse ancora nell'effetto di estinzione causato dai maggiori strati atmosferici attraversati.
Da orizzonte a orizzonte, questo fiume latteo rende piena giustizia in pieno al nome coniato dalle antiche popolazioni. Senza conoscere discontinuità, scorre indisturbato aumentando di portata mano a mano che si avvicina all'orizzonte sud, sud-est.
Non posso resistere alla tentazione di scattare un mosaico.
Per un colpo di fortuna, il campo inquadrato con il 16 mm riesce a contenere nell'angolo in alto a destra anche la nube di Magellano.
Il quadro è completo: basta solo scattare e piangere dolci lacrime dal sapore di stelle.

E questa, sotto il cielo perfetto, è una fotografia che mostra la Via Lattea invernale dal Toro alla Carena. Esposizione? 5 minuti con 16 mm f2.8 e 1600 ISO.

Mentre i fotoni si accumulano indisturbati sul sensore, guardo verso nord per vedere se ci sia ancora traccia della scia di prima, ma non riesco più a scorgere nulla. Allora decido di sdraiarmi di nuovo e con il fido rifrattore riprendere il tour, prima bruscamente interrotto del cielo.
Incantato dalle bellezze del sud e dalla massima altezza sull'orizzonte della nube di Magellano, non posso non partire proprio da questa.
So già che all'interno mi perderò, soprattutto se saranno visibili le concentrazioni di stelle così evidenti nelle foto.
Appena riesco a puntarla, mi rendo conto di non aver ancora capito la vera potenza di un cielo nero.
La galassia, nonostante il piccolo ingrandimento, non entra più nel campo.
Un involontario sguardo d'insieme, concessomi dalle braccia tremolanti, mi fa intravedere quello che sospettavo: colori a parte, è una fotografia.
La barra centrale, più densa del resto della struttura, è un lungo sigaro granuloso che si estende da nord verso sud, quasi in verticale.

In alto, secondo la visione telescopica, un piccolo punto brillante e sfocato è l'inconfondibile sagoma della nebulosa Tarantola, uno degli agglomerati gassosi più imponenti dell'Universo.
Appare visibilmente irregolare e molto evidente, come se qualcuno avesse preso la delicatezza della nebulosa Rosetta, le bande della Trifida e ne avesse aumentato luminosità e contrasto di una decina di volte.

La nebulosa Tarantola al telescopio sembra uno screziato ammasso globulare non risolto.

È già perfetta così, visibile come nelle immagini che ho scattato con l'obiettivo da 85 mm, compreso il colore tendente all'azzurro-verde.
Ma la sorpresa più grande è stato scoprire, sempre involontariamente, la concentrazione di nubi stellari attorno alla barra principale.
La parte sud est, allineata alla sagoma della Tarantola, è la più impressionante, perché mostra ben visibili moltissime stelle e concentrazioni dall'evidente tonalità azzurra.
"Cavolo, questa si che è una galassia!" esclamo al fotografo anch'egli in contemplazione, "finalmente riesco a veder le stelle! È meglio di una fotografia, sono stampate lì, si possono contare, quasi toccare!".
Non riesco a credere ai miei occhi.
Si, razionalmente dovrebbe essere così: una galassia è fatta da stelle, quindi al telescopio si dovrebbero vedere. Ma dopo tutti i fiocchetti indistinti simili a sbiadite nebulose che ho osservato, non è facile far accettare alla parte del mio cervello che si basa sull'esperienza visiva, che le galassie sono fatte proprio come quella che ho davanti in questo momento!

Sotto un cielo perfetto, l'occhio regala emozioni di gran lunga superiori alla fotografia. Questa è la nube di Magellano vista attraverso il mio 80 mm.

Resto rapito dalla ricchezza di particolari di quest'oggetto esteso per pochi gradi, ma che in realtà contiene miliardi di stelle, migliaia di nebulose e ammassi stellari, magari anche pianeti che altrettanto, se non ancora più stupiti, si godono lo spettacolo dei bracci della Via Lattea che si espandono per tutto il cielo.
La mia visione potrebbe essere seconda solamente a questo immaginario e impossibile, almeno per me, scenario, ma penso che per questa volta potrei pure accontentarmi di quello che sto vivendo.
Se sostenere a mano il telescopio non fosse così faticoso, io qui ci resterei tutta la notte.
Approfitto del dolore al braccio destro per fermare le acquisizioni delle immagini, ormai più che sufficienti per il mio scopo.
Sposto l'inquadratura per contenere la parte nord della Via Lattea, da Sirio al Toro, e mi rimetto in silenziosa contemplazione a rimirar la grande nube di Magellano spazzolare silenziosa il cielo.

Mano a mano che passo tempo in mezzo a queste nubi stellari, emergono sempre nuovi particolari. Mi rendo conto che anche dopo anni di esperienza non si finisce mai di imparare e che gli oggetti nuovi richiedono sempre tempo e pazienza. Mai commettere l'errore di sentirsi troppo sicuri e spavaldi; il cielo non perdona chi smarrisce per strada rispetto e umiltà.
Non punisce con cadute e ferite, come possono fare alcuni ambienti naturali certamente più conosciuti, facendo implodere fino alla grandezza di una capocchia di spillo l'ego del presuntuoso di turno.
Io la lezione l'ho imparata più volte anche in questo viaggio, soprattutto la prima sera quando credevo fossero nuvole e mi ero rifiutato di scendere dalla macchina.
Così decido, senza fretta né presunzione, di studiarmi per bene la grande nube e immaginare di essere in una grande e instabile astronave che si sta avvicinando a una nuova isola di stelle completamente sconosciuta.
Il viaggio mi rapisce a tal punto che passa un'altra mezz'ora. Purtroppo il dolore fisico mi fa precipitare sulla Terra.
Fermo l'acquisizione delle immagini: ormai il mosaico è completo.
Do un'occhiata veloce verso sud est e il panorama è ancora cambiato, in un crescendo rossiniano che sembra non aver fine.
Prima di stupirmi di nuovo e perdermi con il telescopio, decido di parcheggiare qui la macchia fotografica fino a quando si scaricheranno le batterie, o l'alba deciderà di cacciarci.
Mi siedo sulla coperta e riprendo l'esplorazione con lo scomodo monocolo, questa volta andando a spasso tra il chiarore degli astri che già a pochi gradi dall'orizzonte sono più brillanti di qualsiasi stella abbia mai visto dalla mia lontana terra.
La visione, neanche a dirlo, è sublime.
Quel bianco fiume latteo perfettamente stagliato a occhio nudo, ora sembra un gigantesco oceano nel quale mi trovo perso a bordo di una piccola barchetta.

Ma contrariamente alle nostre acque irrequiete e pericolose, io a remare qui in mezzo mi trovo perfettamente a mio agio.
A colpire di più è il contrasto, cospicuo, tra le abbondanti nebulose oscure e le brillanti zone adiacenti.
La densità di stelle è così elevata che sembra disegnino in modo continuo i tratti di strani animali acquatici: snelli serpenti, panciute anguille, enormi pesci palla perfettamente rotondi, o piccoli ciottoli che si intravedono sul fondo di questo oceano latteo.
Mi spingo sempre più verso l'orizzonte sud, fino a sfiorare le fronde degli alberi e a un certo punto, inaspettatamente, nel mezzo della traversata oceanica incontro la sagoma brillante e inconfondibile di quella che sembra essere un'estesa nebulosa a emissione. L'ammiro per qualche secondo cercando di non soffrire troppo il mal di mare. Riesco a notare distintamente diversi dettagli, tra cui la forma schiacciata e almeno tre bande scure disposte a circa 120°, anche queste simili ai dettagli della Trifida, ma decisamente più evidenti.
Questa nebulosa deve essere qualcosa di grosso e importante, ed è così brillante da risultare sicuramente visibile a occhio nudo.
Abbasso lo strumento e in meno di un secondo riesco a identificare poco sopra l'orizzonte l'inconfondibile fiocchetto nebuloso, che ho involontariamente puntato nel mio navigar senza meta.
La forma leggermente schiacciata

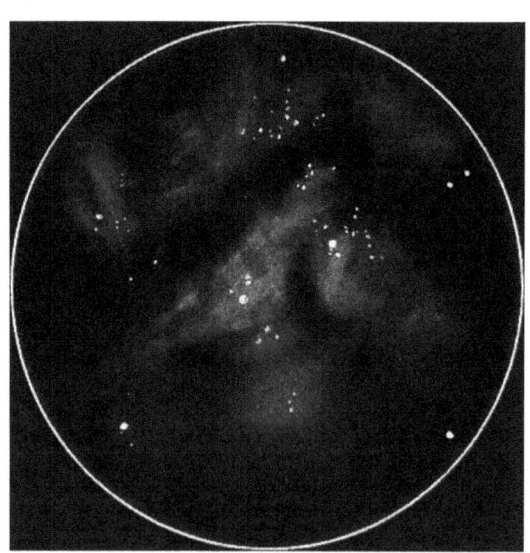

Eta Carinae esplode di dettagli in visuale...

in direzione est-ovest è evidente. È molto estesa, almeno un grado e si mostra relativamente uniforme quanto a distribuzione di luminosità, al contrario di M42 che invece è molto più brillante al centro.
L'unica spiegazione che mi può venire in mente è che si tratti della famosa Eta Carinae, una stella gigantesca che sta espellendo con violenza parte del gas di cui è composta.
La conosco di fama, ma ho sempre pensato fosse un oggetto telescopico, invisibile a occhio nudo; possibile che invece sia così evidente, al punto da rivaleggiare con M42?
Non so darmi una risposta certa, ma razionalmente non sembra esserci altra spiegazione.
Contento per questa grande scoperta personale, sorrido e torno, orgoglioso di me stesso, a puntare quest'affascinante oggetto che tra poco, sicuramente, fotograferò.
Mi rilasso altri dieci minuti sdraiato.
Do un'ultima occhiata anche a M42 per capire similitudini, poche, e differenze, tante, e per fissare meglio i ricordi nella mia mente, affinché le immagini mentali scattate di questo enorme uccello cosmico non vengano più dimenticate.
Alla fine passa forse più di mezz'ora, perché l'orologio segna ormai le 3:30 del mattino.
Orione sta iniziando a scendere e Eta Carinae è ancora più evidente ora che ha guadagnato altri dieci gradi sull'orizzonte.
Guardo a est e vedo il Leone salire tutto storto.
Capisco che la Luna ormai sta per sorgere e mi sembra già di intravedere un leggero chiarore.
È quasi giunto il momento di andare, ma prima mi faccio prestare l'85 mm per immortalare Eta Carinae.
Il cielo si sta facendo mano a mano più chiaro, al punto che comunico al fotografo la mia intenzione di tornare in hotel.
Peccato, pensiamo entrambi trovandoci per la prima volta con uno sguardo sincero: non siamo affatto stanchi e avremmo potuto continuare per altrettante ore senza patire freddo, umidità, sonno e noia.

...Proprio come una fotografia di 5 minuti effettuata con un obiettivo di diametro simile. Trascurando i colori, sotto un cielo perfetto l'occhio vede come e forse più della fotocamera.

È veramente il posto perfetto per osservare.
Non solo il cielo cristallino e incontaminato, ma anche un clima ideale. Non una goccia di umidità si è posata sulla coperta o sulla fotocamera ormai fuori da quasi quattro ore. La temperatura non è calata più di tanto, al punto che si sta benissimo ancora in maniche corte e pantaloncini.
Non abbiamo avuto brutte sorprese di strani animali o movimenti sospetti, né il disturbo di altri visitatori umani.
Questo terrazzo sull'Universo è stato nostro, completamente nostro per l'intera nottata, che ci ha regalato sorprese inaspettate ed eventi che di certo sarà difficile rivedere in un contesto così magico.
La notte perfetta è ormai agli sgoccioli.
Eta Carinae sul sensore appare estesa e dettagliata, proprio come all'oculare del mio telescopio sorretto a mano; cambia solamente il colore, ma sinceramente non ne sento la mancanza.

Smontiamo tutto e ritorniamo verso l'hotel trovandoci ad aspettare una flotta di canguri che attraversano la strada e occupano il nostro parcheggio.

Uno spicchio di Luna fa capolino per pochi secondi tra nere e spesse nuvole.

Guardo dal vetro della macchina questa sottile falcetta che sale al contrario e non posso trattenere l'emozione per quello che sarà tra ormai appena tre giorni.

Un sogno grandissimo appena vissuto, sta preparando le basi per la realizzazione di un altro altrettanto grande che troverà, ne sono sicuro, realizzazione da qualche parte in questo immenso continente.

Sorprendente, inaspettata, improvvisata, questa notte senza nuvole ha consacrato indissolubilmente l'amore tra me e l'Universo, consegnandogli quel briciolo di razionalità che fino a questo momento le luci artificiali avevano precluso.

Ora so perfettamente spiegare il mio amore per le stelle e il cielo stellato; non è più solo un legame che si sente ma non si sa spiegare. No, non più: il cielo stellato è semplicemente uno spettacolo troppo grande per non poter essere amato. Solamente se non lo si vede, se lo si tiene lontano dagli occhi, può rimanere lontano dal cuore di chi, indaffarato dalla vita e sovrastato dalla luce, ignora ancora che perdita sarebbe se trascorresse la propria esistenza ignorando l'Universo sopra le proprie teste.

È una manifestazione di perfezione, grandezza, potenza ed eternità troppo grande per non essere ammirata almeno una volta nella vita, non importa se con coscienza o semplicemente con la voglia di stupirsi davvero per la prima volta.

Perché basta semplicemente spegnere le luci e alzare gli occhi al cielo.

Noi siamo parte di questo Universo.

Noi siamo pezzi di stelle che hanno deciso di aggregarsi per celebrare con l'autocoscienza la perfezione di un Cosmo, che può permettersi il lusso di guardarsi allo specchio compiaciuto del proprio lavoro.

Ritorno alla pioggia

Tre, forse quattro ore di sonno agitato, che per la prima volta vedo come un qualcosa di superfluo, sono più che perfette per non perdere troppo tempo.
La mattinata è iniziata con il cielo finalmente sereno come mai mi è capitato di vedere.
Sono le 9 di mattina e la temperatura si aggira già sui 30°; si prospetta una giornata infuocata, ma non solo per il clima rovente che io comunque amo, soprattutto se estremamente secco, piuttosto perché mancano due giorni e una ventina d'ore all'eclisse, che da quando ho aperto gli occhi è diventata ormai il mio unico pensiero.
Libero nella mente dalla ricerca del cielo memorabile, ora posso dedicarmi anima e corpo alla preparazione della mattinata del 14 Novembre. È un appuntamento troppo importante per poterlo mancare, proprio ora che ho attraversato mezzo pianeta e ci sono così sorprendentemente vicino.
Salutiamo velocemente questo minuscolo accampamento umano, che definire paese sarebbe troppo sia per l'estensione che per il modo in cui si è perfettamente adattato all'ambiente circostante e ci dirigiamo, di certo non con me alla guida, di nuovo verso la costa. L'itinerario di oggi prevede di tornare a Cairns per il primo pomeriggio al massimo.
Dopo aver salutato di nuovo gli abitanti che curiosi, e alla fine simpatici e cordiali, ci hanno accompagnato in questi due stupendi giorni fuori da quella che alcuni chiamerebbero "civiltà", aspetto impaziente il ritorno del segnale del cellulare lungo la strada polverosa, per dare un'occhiata alla previsioni meteo per dopodomani e casomai organizzare la fuga alla caccia dell'eclisse.
Pochi giorni prima di scomparire mi ero sentito con un altro appassionato di Parma che ha circa la mia stessa età; un cacciatore d'eclissi che ha portato fin qui anche i genitori, convincendoli che uno spettacolo come quello che lui ha già visto 3

volte non è qualcosa che possiamo perdere nel corso della vita, appassionati o meno che siamo.
So perfettamente però che il segnale tornerà solamente a pochi chilometri dalla costa e l'attesa potrebbe essere lunga.
Privato dell'emozione della guida su queste strade polverose, un altro sogno che volevo realizzare da quando ero bambino e immaginavo di attraversare il deserto australiano a bordo della mia jeep, in spasmodica attesa del segnale, rattristato per lasciare sicuramente il luogo migliore nel quale sia mai stato in tutta la vita, mi accascio sul sedile del passeggero e mi chiudo nel mio personalissimo e tristissimo mondo.
Vedo scorrere mano a mano le mucche e i canguri che ora hanno il sapore dell'addio, cosciente che questi luoghi ora così vicini e reali, probabilmente non li rivedrò più per il resto della mia vita. E questo non è di certo l'addio che avevo immaginato, impotente su uno scomodo sedile mentre, uno vicino a me, credendosi il sommo custode del sapere, si è preso l'unico vero divertimento durante il giorno: la guida. Se ne è impossessato violentandomi psicologicamente e distruggendomi l'anima a tal punto che, con la testa bassa e il cappello a coprire il viso, mi lascio andare in un pianto disperato che aumenta mano a mano che questa strada si fa via via meno polverosa.
Sono cosciente che nessuno potrebbe capire il mio stato d'animo e questo mi rattrista ancora di più, perché impotente vedo l'avventura sognata venir portata via senza la minima pietà.
Giunti ormai all'incrocio nel quale due giorni fa abbiamo trovato le preziose indicazioni del ragazzo cacciatore /cow boy, decidiamo di proseguire secondo il piano originale e imboccare l'altra strada che ci avrebbe avvicinato alla costa, ma regalato la visione di luoghi nuovi.
Non abbiamo fatto però i conti con le condizioni del manto stradale. Segnalata sulle nostre mappe digitali come una strada importante quanto la Developmental road percorsa all'andata, si rivela essere subito poco più che un sentiero in

terra battuta pieno di curve, buche e pericolosi ciottoli appuntiti, letteralmente scavato attraverso la grulla e secca vegetazione. È un incubo.
Non per la strada in se, che per il mio punto di vista rappresenterebbe l'apoteosi dell'avventura, ma per il modo in cui l'inadatto guidatore l'affronta.
Dopo pochi chilometri a bassa velocità e con prudenza, si fa prendere dal panico e da un'ingiustificata ansia di concluderla il prima possibile.
Contro ogni istinto di buon senso e conservazione, decide, in evidente carenza di ossigeno al cervello, di accelerare all'impazzata per ridurre il tempo dell'attraversata.
Ed è sicuramente la cosa più stupida e pericolosa che si possa fare a bordo di un'utilitaria, nel mezzo del nulla, a 50 chilometri dal centro abitato più vicino, a corto di acqua, senza cibo e la possibilità di contattare qualcuno in caso di necessità. Tra le buche, i pietroni e i ciottoli sparsi, la nostra piccola utilitaria, spinta a oltre 80 km/h, sobbalza paurosamente, sbanda più di una volta portando via rami, investendo, fortunatamente solo con lo specchietto di sinistra, pali e segnali stradali.
Mentre la giornalista in panico cerca di far ragionare il pazzo alla guida, che a quanto pare è completamente andato perché fa esattamente il contrario di ciò che gli viene prima sussurrato, poi urlato, io resto con il cappello sulla faccia chiuso nel mio mondo, sperando, con un briciolo di incoscienza, che succeda qualcosa alla macchina per colpa della guida scriteriata di questo povero uomo, che dall'alto della sua incoscienza si è permesso per due giorni di rompere le scatole a me, perché nelle discese lasciavo la marcia invece di andare in folle. Perdonatelo perché non sa ciò che dice. Non sei su una strada asfaltata sicura come quelle italiane, sei in mezzo alla savana, la sicurezza e la prudenza vengono prima del presunto risparmio di due gocce di carburante!
Passano interminabili minuti e il mio ipad indica che siamo ancora a metà strada. Mancano probabilmente una trentina o più

di chilometri prima di arrivare al primo paese e, presumibilmente, all'inizio di una strada migliore.
La guida è sempre più agitata e pericolosa.
Oltre alla velocità, non riesce più a evitare gli ostacoli e a comprendere quando e come frenare. Un paio di volte due profonde buche prese in pieno mi fanno pensare, e sotto sotto sperare, di aver spaccato una ruota, o addirittura il cerchione. Se fosse così saremmo probabilmente in forte pericolo. Proprio due settimane fa da queste parti due turisti sono morti di caldo dopo aver rotto la propria auto e nel tentativo di colmare a piedi i 16 km che li separavano dal paese più vicino.
Lo so io, lo sa anche lui, perché questa storia ce l'ha raccontata ieri la ragazza tedesca del bar.
Non so per quale motivo assurdo conoscere questa vicenda lo abbia spinto a mettere ancora più a repentaglio le nostre vite. Sarebbe sufficiente affrontare a 40-50 km/h la strada, stare attenti ai solchi e alle buche e non correremmo alcun rischio.
Mano a mano che procediamo, sento sempre di più il peso della mia vita in pericolo e meno la rabbia per avermi privato della guida.
A un certo punto sulla destra, in uscita da una curva fatta di traverso, si apre di fronte a noi un'oasi di salvezza: un laghetto e poco più avanti un punto di ristoro. Colui che guida, al quale vorrei regalare tanti epiteti poco simpatici, accosta la macchina e scende per riprendere fiato.
Io decido che se voglio arrivare al giorno dell'eclisse, devo prendere in mano la situazione:
"Mi dici che ti succede? Hai fretta di farci ammazzare?"
"Perché, vado forte?"
"Ma ti sei accorto che più volte hai rischiato di spaccare tutto e hai anche tirato via un palo a lato della strada?"
"Dici? Ma sono andato piano!"
"Piano per un aereo, forse; non te ne sei neanche reso conto di quanto abbiamo rischiato? Che t'è preso?"
"Niente, ho un po' d'ansia e voglio finire la strada prima possibile per stare meglio. Non ce la faccio più"

211

"Siediti di là, ora guido io!" esclamo arrabbiato e deciso come mai mi è successo.
"Ma no, non c'è bisogno, voglio terminare questa strada" prova a esclamare, confermando il fatto che lui non si è affatto reso conto dei pericoli a cui ci ha gratuitamente sottoposto.
"No", intervengo io a pochi centimetri dal suo viso, "Non hai capito niente. Non era una proposta, è una decisione. Io non mi sento tranquillo con te alla guida e poiché vorrei vivere, ritorno a guidare per salvare il culo che a te non sembra star a cuore. Altrimenti io resto qui e aspetto un passaggio!" In silenzio, come al solito, si allontana e si siede al posto del passeggero.
La giornalista sente la sua vita già decisamente più al sicuro e me lo dimostra con una mano sulla schiena e un "grazie, sei un salvatore" all'orecchio che mi ha fatto venire i brividi.
Entro nell'auto, di nuovo al posto di guida, e mi sento istantaneamente un'altra persona. Non tranquillo perché cosciente di essere lucido e di portare tutti sani e salvi a casa, ma perché sono riuscito a riprendermi finalmente quello che questo essere, mai uscito dalla propria città, ha avuto la presunzione di strapparmi via mettendoci tutti in pericolo, a causa di un miscuglio nauseabondo di invidia e presunzione.
Sistemo il sedile, accendo l'auto, lo guardo e gli intimo:
"Io guido ma non voglio sentire una mosca a volare. Non ti azzardare a dirmi come guidare perché fermo la macchina e giuro che ti faccio scendere. Neanche mia madre si permette di dirmi cosa fare, da quando ho 12 anni!".
Questa volta risponde spaventato e impallidito a causa della forza delle mie parole:
"ma io ti davo solamente dei suggerimenti su come risparmiare carburante. Comunque, ok, se ti da fastidio non dico più nulla"
Gli rido in faccia e gli rispondo con tono ancora più arrabbiato:
"risparmiare carburante? Tralasciando il fatto, poco importante direi, di aver messo seriamente in pericolo le nostre vite, ti sembra di aver risparmiato carburante se in 30 chilometri hai

consumato più benzina di quanta ne sia servita per farne 200 con me alla guida? Ti sembra sensato affrontare una strada stretta e sterrata in folle invece di usare il frenomotore? Credi davvero di consumare meno mettendo la quarta a 30 km/h in salita e la quinta a 50 km/h? Ma che ti dice la testa?"
Mi sono sfogato.
So forse di aver esagerato e tra qualche minuto probabilmente mi sentirò in colpa, ma questo è davvero quello che pensiamo, io e l'altra.
In silenzio abbassa la testa, comincia a far qualcosa con le mani in segno di evidente difficoltà.
"Bene, partiamo allora e cerchiamo di arrivare alla meta sani e salvi!" concludo il mio sfogo ingranando la prima e affrontando i successivi 10-15 km, forse più brutti dei precedenti, con la prudenza e il buonsenso che richiedevano.
Non so se in una situazione difficile come questa, da un'altra parte del mondo, sarei stato così tranquillo e sicuro delle mie capacità. Non sento affatto agitazione, angoscia, pericolo. E non è una specie di pazzia di riflesso, piuttosto una sensazione di tranquillità che viene da dentro, che mi fa sentire perfettamente a mio agio su questa strada impercorribile e in mezzo alla natura incontaminata.
È il luogo che mi sembra di conoscere da sempre e di aver già affrontato molte altre volte; è l'Australia, quella vera, che sento di avere nel sangue pur non avendola mai vista prima.
Sentirsi perfettamente a proprio agio in una condizione totalmente estranea rispetto alla nostra esperienza non è pazzia, è semplicemente la consapevolezza di appartenere, da sempre, a questi straordinari luoghi.

Sani e salvi ritroviamo la strada pulita e asfaltata dopo una quindicina di chilometri. Io, invece, mentre loro si tenevano al sedile durante le ultime fasi della traversata, ho velocemente ritrovato il sorriso e la voglia di proseguire l'avventura più carico che mai.

Con l'inizio della strada, anche gli altri due ricominciano a respirare e capire a cosa siamo sopravvissuti, nonostante qualcuno avesse cercato di ucciderci in tutti i modi: 69 chilometri di strada in terra battuta percorsi con una piccola utilitaria con la quale non avremmo mai dovuto farla (così ci disse il noleggiatore e così è scritto nel contratto), rappresentano per me un piacevolissimo record che soddisfa pienamente il senso di avventura che cercavo in questi straordinari e pericolosi luoghi.

Herberton segna la nostra salvezza dalla stupidità del mio compagno di viaggio.

L'arrivo nel primo paesino, Herberton, è salutato da parte mia con discreti festeggiamenti per la ripresa del segnale della sim australiana.
In nessun altro momento avrei sentito la mancanza del cellulare, con cui ho un rapporto di odio e poco amore, ma questa volta l'occasione è troppo importante.
Subito invio un messaggio a Marco, per informarlo di essere di nuovo raggiungibile e per sapere se ha novità per l'eclisse.
Senza alcun impegno, prima di sparire all'interno c'era l'ipotesi di organizzarci per vederla insieme, presumibilmente dalla co-

sta. L'incertezza delle previsioni meteo ci aveva tenuto con il fiato sospeso e convinto ad aspettare fino a 48 ore prima.
Conosco Marco di fama; lui è un grande appassionato di astronomia sin da bambino, nonché autore di un bellissimo libro sulle eclissi e ottimo divulgatore. Non so però che persona sia, né che aspetto abbia, se non per sommi capi attraverso le poche immagini sul suo profilo Facebook.
Memore della scottatura appena presa andando a fare la vacanza della mia vita con due persone di cui non sapevo nulla e che poi, soprattutto una, mi hanno regalato delusioni cocenti, sono un po' restio a lasciarmi convincere.
Sarà meglio fuggire e veder l'eclisse con un altro gruppo sconosciuto, restare nella ormai conosciuta mediocrità, oppure far tutto da solo come sempre sono abituato a fare?
Sono indeciso tra la prima e la terza opzione, scartando subito la seconda. Spesso si dice che chi lascia la strada vecchia per quella nuova, sa cosa perde ma non ha idea di cosa trova.
Ho sempre creduto che questa frase sia una delle più grandi stronz...e mai concepite dalla mediocre e paurosa mente umana. Se tutti facessero in questo modo, nessuno sarebbe felice e probabilmente ci troveremmo ancora a trovare il modo per non prendere la tubercolosi mangiando la carne cruda.
Sicuramente, quindi, farò qualcosa di diverso, anche perché secondo il diktat del fotografo, loro andranno sulla costa insieme agli aborigeni, anche se dovesse arrivare un uragano.
Non ho idea di cosa dicano le previsioni, ma ormai mi sento di conoscere molto bene il luogo, sia la costa che l'interno. So quindi perfettamente che da Cairns o Port Douglas sarà quasi impossibile vedere l'evento della vita. Certamente si avranno tante più possibilità quanto più all'interno mi spingerò.
Dopo una breve visita a questo paesino che sembra appena costruito, tanto è pulito, nuovo ma anche finto e un po' inquietante (ci sono chiese e strane croci ovunque e nessun essere umano in giro per le strade), ci rimettiamo in macchina su mia insistenza e proprio nel frattempo ricevo il messaggio di Marco che dice di vederci appena possibile.

Rispondo di essere a Cairns da domani sera in poi. Ci accordiamo per vederci per una birra post cena e fare il punto della situazione.

Altri 15 minuti di macchina e arriviamo a un paese più grande: Atherton, situato proprio nella zona di transizione tra il secco clima dell'interno e gli influssi umidi della costa tropicale.
Decidiamo di fare qui una sosta un po' più lunga e magari trovare qualcosa da mangiare, perché lo stomaco inizia a sentire l'ora del pranzo. Sono le 12, penso osservando di nuovo l'ombra sparire sotto ai miei piedi; meglio fare uno spuntino.
Con la solita calma che io non condividerò mai, gli altri pensano prima di recuperare il tempo perso lontano dalla tecnologia.
Con fatica riesco a convincerli di mangiare.
Naturalmente niente ristorante: troppo costoso un pranzo a meno di 20 dollari: sia mai! Meglio comprare qualcosa di pronto, come un pollo arrosto, e mangiarlo come barboni seduti sotto il Sole cocente di un tavolo ai bordi di un parco, lungo la strada. Un'altra grande idea!
Dopo un'oretta ripartiamo e in 15 minuti giungiamo nella regione dei laghi, in un paesino dal buffo nome: Yungaburra.
L'ambiente è diverso e un po' triste. Siamo decisamente tornati sul pianeta Terra. Una tipica località turistica super attrezzata, ancora ai margini della foresta, con ampi spazi verdi tirati a lucido per le gente di età avanzata che trova qui un'ottima occasione di riposo.
Dopo l'avventura passata nell'Australia vera, mi sento fuori luogo e privo di alcuna emozione.
Troviamo un alberghetto nel quale dormire.
Finalmente ho un letto singolo tutto per me. Non ci posso credere! Questa sera si riposerà, anche perché il cielo non sarà più di certo quello lasciato laddove ora risiede anche un pezzo del mio cuore.
Il tramonto in riva al grande lago Tinaroo è estremamente suggestivo, perché illuminato da compatte nubi filiformi che acquistano colorazioni dinamiche ed estremamente variegate.

Un suggestivo tramonto questa volta rappresenta l'atto finale di un cielo che non ha più niente da dire, perché nascosto dalle luci e dalle nubi. Sento già la nostalgia impadronirsi di me...

Seduto su una panchina, mentre il fotografo si interessa del lato commerciale cercando di riprendere un time lapse che non vedrà mai la luce, controllo le previsioni meteo per la mattina dell'eclisse.
Tutti e tre i siti confermano la copertura nuvolosa e l'elevata probabilità di pioggia.
È la certezza di cui, purtroppo, avevo bisogno. Rivolgendomi alla giornalista do voce ai miei pensieri:
"Come puoi notare, sarà difficilissimo vedere l'eclisse, quindi io sicuramente cercherò di andarmene verso l'interno per avere maggiori possibilità. Non so se da solo o con gli altri di Parma, ma qui non ci resto e dagli aborigeni non vengo".
Mi risponde in modo deciso, fin troppo: "Fai bene; devi fare tutto quello che puoi per vedere l'eclisse. Vai, fuggi nel deserto, basta che almeno tu riesca a vederla!".
Resto stupito dal tono delle parole; lei che fino a tre giorni fa aveva forti perplessità, insieme al fotografo, sull'opportunità di

separarci, ora sembra incoraggiarmi e proiettare su di me un suo desiderio. Lo capisco e allora la invito, in modo sincero, a unirsi a me:
"Scusa, sei arrivata fin qui anche te, perché non vieni con me all'interno per cercare di vederla? Se resti lì non la vedrai; e quando ti ricapiterà un'occasione simile?".
L'espressione del suo viso si tinge di tenerezza, così come le parole: "Non sai quanto vorrei, ma non posso. Tu alla fine sei l'astronomo indipendente che è venuto qui per questo, io invece sono stata assunta, senza stipendio, da lui e non posso abbandonarlo, anche se non sai quanto vorrei mandarlo a quel paese!".
"Che succede?" domando capendo che forse ha bisogno di sfogarsi.
"Quello che succede a te, solo che io fino a ora l'ho mascherato meglio" Una piccola pausa, poi straripa:
"Non ne posso proprio più di lui, dei suoi modi irritanti, della lentezza, della totale indifferenza con la quale ci tratta, delle balle... Noi non siamo i suoi assistenti, come va a dire in giro; io non sono schiava di nessuno! E poi, vuoi sapere una cosa? Mi raccomando non la dire a nessuno però!"
"Dimmi pure", la incalzo incuriosito.
"Ieri sera quando sei andato a fare jogging con la ragazza tedesca, improvvisamente, visibilmente innervosito, ha preso la macchina fotografica ed è uscito per vedere se vi trovava e per capire cosa stavate facendo. Non riusciva a darsi pace, mi chiedeva se vi sentivo, se sapevo dove eravate. È uscito e rientrato un paio di volte, senza trovarvi!"
Resto sorpreso, ma neanche più di tanto, perché ho capito che tra la lunga lista di difetti ha anche quello, enorme, dell'invidia.
Lui, fotografo professionista, bello come il Sole (nel senso che non si riesce a guardare!), elegante, con savoir faire, fascino e fama, è stato scartato da una donna in favore del suo sottoposto, una mezza cartuccia silenziosa che si veste sempre allo stesso modo e non fa altro che pensare al cielo.

Racconto alla giornalista tutto quello che mi ha detto la ragazza in merito al fotografo, compresa la frase: "Io pensavo fosse gay, è chiaramente gay!" che mi ha ripetuto due volte mentre correvamo.
Scoppiamo a ridere entrambi, consci di aver definitivamente trovato un nemico comune che ci avvicinerà molto in questi giorni; una vicinanza che speriamo ci aiuterà a superare i tanti momenti delicati che ancora ci aspettano e tornare a casa al più presto. Si, perché una parte di me non vede l'ora di tornare per liberarsi di lui. Non l'avrei mai detto, né pensato durante un viaggio, soprattutto in Australia, eppure è così; lui sta riuscendo a rovinare il viaggio dei miei sogni.
Tanto per rimanere in tema, dopo aver frugato in macchina, si dirige verso di noi con un foglio e ci dice:
"Questa è la mappa che mi ha dato lo zio il giorno dopo essere arrivati. Se volete programmare l'itinerario da seguire dopo l'eclisse, fare pure".
Apriamo questa mappa cartacea e subito noto una cosa che mi fa salire il sangue alla testa:
"Guarda" mi rivolgo alla giornalista: "qui le strade sterrate sono segnalate con delle linee tratteggiate. Se ce l'avesse data prima avremmo saputo dei 69 km di sterrato che ci aspettavano questa mattina! Io non ho parole..."
Non so se lei risponde o meno perché io, come un vero australiano del deserto, sono impegnato a chiamare con un fischio e urla quell'essere in riva al lago.
Si avvicina e poi gli domando: "Ma questa mappa dove ce l'avevi?"
"Era con me, nella borsa della mia roba"
"Quindi era con noi tutto il tempo, vero?"
"Si, certo!"
"Ma perché non ce l'hai detto? Perché non l'hai tirata fuori invece di usare le mappe precaricate e a bassa risoluzione dell'I-pad? Vedi? Qui le strade sterrate sono segnalate, ci potevamo evitare il calvario di questa mattina!"

In silenzio l'unica cosa che riesce a dire, con totale menefreghismo è questa: "Non c'ho pensato, ma tanto, ormai, che te frega?"
Prima ancora di poter ribattere se ne va di nuovo: meglio per lui.
Mi rivolgo alla giornalista, allibita e senza parole e le dico: "O lo ammazzo o me ne torno a casa subito". Il suo annuire accentuato mi fa capire di non essere solo, ma rappresenta una magra consolazione che calma solo in minima parte la feroce arrabbiatura.
Scende la notte su un pomeriggio noioso e una serata che promette di esserlo altrettanto. Nuvole e quello che resta delle stelle, che in questo posto si rifiutano di splendere, si spartiscono il cielo. Io assonnato, deluso e arrabbiato ben presto, dopo la cena in un pub, crollo sul letto e recupero un po' di sonno arretrato che ora, senza lo spettacolo dell'Universo ha bussato violentemente alla mia porta.

La mattina arriva presto.
Due giorni all'eclisse.
Sono le 9 e secondo il nostro itinerario ci aspetta l'esplorazione dei numerosi laghi di questa regione.
Facciamo colazione, liberiamo la camera e con calma cominciamo il nostro tour, fino a quando il fotografo decide autonomamente di regalarci un pomeriggio del quale avremmo volentieri fatto a meno: ha chiamato uno dei suoi contatti della comunità aborigena di Yarrabah e si è fatto dare appuntamento per una visita oggi alle 14.
Con tutta la calma del mondo e con quell'aria spocchiosa così fastidiosa, ce lo comunica come un'informazione di servizio alla quale noi, miseri assistenti, possiamo solamente dire di si.
Io non ci sto: "Io non ci vengo".
Anche la giornalista la pensa come me, ma non può tirarsi indietro e si limita a esporre garbatamente qualche perplessità, che il fotografo certamente ignora dall'alto della sua irritante superiorità.

A questo punto i tempi sono molto stretti, forse troppo, perché l'albergo da questa sera e fino al 15 mattina lo abbiamo, anzi, l'ho trovato pochi giorni fa, a Trinity Beach, località balneare 25 km a nord di Cairns.
Capisco di non avere altra scelta e di rinunciare, di nuovo, a un pezzo d'Australia.
Oltre a tutto il denaro speso inutilmente per un soggiorno improvvisato (solo il volo da Sidney a Cairns e ritorno è costato 508 euro invece degli 80 di un mese fa), non stiamo vedendo nulla! Di Sydney, in sei giorni, non abbiamo visitato niente se non l'Opera House dall'esterno, passando giornate intere in ostello cercando di programmare una vacanza che, mi era stato assicurato da lui, era già perfettamente organizzata.
Ora con la sua lentezza esasperata, l'invadenza dello zio e questa fissa degli aborigeni, rinunciamo a tutti i luoghi che un soggiorno di 23 giorni ci avrebbe invece consentito di visitare.
Abbiamo rinunciato a Melbourne, all'Eyes Rock, a percorrere la famosa Savanna Way e spingerci nel vero outback, poiché per fare 150 km abbiamo impiegato, grazie alle continue soste fotografiche, oltre 6 ore. Ora stiamo rinunciando anche alle briciole rimaste, di nuovo per assecondare i suoi porci comodi.
Non ce la faccio proprio più, non so se resisterò fino al termine del soggiorno. Vorrei fuggire e scappare per conto mio, ma non so come fare: non si trova più un'auto a noleggio nel raggio di 300 km, né un posto letto.
Mi arrendo di nuovo ai suoi comodi.

Dopo aver visitato per due minuti altrettanti laghi, torniamo verso la costa e l'appuntamento con gli aborigeni.
Pochi chilometri e il paesaggio cambia definitivamente.
La strada inizia a inculcarsi attraverso le strette vie scavate nelle montagne. Il bosco ridiventa improvvisamente giungla, l'umidità schizza a livelli così alti da appannare il parabrezza sul lato esterno e poco dopo grigi nuvoloni fanno capolino dal nulla rovesciando una pioggia insistente che ci portiamo fin quasi alla sottostante e pianeggiante costa.

Strade che franano, nuvole e pioggia: bentornato nella piovosa e chiassosa (di certo non per gli animali) giungla.

Eccoci ritornati nello schifoso ambiente umido e piovoso; non mi sei mancato affatto, penso tra me e me cercando un sostegno che non trovo nelle espressioni dei miei compagni di avventura, ormai in apprensione per il ritardo con cui si sarebbero presentati dagli aborigeni.
Un'altra mezz'ora di auto e siamo già nei pressi della comunità aborigena.
Il resto, sinceramente, è un cercar di far passare il tempo ed evitare gli sguardi di questa gente, che sincera crede alle frottole di questo incantatore di treni.
Mi chiudo in me stesso e decido di non vivere, né tantomeno ricordare, quello che succederà da adesso fino all'incontro con Marco di questa sera.

Caccia all'eclisse: la programmazione della fuga

La sera è finalmente scesa.
Da Trinity Beach prendo da solo la macchina e giungo nel centro di Cairns.
Sono un po' in ritardo sull'appuntamento fissato per le 21:30, a causa di un altro regalo fatto di nuovo dal fotografo.
Oggi pomeriggio ha deciso di passare la notte e quella di domani sera dagli aborigeni. Naturalmente io e la giornalista, contentissimi, siamo fuggiti di gran carriera lasciandolo in mano a un destino che non ci interessa affatto. Ha provato a farci restare, ma prima ancora che potesse finir la frase eravamo già in macchina.
In compenso si è portato con se tutto quello che gli serve, comprese le cose non sue, fregandosene di noi. Si è tenuto il mio adattatore universale, quello per la presa a tre poli e pure il mio caricabatterie del cellulare. Ce ne siamo accorti quando ormai eravamo già arrivati in questo lussuoso appartamento proprio in riva all'oceano. Senza computer, né io ne lei che lo usa per lavorare, mi sono dovuto inventare un accrocchio per inserire una presa a tre poli italiana in una australiana, utilizzando fermagli, elastici e pezzi metallici strappati a uno zampirone antizanzare. Alla fine tutto sembrava funzionare e sono così fuggito, senza pensarci troppo, all'appuntamento.
Sono qui che vago a piedi per il lungomare, cercando il locale indicato da Marco. Non so perché, ma sto già molto meglio e ho sensazioni positive.
Non lo trovo e lo chiamo.
Mi viene incontro con una maglia arancione e una bandana in testa salutandomi come fossi un vecchio amico.
È fatta. In due secondi ho già capito che l'eclisse l'avrei vista con lui e mi sarei trovato benissimo.
Mi porta al tavolo dove sono seduti gli altri della compagnia, me li presenta, ma come al solito per imparare i nomi mi servirà ben più tempo.

Per l'occasione mi sono portato il mio Ipad semi scarico e la mappa cartacea che ho deciso di rubare al fotografo, tanto non l'avrebbe mai utilizzata.
Subito arriviamo al dunque e io sono abbastanza chiaro:
"Signori, questo è il meteo di Cairns e di tutta la costa. Se restiamo qui l'eclisse non la vedremo mai. Siete disposti a spostarvi?"
Un coro di "si!" si alza unanime, accompagnato dall'evidente preoccupazione, soprattutto di Marco, seduto alla mia sinistra, e della ragazza, alla mia destra.
"Daniele, siamo nelle tue mani, dicci cosa dobbiamo fare!" si rivolge a me Marco con il simpatico tono della sua voce, che maschera un po' la preoccupazione.
"Ah, è semplice" ribatto prontamente, "dobbiamo allontanarci il più possibile dalla costa. Più siamo lontani e più è alta la probabilità di vedere l'eclisse. Vi faccio vedere!"
Mostro le previsioni di un paio di località; la prima è Mareeba, la seconda Palmerville, un paese sperduto ben più dentro.
Per Mareeba le previsioni danno prevalenza di sereno, con una minima probabilità di pioggia, per Palmerville, invece, Sole spaccapietre e probabilità di pioggia dello 0%,
Marco è un po' più sollevato e mi chiede: "fai una cosa Daniele, traccia le linee della totalità sulla mappa, se puoi, così capiamo dove possiamo dirigerci"
"Certo che posso, non è la mia!" rispondo cercando di alleggerire la tensione palpabile, regalando una risata generale.
"Bene, quali località ci sono che potremmo raggiungere?" mi dice un altro appassionato un po' più attempato, ma con la faccia competente e simpaticissima, alla sinistra di Marco, Francesco.
"Non c'è molta scelta" rispondo sicuro. Mareeba è troppo fuori e vicino alla zona rossa, l'ideale sarebbe arrivare a Palverville, sulla linea di centralità e lontano dalle nuvole".
"Si, ma quanto dista e com'è la strada?" ribatte preoccupato, mentre Marco in silenzio sta studiando questa mappa gigante che ha coperto tutto il tavolo.

Sembra di star preparando un piano segreto per una missione di vita o di morte. Al di là della normale concitazione, dentro di me sono divertito perché anche questa è l'avventura che cercavo disperatamente.

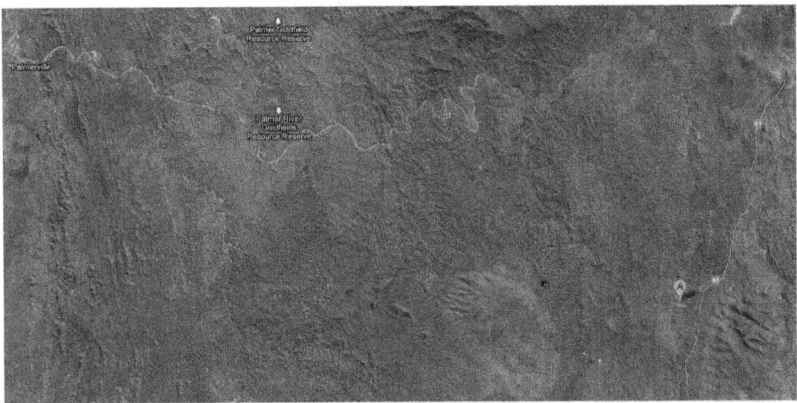
Obiettivo: Palmerville, 100% di sereno! Unico problema: come ci si arriva?

Faccio qualche rapido calcolo, ma le mappe di google non mi danno la distanza, né la strada da seguire.
Non è molto incoraggiante.
Sulla mappa-tovaglia la strada che collega la principale, Mulligan Highway, con Palmerville, è segnalata con un poco incoraggiante tratteggio rosso.
"È qui il problema. La strada è sicuramente sterrata e non credo sia messa troppo bene" comunico a tutti.
Gesto di disappunto generale, poi una flebile speranza viene riposta nei miei potentissimi mezzi:
"Che macchina hai tu, Daniele?" Capisco che siamo fregati.
Sconsolato rispondo: "Un macinino che ci metterebbe diverse ore a percorrerla, ammesso che ci riesca!"
Doccia gelata servita.
Silenzio improvviso di tutti i partecipanti alla riunione segreta.
È Francesco, il più esperto e saggio, a rompere gli indugi e a indicare la linea di confine:

"Un momento ragazzi, capiamoci bene. Io vorrei veder l'eclisse, ma non facciamo stronzate. Non siamo in Italia; in Australia ci sono pericoli veri!"
Interviene Marco che mi domanda:
"e se ci fermiamo prima? La strada com'è?"
Controllo meglio la mappa e rispondo: "La strada qui sembra asfaltata, il problema è che non so se siamo abbastanza dentro da prendere il sereno. Più o meno siamo alla stessa distanza di Mareeba dalla foresta, perché le montagne rientrano"
"E quanto sarebbe il tratto sterrato fino a Palmerville?"
"Direi un centinaio di chilometri" rispondo sconsolato.
Prima ancora che potesse dar fiato alla faccia stupita, interviene di nuovo Francesco:
"Ragazzi, con le nostre macchine è impensabile fare 100 km di sterrato, non ne usciamo! E se poi piove e rimaniamo bloccati? No, dai, non facciamo gli scemi"
Io resto in silenzio, mentre la ragazza di Marco, Malù, pone la giusta domanda:
"E allora, cosa facciamo?"
Interviene anche Marco: "Prova a vedere se nei paesi vicini lungo la strada principale le previsioni sono belle, poi vediamo cosa fare."
Facile a dirsi, meno, molto meno, a farsi, perché non ci sono località da inserire nei cataloghi dei siti meteo.
Proviamo allora a percorrere un'altra alternativa, suggeritami da Francesco: "E a Mareeba quanto durerebbe l'eclisse?"
"Poco, un minuto e 38" rispondo io, pensieroso e dubbioso sul ragionamento che sta portando avanti.
"1 minuto e 38 non sarebbe male se si vedesse!" interviene Marco, aggiungendo poi che: "non ci sono strade che possono portarci più all'interno e verso la fascia centrale da lì?"
"No Marco, ho già fatto quelle strade e non c'è nulla che ci porti dove vorremmo andare" rispondo con un filo di voce, gli occhi bassi e la sudorazione a mille.

In cuor mio ora sono più preoccupato della scelta di andare a Mareeba o, peggio, restare sulla costa e tentare la fortuna, piuttosto che affrontare 100 km di sterrato.
Cerco di riportare, in punta dei piedi, la discussione su binari migliori e far tornare un po' di lucidità:
"Mareeba ha un meteo incerto e se per sbaglio ci sono nuvole non si va da nessuna parte. Io la scarterei, a questo punto è meglio andare su verso nord e fermarsi all'incrocio con Palmerville. Se poi la strada è agibile la percorriamo fino a quando non ci stanchiamo."
Marco mi appoggia:
"Ma certo! Daniele ha ragione! Non ha senso intrappolarci a Mareeba e avere poca più probabilità di sereno. Tanto vale restare qui!" Pausa di un secondo, poi: "Ascoltatemi... Andiamo su, percorriamo la strada fino a dove è possibile e ci fermiamo quando vogliamo, non ci obbliga mica nessuno a proseguire!"
Questo scenario sembra rimettere la discussione su un binario più favorevole.
"Vediamo se l'Ipad ti da la strada e qualche località all'incrocio con Palmerville" mi suggerisce Francesco.
"L'unica località che qui è segnata si chiama Maitland Downs e sembra minuscola" gli rispondo.
Marco zooma la mappa virtuale e fa una scoperta esilarante:
"Ma che cosa è!? C'è scritto aeroporto! È davvero un aeroporto con una pista di atterraggio in terra battuta! No ragazzi, è fantastico, venite a vedere! Solo in Australia puoi trovare una cosa del genere!"
Risata generale accompagnata dall'incredulità, che da Marco è stata istantaneamente trasmessa a me e poi a tutti gli altri.
Eppure la foto parla chiaro, non ci sono dubbi: una pista per aerei in terra battuta, nel mezzo del niente. Non si vedono torri di controllo, recinzioni, segnali.
Niente di niente.

Benvenuti all'aeroporto internazionale di Maitland Downs!

È Francesco, il saggio, a rompere l'euforia di noi giovani: "Quanto è distante da qui lo svincolo?"
"200 km precisi" rispondo guardandolo negli occhi come un bambino fiducioso che il genitore gli dica disperatamente di si.
"Trova la località sul sito meteoblue.com, vediamo cosa dicono le previsioni per dopodomani mattina" irrompe Marco.
Qualche secondo di suspense offertaci da Vodafone AU, (grazie mille!), poi riusciamo a ottenere le previsioni per il luogo: sereno, probabilità di pioggia 0%, solamente un 3% di nuvole alte e innocue.
Marco esulta: "Signori è perfetto, di cos'altro vogliamo discutere? Domani partiamo, andiamo là, vediamo se la strada per Palmerville è percorribile, altrimenti troviamo un posto e ci accampiamo la notte aspettando l'eclisse! Restare sulla costa è troppo rischioso e io non voglio vivere con il cardiopalma!"
Lo sguardo di noi "giovani" è rivolto verso Francesco, quello che per esperienza è un po' il capo saggio del gruppo.
Studia le previsioni, scruta la scarabocchiata mappa stesa sul tavolo come una tovaglia, si mette la mano destra sulla bocca

per dare forza ai pensieri, poi, dopo interminabili istanti, pronuncia l'attesissimo verdetto:
"Direi che si può fare! Non vedo grandi alternative!"
Respiro di sollievo generale, soprattutto il mio e di Marco che ci scambiamo un'occhiata di compiacimento e soddisfazione. Ci conosciamo da neanche un'ora e già abbiamo trovato un gran feeling.
"Tu hai la macchina a disposizione, vero Daniele?" mi chiede Marco con la sua verve ormai recuperata.
"Si, certo, e sono da solo, quindi se serve ho posto" rispondo immediatamente guardando anche gli altri.
"Perfetto, noi siamo in cinque, tu sei da solo, siamo in sei e ci dividiamo su due macchine. A carburante come sei messo?"
"Sono a metà"
"Dici che lo facciamo domani appena partiamo?"
"Io direi che si può fare anche dopo, tipo a Mareeba, così potrebbe bastarci per tutto il viaggio. Voi ci arrivate a Mareeba?"
"Si, certo, abbiamo quasi il pieno. Tu dici che poi non troviamo più stazioni di servizio?"
"Credo proprio di no, al massimo a Palmer River Roadhouse, una trentina di chilometri più su del nostro bivio."
"Bene, casomai se serve ci spingiamo fin lassù e riforniamo!"
"No, tranquillo, non serve, io con la mia piccola utilitaria ho un'autonomia di oltre 500 km. Voi che macchia avete?"
"Una Toyota Corolla bianca"
"Va benissimo; in confronto alla mia è una jeep!"
"Ma tu dici che la strada per Palmerville sia percorribile?"
"Sinceramente, io ieri ho fatto 69 km di sterrato serio ed era forse oltre il limite della mia auto. Per fare 100 km in queste condizioni potrebbero volerci diverse ore"
"Bene, speriamo che basti fermarsi anche solo a metà strada e poi bon, noi ce l'avremo messa tutta, più di così non possiamo fare!" si auto convince Marco mostrando una gran preoccupazione, quasi ansia, al solo pensiero dell'eventualità di non poter osservare l'eclisse.
Intanto il locale s'è svuotato.

Il rumore della gente costretta a parlare a voce altissima a causa della musica invadente s'è placato, e anche questa sembra aver rallentato.
Il nostro è l'unico tavolone ancora occupato e attivo.
Dopo gli ultimi dettagli, la programmazione dell'avventura è semplice e ci pensa Marco a dettarla:
"Bon, se siete tutti d'accordo io allora direi che domani verso mezzogiorno ci troviamo al nostro ostello che è qui vicino, partiamo con calma, ci fermiamo a fare provviste e carburante a Mareeba, poi proseguiamo spediti in modo da arrivare sul posto prima che cali il Sole. Proviamo a fare la strada per Palmerville fin dove riusciamo, troviamo una piazzola, restiamo lì la notte a osservare e la mattina pronti e pimpanti per l'eclisse!"
Con un'intensità via via crescente e sempre più ricca di entusiasmo, prende fiato un attimo e sicuramente collega alla realtà il discorso che ha appena fatto, perché improvvisamente riprende aria ed esclama: "questa eclisse ce la dovremmo sudare... Ma che spettacolo!!!"
È visibilmente emozionato, anzi, esaltato.
Non ho mai ammirato simili sensazioni per un evento celeste in una persona diversa da me; tutto questo è bellissimo e mi da anche una gran carica. È proprio vero che condividere un obiettivo comune aiuta a raggiungerlo più facilmente e con maggiore soddisfazione.
L'approvazione molto più pacata dei genitori di fronte a noi e di Francesco che si lascia andare in un confortante:
"Cavolo ragazzi, è stato un parto!" rilassa inaspettatamente l'atmosfera che senza notarlo s'era fatta davvero tesa. Lo posso vedere dal sudore sulle fronti che non avrebbe motivo di esistere in questo posto con l'aria climatizzata sparata a mille.
Anche io mi lascio andare rilassando i muscoli e portando indietro la schiena sulla sedia. Sto usando lo schienale per la prima volta questa sera, è una sensazione piacevole e rilassante!

"Ok" riprende Marco con un tono più pacato rispetto alle urla di prima: "allora ci vediamo domani, Daniele. Se hai problemi per trovarci fammelo sapere, tanto il mio cellulare ce l'hai".
Mentre la sua ragazza cerca di piegare la mappa-tovaglia, io chiudo l'Ipad, me lo abbraccio stretto sulla pancia e con un altro tipo di emozione già in circolo nel corpo annuisco con decisione e con gli occhi che probabilmente sono già brillanti.
Vada come vada, quella di domani e dopodomani sarà un'avventura che non dimenticherò mai.
Non è una sensazione, ma un'assoluta certezza.

Il panorama attorno a Cairns è spettacolare, ma le nuvole sono onnipresenti e ci impedirebbero, con buona probabilità, di veder l'eclisse. È deciso: si fugge all'interno!

A caccia dell'eclisse: fuga nella savana

La notte nel lussuoso appartamento di Trinity Beach è trascorsa meravigliosamente.
Chiuso da solo nella mia camera privata, ho potuto sperimentare la piacevole sensazione della fatica di prendere sonno per la troppa emozione, piuttosto che per rumori molesti.
L'assoluto silenzio di questo posto, interrotto solamente dal soffiare leggero del climatizzatore, finalmente impostato alla temperatura perfetta di 24°C, ha dato vita ai miei pensieri, che indisturbati hanno riempito la stanza e plasmato una realtà nella quale ho poi trovato la serenità per dormire fino alle 10.
Il Sole è già alto sull'orizzonte quando esco sul terrazzo per fare colazione, ma in realtà tutto intorno è bagnato: ha piovuto anche questa mattina.
Per la prima volta il meteo mi sta inviando messaggi inequivocabili con largo anticipo, invece di prepararmi la solita imboscata. Compiaciuto, sono convintissimo e carico di quello che sto per fare.
Neanche il pessimista realismo mattutino, che sempre mi accompagna e vorrebbe mantenere uno status quo a volte inspiegabile, si fa sentire questa mattina.
Mi sono svegliato con la voglia di partire e con il desiderio di vivere questi due giorni come avrei voluto trascorrere l'intero periodo qui in Australia.
La voglia di evadere è così grande, che saluto a malapena la mia compagna di viaggio, disinteressandomi delle sorti toccate al fotografo, disperso in tenda in mezzo agli aborigeni.
Prendo le poche cose che mi servono ed esco di corsa.
Ma come sempre mi succede alla vigilia dei momenti importanti, nel chiudere la porta do un'ultima occhiata alla casa e all'oceano che si vede dalla vetrata che affaccia sul balcone. Quando tornerò sarà tutto diverso, i miei occhi non saranno più gli stessi. Un brivido fortissimo non mi permette di far altro, se non un sospiro che credo abbia sentito tutto il palazzo.

Sono già in ritardo, ma anche i miei nuovi compagni d'avventura mi hanno avvertito con un sms di far con calma perché non erano pronti.
Calma... una parola!
Da Trinity Beach a Cairns guido come un pazzo lungo l'autostrada e forse vengo pizzicato pure da un autovelox della polizia. Pazienza, ora non mi interessa.
Arrivo all'ostello di Marco. La pioggia scende giù che è una bellezza. La guardo e urlo al cielo, con un ghigno di tremenda soddisfazione: "Tra poche ore sarai un lontano ricordo. Vieni giù quanto ti pare, non mi fai paura!".

Marco è eccitatissimo.
Parla continuamente e spesso dice cose che nessuno comprende. Anche Malù è visibilmente agitata: per lei, come per me, è la prima eclisse.
Loro poi adorano l'Australia, e l'imminente spedizione nell'outback, che non hanno mai visto, aumenta a dismisura l'agitazione e la voglia di partire.
Francesco, invece, è seduto su una poltrona nel bar con apparente calma, ma in me si alza il sospetto che sia lì ormai da diverse ore e che si sia addormentato per lo sfinimento.
I genitori di Marco sono invece la cordialità e la calma fatta a persona, qualcosa decisamente indispensabile per tenere a bada noi, esuberanti ragazzini.
Aiuto a distribuire l'attrezzatura tra le due macchine parcheggiate casualmente l'una di fronte all'altra, e in pochissimi minuti decidiamo di partire.
Anche questo mi sembra assurdo: non abbiamo perso tempo inutilmente aspettando i comodi di qualcuno, e con efficienza spaventosa in poche ore siamo riusciti a organizzare un viaggio che non ho potuto programmare nelle scorse 2 settimane, per colpa di una persona che d'ora in poi non nominerò più.
In auto con me c'è Marco di fianco, Malù dietro.
Sarò io il capo carovana: prima fermata una pompa di benzina a Mareeba, tra una sessantina di chilometri.

Ripercorro per la terza volta la tortuosa strada che sale all'interno della foresta pluviale e poi, senza più scendere, ci proietterà verso le secche regioni interne.
È la seconda volta che la faccio di giorno e le sensazioni sono estremamente differenti. Non è l'eclisse e l'eccitazione per l'avventura più grande e pazza della mia vita, no. In questo momento è proprio un benessere che mi regala serenità, gioia e un sorriso che non ho mai avuto nelle due settimane precedenti. È una compagnia che mi fa star bene, mi fa ridere, divertire, e con la quale facciamo casino parlando di un po' di tutto. È il calore umano di chi si pone come amico dopo appena una manciata di ore.
Mi sento già una persona nuova al punto da riuscire persino ad apprezzare la pioggia e questa giungla che sembra chiudere la strada sempre di più.
Trascorre quasi un'ora senza che nessuno se ne accorga davvero, e arriviamo a Mareeba.
Le nuvole sono già molto più diradate anche se coprono quasi tutto il cielo. Solo in lontananza uno spiraglio di Sole ci fa ben sperare. Marco esulta: "Vedi, vedi, grande Daniele! laggiù è sereno!".
Facciamo rifornimento, poi li porto al supermercato a far spese. Un momento che fino a oggi ho sempre odiato, perché grazie all'indecisione cronica e alla morbosa ossessione per i soldi ci ha rubato ore e ore. Dieci minuti per trovare il pezzo di pane più economico, venti per capire se volevano la marmellata o no per colazione, altrettanto tempo per convincermi a mangiare economiche schifezze, piuttosto che cibi genuini che di certo il mio corpo avrebbe apprezzato.
Rivivo per un attimo l'incubo, terrorizzato come un animale malmenato che vede di nuovo un bastone.
Ma mentre penso a tutto questo, guardo i due carrelli della spesa e li trovo già pieni.
La madre di Marco mi esorta:

"Daniele, noi abbiamo già fatto gran parte della spesa, quindi se vuoi qualcosa per te, qualsiasi cosa, prendila senza problemi".
Il tono materno con cui si è rivolta, mi spiazza e mi emoziona a tal punto da non riuscire a dare una risposta che implichi l'uso della parola. Sento un calore interno che neanche il Sole a picco dei giorni scorsi è mai riuscito a generare, sin dal lontano giorno della mia partenza.
Fino a questo momento, assorto nei pensieri e convinto dell'inutilità della mia presenza attiva, sono rimasto in disparte memore delle esperienze passate.
Dopo queste parole, però, tutto cambia.
Attivo e divertito persino dal fare la spesa, mi aggrego ai "giovani" e continuiamo a riempire il carrello di schifezze varie. Poi al banco alimentare ci balza in mente l'idea di prendere un paio di polli arrosto, che avranno costituito la nostra cena.
Mezz'ora, forse un'ora, poi usciamo e con molta calma ci fermiamo al bar a prendere un caffè.
Poco prima di riprendere la macchina facciamo il punto su questa seconda tappa: raggiungere l'incrocio con Palmerville, imboccare la strada e poi eventualmente fermarsi quando non si può procedere oltre.
Riprendo quindi il mio ruolo da apripista, imboccando finalmente una strada nuova che si perde verso questa pianura a circa 500 metri sul livello del mare.
La vegetazione, seppur diradata, è leggermente diversa da quella incontrata nei giorni scorsi, e d'altra parte è normale perché stiamo andando verso il meno secco nord.
Il viaggio scorre piacevolissimo con questi due fenomeni della natura, che sembrano una coppia perfetta.
Si discute di astronomia, di università, si accenna alla triste situazione italiana, ai posti visitati qui in Australia, alle proprie attività e passioni.
Un'ora passa come fossero due minuti.
In una delle pause delle nostre menti attivissime, ci accorgiamo che per la strada avremmo incrociato quattro, forse cinque

macchine nella nostra direzione, quasi tutte superate lungo questi sconfinati rettilinei, tranne quella che abbiamo di fronte.
La strada ora presenta infatti qualche curva in più, perché sta salendo di nuovo verso un'altura, forse un tempo montagna.
Improvvisamente, il primo imprevisto irrompe nella nostra assoluta tranquillità.
Del fumo sembra uscire da una delle ruote dell'auto di fronte, poi istantaneamente un pezzo di pneumatico si stacca e per poco ci prende.
Il conducente sbanda violentemente, io rallento bruscamente per evitare una collisione. Con apparente calma riesce a riprendere il controllo del pick-up e ad accostare; noi, in silenzio, sfiliamo senza alcun problema.
Marco è il primo a parlare:
"Hai visto che roba?", seguito da Malù:
"Meeerda!".
Io sono ancora concentrato ed elettrizzato; non spaventato perché ho sempre avuto il controllo della situazione, ma riesco a dire:
"Porca puttana, gli è scoppiata una ruota così, dal nulla!"
Servono un paio di minuti, non più, per riprenderci e continuare i discorsi come se nulla fosse successo, aiutati anche dal paesaggio che si fa spettacolare.
Io ho già visto qualcosa di simile, mentre Marco e Malù ogni tanto si lasciano andare in frasi che ricordano molto le mie di qualche giorno fa, purtroppo dette solo tra me e me:
"Ma guarda che spettacolo! Ma dove siamo finiti, è un film!" esplode ogni tanto Marco con il suo vocione coinvolgente.
Spesso gli fa eco Malù:
"Non ci posso credere, siamo riusciti a vedere anche l'outback, che vacanza incredibile ci siamo fatti, è un sogno!".
"Ma guarda, guarda questi alberi, il cielo azzurro, il panorama che si perde a vista d'occhio! Pazzesco!" continua Marco facendo riferimento alla spettacolare vista che ci regala la cima di questa piatta collina.

Le nuvole si diradano, la strada sale e scopre una radura incontaminata illuminata dal Sole.

Dopo una delle tante curve di questo tratto, una piazzola larga affacciata sul vuoto sottostante ospita una macchina e un uomo seduto di fronte a un telescopio.
"Guardate, un nostro collega già pronto per l'eclisse!" Urlo io ormai in piena sintonia con il clima che si respira qui dentro.
"Si, suonagli suonagli; salutiamolo!" Mi incitano insieme.
Perso in mezzo al niente assoluto, in pace con una Natura spettacolare, quell'uomo accampato ci ha ricordato il vero obiettivo di questa spedizione, che sovrastati dagli eventi abbiamo per un attimo accantonato.
A tutti e tre è balenato lo stesso identico pensiero, ma è Marco, di nuovo, a renderlo pubblico:
"Ragazzi ci pensate? Stiamo andando a vedere l'eclisse di Sole! Voi novellini rimarrete shoccati, non **sapete** che spettacolo grandioso è!"
Io e Malù ci guardiamo di sfuggita, dopodiché lei esprime alla perfezione il mio stato d'animo:
"Mè, non vedo l'ora! Non ci posso credere!".
D'ora in poi, in ogni piazzola lungo la strada incontriamo sempre più appassionati.
Di mucche e canguri, così abbondanti verso Chillagoe, qui non se ne vede traccia.
La strada intanto torna a essere piatta, senza che la salita di prima sia stata seguita da una discesa. Il cielo è ormai sgombro da nuvole e di un azzurro quasi finto.
Passa forse un'altra mezz'ora.
Ormai siamo vicini al bivio per Palmerville.

Ogni tanto incontriamo dei piccoli ponti privi di barriere che sembrano costruiti sopra il letto di torrenti asciutti.
Nessuno di noi capisce se questi siano fiumi prosciugati che riprenderanno a scorrere quando pioverà, oppure semplici canali da scolo dell'acqua piovana, privi quindi di uno sbocco e di un'origine. I cartelli non sono di grande aiuto perché la dicitura "river" è sostituita da "creek", che dovrebbe identificare un torrente, niente di più. Strano però che tutti, presenti in gran numero soprattutto ora, siano completamente asciutti, forse da mesi o anni.
Le immancabili griglie qui sono a misura di utilitaria e non danno fastidio neanche se attraversate ai 100 km/h del limite di velocità di questa strada comodissima.
Con l'aiuto delle mappe dell'Ipad che avevo precaricato perché qui, naturalmente, il cellulare non esiste, Marco individua il bivio dove svoltare.
La strada è stretta e sterrata, anzi, di terra polverosa. Non ci facciamo scoraggiare e la affrontiamo con prudenza. Gli alberi bruciati e quasi secchi che costeggiano questo sentiero non hanno un bell'aspetto.
Le buche e i sassi cominciano a farci dubitare della fattibilità dell'impresa.
Dopo uno o due chilometri e aver fatto conoscere agli altri la bellezza di una griglia fatta per i fuoristrada, la strada sembra confondersi con un grande campo privo di vegetazione e abitato da qualche mucca. In fondo, a circa 500 metri, c'è sicuramente un'abitazione.
Ci avviciniamo prudenti, e a poche decine di metri dalla casa capiamo che la strada termina qui. Il campo sulla nostra sinistra pieno di mucche è inspiegabilmente lungo e liscio.
Marco ha la giusta intuizione:
"Ragazzi, mi sa che abbiamo sbagliato bivio. Non vorrei dire una cazzata, ma questo è l'aeroporto che avevamo visto ieri sera sulla mappa!"
Io e Malù sbarriamo gli occhi in segno di sorpresa. E questa volta sono più veloce di lei:

"Tu dici Marco? Questa sarebbe allora la pista? Ma è piena di mucche!"
"No dai ragazzi, ma in che posto meraviglioso siamo finiti! Siamo fuori dal mondo!" esclama contentissima Malù.
Una fragorosa risata che inizia da Marco e poi interessa tutta la macchina, irrompe nel silenzio di questo posto affascinante, ma anche inquietante. Riprende Marco:
"No ma dai! Questo è un aeroporto! Non ci posso credere, fantastico! Le mucche evidentemente sono i controllori di volo!"
Lo guardo divertito e facendo finta di essere serio gli chiedo: "Potremmo andarci in aereo a Palmerville, che ne dici?"
"Ma sai che non sarebbe proprio una brutta idea?" mi risponde cercando di trattenere le risate.
"Va beh, ragazzi, io tornerei indietro" ci suggerisce un'incredula Malù.
Marco cerca di tornare serio: "Ok Daniele, tu torna indietro che io a questo punto cerco di capire dov'è l'incrocio per Palmerville. Dovrebbe essere poco prima allora".
Mentre lui cerca di capir qualcosa sulle mappe dell'Ipad, io faccio una facilissima inversione di marcia, cercando di dare la precedenza alle mucche, e lentamente, seguiti dall'altra macchina, torniamo verso la strada principale.
Un paio di chilometri a ritroso e un piazzale sulla destra, nel quale è parcheggiato quello che una volta era un camper, rappresenta l'unica possibile scelta per trovare questo invisibile, e naturalmente non segnalato, bivio.
Entriamo senza alzare troppa polvere e ci avviciniamo a quella specie di baracca su quattro ruote.
Un cartello scritto a mano suggerisce di acquistare lì i biglietti per poter campeggiare sul piazzale per l'osservazione dell'eclisse. Ci guardiamo stupiti e divertiti.
Veniamo dall'Italia, patria mondiale dell'astuzia; non ci vuole molto a capire che questi due furbastri abbiano studiato un modo per racimolare qualche soldo improvvisandosi proprietari di un camping abusivo.

Ecco il bivio, non segnalato, per Palmerville: che l'avventura, quella tosta, abbia inizio!

La cosa, naturalmente non ci interessa, anche perché le facce di questi tipi non sembrano proprio friendly.
Cerchiamo di andare oltre e imboccare la strada che finalmente siamo riusciti a trovare. Non sembra neanche male, sicuramente meglio di quella dell'aeroporto.
A un certo punto, però, uno dei due mezzi balordi corre verso di noi, si piazza davanti e fa cenno inequivocabile di fermarci.
Lo facciamo, non abbiamo altra scelta.
Il tizio si avvicina al finestrino che Marco gentilmente apre.
È un misto di ribrezzo e paura. Alto, magro, con la faccia piena di brizzolata barba incolta,le guance scavate all'interno, la pelle visibilmente bruciata dal Sole e da una vita non votata sicuramente all'insegna della moderazione. Occhi azzurri, anzi, grigi come barba e capelli, sguardo serio, denti gialli e decimati.
La sua voce conferma le intenzioni intimidatorie del viso:
"Dove andate?" ci incalza come se avessimo fatto qualcosa che non dovevamo.

Marco con voce un po' provata e sicuramente stupita, è l'unico a parlare:
"Stiamo andando a Palmerville per vedere l'eclisse di Sole"
Il tizio abbassa la testa, poggia le braccia dove prima c'era il finestrino chiuso, ci da un'occhiata insistendo su Malù, scuote la testa, poi con voce ancora più minacciosa e inquietante, ci avverte:
"Palmerville è una scena del crimine..."
Pausa per farci assimilare questa prima batosta, poi riprende per darci l'avvertimento definitivo:
"Ci sono stati molti omicidi da quelle parti. Io se fossi in voi non ci andrei. Non sarete di certo i benvenuti"
Marco, con incredibile sangue freddo, ci prova:
"Beh, non è necessario arrivare proprio a Palmerville, a noi basta fare qualche chilometro e fermarci da una parte".
"No, questa è una strada privata. Potete percorrerla, a vostro rischio e pericolo, ma non potete fermarvi, non potete campeggiare, non potete dormire. Se volete potete farla, ma sappiate che non sarete i benvenuti. La gente gira armata"
Siamo impressionati, spaventati e completamente spiazzati da questo che più che un avvertimento, sembra una seria minaccia.
Marco ringrazia e saluta, io accosto l'auto poco più avanti per comunicare agli altri l'accaduto e decidere il da farsi.
I pochi secondi necessari per compiere questa manovra ci fanno tornare un attimo di lucidità e insinuano in noi, soprattutto in Marco, l'idea che il tizio ci abbia raccontato una serie di cavolate per spaventarci e convincerci a pagare i biglietto per campeggiare sul "suo" piazzale.
La posizione in effetti è strategica, perché Palmerville è l'unica località sulla centralità dell'eclisse che sicuramente godrà di un tempo completamente soleggiato. Di certo non siamo gli unici che hanno avuto l'idea di raggiungerla. L'atteggiamento impostato, la voce ferma e con il tono giusto, le parole scandite alla perfezione, le pause perfettamente studiate, ci danno più l'idea di una buona recitazione piuttosto che di un pazzo maniaco

che ci ha minacciato. Nessuno di noi tre si sente davvero in pericolo; vuol dire che qualcosa sotto c'è.
Comunichiamo l'accaduto agli occupanti dell'altra macchina, comprese le nostre sensazioni.
L'impressione della frottola trova supporto tra i genitori di Marco e Francesco, che però, giustamente, espone un concetto difficilmente confutabile:
"Ragazzi, secondo me ha detto un mucchio di stronzate, non ho dubbi! Però, certo, detto questo... Visto che l'Australia è tanto grande, perché non ce ne andiamo da un'altra parte, giusto per quieto vivere?"
Tra il serio e il divertito, tra il vero e lo scherzo, e con quell'accento parmigiano così simpatico, questa frase ci fa scoppiare in una risata rumorosa che poi contagia anche lo stesso Francesco, che già faceva fatica a starsene serio mentre la pronunciava.
Siamo tutti d'accordo: troveremo un posto adatto lungo la strada per passare la notte e veder l'eclisse.
Dopo una breve discussione, decidiamo di proseguire la strada per qualche chilometro e vedere se troviamo un posto adeguato alle nostre esigenze.
In macchina ancora si continua a parlare dell'inquietante tizio e della sceneggiata che secondo noi ha messo su, ma è un argomento che dura poco, perché subito avvistiamo un ampio campo sulla destra che potrebbe rappresentare il nostro punto di osservazione. Entriamo e ci fermiamo.
Appena scesi, notiamo immediatamente una quantità industriale di cacche di mucche essiccate.
Di fronte alcune colline potrebbero rovinare la visione delle fasi parziali, ma quello che più disturba sono i fili della corrente elettrica sovrapposti proprio alla zona dove dovrebbe trovarsi il Sole durante la totalità.
Non ci mettiamo molto per capire che questo posto non va bene.
Prima di andare, però, Francesco ci esorta a dare un'occhiata a un cartello stradale che sembrava segnalasse un motel sulla

sinistra, a qualche decina di chilometri di distanza. Se così fosse, potremmo ancora avere una speranza di andare più all'interno e stare sicuri con il meteo.
Arrivati al gigantesco cartello costeggiando a piedi la strada deserta, capiamo che la vista non è il punto di forza di Francesco. L'insegna indica una cittadina molto più a nord di quanto ci troviamo noi. Dopo un'altra breve riunione, torniamo in macchina e decidiamo di proseguire al massimo per 5-6 chilometri e poi casomai tornare indietro nelle piazzole già viste prima di arrivare al bivio per Palmerville.
Dobbiamo muoverci, perché il Sole sta scendendo in fretta e non abbiamo più di un'ora di luce.
Altri 700-800 metri al massimo e un altro piazzale sulla destra, più piccolo e sicuramente pulito del precedente, ci fa ben sperare, ma invano: ancora alte colline, ancora i cavi dell'alta tensione.
Cominciamo a preoccuparci, perché dobbiamo fare sempre più in fretta.
Decidiamo di andare un po' più avanti su insistenza del padre di Marco, convinto che più avanti troveremo il nostro perfetto punto d'osservazione.
Un chilometro al massimo, la strada che leggermente sale e abbassa le colline, ed ecco che sulla destra si materializza davvero il posto perfetto: un ampio piazzale che si estende per qualche centinaio di metri verso est e gode di una vista completamente libera da ostacoli naturali e dai poco simpatici cavi elettrici.
Ci tuffiamo subito con le macchine, che parcheggiamo poco lontano dalla vettura di un accampato come noi.
Scendiamo entusiasti, facciamo un velocissimo sopralluogo, poi io e Marco esclamiamo all'unisono:
"Sembra perfetto!"
Mentre il pacato padre, evidentemente eccitato dall'avventura, si pavoneggia con tutti per averci fatto trovare il posto, io e Marco prendiamo i nostri potenti mezzi tecnologici per vedere

dove sorgerà il Sole domani mattina e quanto le colline potrebbero toglierci dell'eclisse.

Il Sole spunterà proprio nella piccola valle tra due alture; a occhio perderemo al massimo i primi cinque minuti, peraltro neanche troppo interessanti, della fase parziale.

Dopo tanto cercare, abbiamo trovato il posto perfetto per la notte e l'eclisse di domani mattina.

Fuga per l'eclisse: posto perfetto, persone meravigliose

Fatichiamo un po' a capire quanti gradi di cielo coprono le alture di fronte a noi, perché non sappiamo dove si trova il livello dell'orizzonte geometrico. Con la nostra mano aperta e tesa, che copre un angolo di circa 20°, non risolviamo molto perché le colline sembrano rubare tra i 5 e i 20° all'orizzonte nascosto. Poiché la fase totale si avrà con il Sole a 13°, è fondamentale capire se avremo la visuale libera.

Con l'aiuto di Francesco, Malù e delle nostre esperienze, riusciamo a convincerci che il posto va bene e che l'eclisse, meteo permettendo, si vedrà sicuramente. Nel frattempo sul luogo stanno affluendo rapidamente automobili e jeep.

È meglio prendere posto con l'attrezzatura per evitare spiacevoli ingorghi.

Pochi minuti e tutto è già pronto.

Un paio di foto di rito sono ciò che serve per catturare in eterno questi attimi e le emozioni che ci stanno regalando.

Io, Marco e la mia strumentazione pronta per la notte e per l'eclisse. Il cielo è sereno!

Il Sole sta tramontando e noi, per ingannare l'attesa e alleggerire la tensione, scattiamo una bella foto di gruppo. Quando la luce tornerà di nuovo, non ci sarà di certo il tempo per uno scatto del genere!

Un attimo di relax che in realtà ha avuto l'effetto contrario: riempirci di dubbi e mandarci in confusione.
I minuti successivi, lo so già, saranno ricordati con vergogna, imbarazzo e tante risate.
A un certo punto, dal nulla, dico, anzi, quasi urlo a Marco, visibilmente agitato: "Questo è il mio posto per l'eclisse, ma per osservare il cielo questa notte io mi sposterei. Se l'est è di fronte a noi, il sud, che è la porzione più interessante, ce l'avrò a sinistra. E poiché da qui a sinistra avrei i cavi elettrici, mi sposterei laggiù."
"Bella idea" mi conferma Marco: "io lascio le cose qui per il posto di domani, tu piazzati laggiù per la notte."
Prendo la mia leggera montatura e mi esilio 100 metri più avanti. Poi mi accorgo di un errore e torno su come un'anima in pena verso Marco: "Eh, ma se vogliamo vedere la luce zodia-

cale con il centro della Via Lattea non posso stare laggiù ma dobbiamo andare lassù" indicando con un dito una piccola collina ad altri 100 metri che affaccia proprio verso ovest.
Marco è in confusione e mi asseconda senza capire una sola parola, immerso in un mondo tutto suo: Si si Daniele, ottima idea. Andiamo ora o dopo?"
"Non lo so, sto pensando" gli rispondo visibilmente poco lucido anche io.
Troppe emozioni tutte insieme. Le passate e le presenti si sommano con quelle, ancora più grandi, che saranno, bloccando totalmente la capacità di ragionare.
Senza alcun motivo, mi appoggio alla macchina sgranocchiando un pacchetto di patatine e mi perdo in pensieri che non saprei nemmeno trascrivere.
Poi, prima ancora di finirle, inizio a passeggiare nervosamente in lungo e in largo come se dovessi far qualcosa di urgente, che in realtà non esiste.
Improvvisamente, guardando questo cielo che sta tingendosi con i colori del tramonto, realizzo di aver detto una boiata colossale:
"Marco, che deficienti! Se l'est è di fronte, a sinistra c'è il nord. Il sud è a destra, proprio dietro gli alberi!"
Mi guarda e risponde con calma:
"Si, certo!"
"eh, ma prima abbiamo detto che il sud era a sinistra e ci abbiamo pure piazzato il telescopio apposta per l'osservazione di questa notte!".
Mi guarda e torna lucido solo per esclamare:
"Ma che idioti siamo!!"
Una bella risata per scaricare la tensione e torno su di nuovo con la mia attrezzatura.
Ma non ho pace:
"Marco, visto che il Sole sta per tramontare, perché non ci spostiamo ora sulla collina e ci godiamo lo spettacolo del tramonto e della prima serata di stelle? Io ancora devo riprendere per bene la luce zodiacale!"

Mi asseconda di nuovo con calma e gentilezza, nonostante persino io mi sarei probabilmente mandato a quel paese, se fossi stato sufficientemente lucido per farlo.

Il Sole tramonta. Vogliamo la notte e un'alba che probabilmente arriverà molto più lentamente di tutte quelle già vissute.

Lentamente prendiamo in spalla le nostre cose e ci trasferiamo, borbottando qualcosa di incomprensibile agli altri.
Scalata la piccola collina, di fronte a noi si apre un'immensa radura che si è guadagnata ogni giorno, tutti i giorni, non so per quale motivo, uno splendido primo piano sul tramonto del Sole.
Questa sera lo salutiamo con uno sguardo diverso, coscienti che quando ricomparirà tra 12 ore, dall'altra parte, sarà già intaccato dal morso affamato della Luna.
"Che meraviglia Daniele!" si lascia andare Marco in un'esclamazione liberatoria.

Io non rispondo; annuisco e mi limito a respirare profondamente per far arrivare l'aria, i colori, il paesaggio, la compagnia, ancora più nel profondo.
Ci raggiunge anche Malù, che ci riporta un attimo con i piedi per terra per stazionare le montature.
Non so quanto ci mettiamo, né se lo facciamo bene.
Siamo tutti e tre rapiti dalla solennità di un momento che sappiamo rappresentare uno degli ultimi ed emozionanti ricordi di quest'estate Australiana.
Finito, forse, di stazionare le montature, il Sole sembra aver percorso già un bel tratto e si accinge a lasciare l'orizzonte.
Torniamo verso le macchine, più per muoverci un po' e sperare che il tempo passi più velocemente, che per reale necessità: ora bisogna solo aspettare che la notte scenda e se ne vada senza particolari problemi.
Marco è ancora visibilmente emozionato e non vuole giustamente reprimere la sua voglia di vivere e le sensazioni che questi momenti gli stanno regalando. E d'altra parte, non sarebbe proprio sensato arginare emozioni così forti e belle, rare quanto una pietra preziosa nel giardino di casa.
A un certo punto, con l'orizzonte che si tinge, si stacca da noi e solitario si dirige di nuovo verso quella terrazza sul Cosmo dove abbiamo posizionato le montature.
Non sappiamo ancora cosa stia facendo, ma siamo certi di non voler interrompere un momento privato e personale che deve vivere da solo.
Il vento leggero ogni tanto ci trasporta sconclusionati suoni della sua voce: sta parlando, con se stesso, con il cielo.
Mi permetto di scattare una fotografia in lontananza, senza invadere troppo la sua privacy, solo per cercare di catturare di riflesso una piccola parte del suo momento unico. E ci riesco, perché nell'istante in cui punto la fotocamera e il momento dello scatto, un brivido fortissimo mi avvolge coccolandomi e facendomi capire, per la prima volta, cosa stiamo facendo qui, da dove è partita la mia avventura, cosa potrebbe succedere tra poche ore; chi e cosa è davvero l'Universo sopra di noi.

Marco scruta l'orizzonte e parla al registratore del telefono per catturare la solennità di un momento irripetibile.

Malù, la compagna perfetta per lui, ora lo vedo distintamente, sa che è giunto il momento ideale per raggiungerlo in punta dei piedi sulla vetta delle emozioni.
Il tempo di voltarmi di nuovo verso la piccola salita che dovrò affrontare, di certo non ora, e riesco a godere di una delle immagini più belle e toccanti di questi giorni.
Un altro momento ancora più intenso del precedente, nel quale uomini e cielo, finalmente, dipingono un tutt'uno che vince distanze e tempi, unendosi proprio di fronte a me, nello scatto più bello di tutti e ritrovando antiche origini comuni.
Siamo polvere di stelle, proprio come l'aria, il cielo, e quelle fiammelle le cui progenitrici vivono ancora attraverso di noi.
Una visione che non rappresenta più, dopo ben 29 anni, il semplice riflesso di una figura esile e filiforme sempre da sola.
E sono proprio contento, ora, di essere il fotografo che cattura dall'esterno quest'immortale scenario così sublime.

Crederci o no è questione di punti di vista, ma io questa scena, con questi colori, l'ho vista con i miei occhi lucidi che spaziavano per oltre 180° di campo. Nessuna foto può immortalarla a dovere.

Nonostante il Sole cerchi di illuminare anche da sotto l'orizzonte con i suoi ultimi raggi, qui le stelle hanno sempre voglia di guadagnarsi la scena dopo ben 12 ore di attesa, così con il cielo ancora dorato, sopra di noi cominciano ad accendersi questi antichi e colossali lampioni celesti.
Sono io a individuare la prima stella; probabilmente è Canopo. La mostro ai miei due amici che estasiati salutano con sospiri e occhi lucidi il primo vero cielo australe.

In una perfetta contrapposizione, io mi tingo di un sottile velo di tristezza perché sono sicuro, purtroppo, che questo sarà l'ultima volta che vedrò veramente l'Universo, l'ultima immersione prima di tornare al grigio topo degli squallidi cieli italici.

Solo un attimo, interrotto volontariamente dalla decisione di scendere, perché siamo stati chiamati. C'è da preparare la cena: meglio farlo ora che ancora si vede qualcosa.

Il piazzale, intanto, s'è riempito di appassionati, quasi tutti più organizzati di noi, che siamo sprovvisti anche di un tavolo su cui poggiare le cose da mangiare.

Si fa presto amicizia quando si condivide un evento così importante e profondo come quello di domani mattina.

Conosciamo degli attempati signori australiani che sono qui per la loro prima eclisse. Un altro maturo ma sportivo, ci comunica che se la gusterà dalla collina alta un centinaio di metri dietro di noi, dall'altra parte della strada.

Invece di preparare la cena, io, Marco, Malù e Francesco ci fiondiamo a vedere come sarebbe il panorama, pensando che si potrebbe anche improvvisare un trasferimento non appena si renderà visibile la luce dell'alba.

Io ho così tanta adrenalina in corpo per tutto quello che sto vivendo e la spensierata felicità, che me la scalo di corsa in un paio di minuti.

La vista è in effetti spettacolare, ma gli alberi disturberebbero irrimediabilmente le fotografie. La pensano così anche gli altri che presto mi raggiungono.

Salutando il panorama aperto a 360°, ce ne torniamo di sotto a organizzare, questa volta sul serio, la cena.

L'unico problema, in effetti, non riguarda il cibo, perché è già pronto e tenuto caldo dalle temperature roventi, piuttosto la logistica.

Malù ha la bella idea di stendere il suo telo da mare sul cofano di una macchina; per comodità scegliamo la Toyota perché più spaziosa. I genitori di Marco si preoccupano di apparecchiare, io di sistemare una tanica d'acqua per lavarci le mani sul tetto della mia auto.

Con ancora un po' di luce iniziamo una spettacolare cena.
Non abbiamo posate, ma poco importa, perché il pane è già affettato e il pollo ce lo siamo fatto dividere in quarti dal commesso del supermercato. Nessuno ha la minima intenzione di formalizzarsi: si usano le mani!
L'unico inconveniente è la pendenza del cofano della macchina, che ci costringe a sorreggere in qualche modo i piatti per evitar di far scappare il povero e inanimato ex pennuto.
I bicchieri di carta, questi li abbiamo presi, si rivelano delle micidiali trappole pronte a rovesciare acqua sul telo e sui piatti al minimo movimento, data la pendenza alla quale cercano, quasi contro la fisica, di restare in piedi.
La scena è divertentissima.
Sei persone che al buio quasi totale, radunate sul cofano di una macchina, si mangiano spensierati, con le mani e con i denti, dei pezzi di pollo arrosto ridendo, scherzando e inondando il silenzioso campo di pura allegria. Un altro momento scolpito nel cuore da non dimenticare per il resto della mia vita.

Un tappeto di stelle, il cofano della macchina, il buio completo, un succulento pollo, la compagnia di un gruppo di amici con cui condividere tutto questo: non si può chiedere di meglio dalla mia cena perfetta.

La notte prima: emozioni, paure e un doveroso tributo al cielo scuro

La cena mia e di Marco viene interrotta dopo il primo quarto di pollo da un ospite così tanto atteso, al quale non mi abituerò mai: la luce zodiacale.
La vedo perfettamente dal cofano della macchina, nonostante le lampade da testa accese sulla sua fronte e quella di Francesco.
Cerco di pulirmi le mani con un tovagliolo, poi rapisco Marco: "Guarda, si vede perfettamente la luce zodiacale, io vado a fotografarla, vieni anche te?"
Tutti meravigliati si girano verso l'orizzonte sud e convinti di osservare il normale chiarore di una grande città, mi chiedono, attraverso Francesco:
"Ma fammi capire, io vedo solo un forte chiarore, dov'è la luce zodiacale?".
Come cambia in fretta la prospettiva. Qualche giorno fa questa era la frase che dentro di me mi attanagliava, spaesato e sconcertato da quanto fosse evidente quella colonna di luce.
Ora sono diventato io la guida.
Come sempre, ho dovuto apprendere quel poco che so da solo, tra mille fatiche ma anche enormi soddisfazioni. E ora sono io a dispensare consigli sul cielo australe, che mi rende orgoglioso come un figlio per il padre:
"È proprio quel chiarore lì la luce zodiacale! Non è il tramonto perché è bianca; non è neanche l'inquinamento luminoso prodotto da qualche città, perché non ne esistono nelle vicinanze. Questo è inquinamento luminoso naturale!"
"Fantastico, impensabile!"; "Roba da non credere!"; "sembra davvero la luce di una metropoli, da lasciar a bocca aperta!"; esclamano Marco, Francesco e Malù quasi contemporaneamente.
Non sono capace di sentire altro, perché Marco mi trascina letteralmente sulla collinetta: "Andiamo a far foto Daniele! Che aspettiamo?"

Abbandoniamo il "tavolo" di corsa e ci lasciamo guidare dalla luce del cielo fin verso le nostre montature, le cui sagome si stagliano nerissime di fronte all'immensa piramide cosmica.
Raggiunta la piccola altura, la visuale toglie il respiro.
La maggiore elevazione rispetto all'ambiente circostante ci fa percepire questo immenso chiarore più che mai evidente, fin sotto l'orizzonte geometrico.
Ci sentiamo immersi, addirittura persi in un cielo per noi alieno e che ora mostra tutta la sua prorompente potenza.
Ho già visto altre volte la luce zodiacale sovrapposta al centro galattico nei giorni scorsi, ma mai da un punto d'osservazione così panoramico. Devo essere sincero, per la prima volta mi sento anche intimorito dall'impressionante dimostrazione di forza del Cosmo e sicuramente sia io che Marco ora ci vediamo più piccoli che mai.

Da una terrazza a picco sull'Universo, la luce zodiacale brilla immensa di fronte a noi, facendoci sentire spettatori piccoli piccoli.

Il timore, però, non si trasforma in angoscia. È impossibile: tutte le nostre molecole sono parte di questo Universo, figlie di

antiche stelle proprio come quelle che stiamo osservando. Sono qui sulla Terra da miliardi di anni e hanno conosciuto questo cielo ben prima di incontrarsi per formare corpi e menti.
È l'istinto a comandare e a guidare i nostri sguardi, verso un ignoto che però non può far paura e sotto sotto non sembra neanche così sconosciuto. Non lo è; non può esserlo, perché in realtà stiamo ammirando, senza averne memoria, questo spettacolo da 4,5 miliardi di anni.
Sentiamo forte un rispetto profondissimo che si trasforma in ammirazione e ha sfumature di sudditanza, consci che per quanto possiamo impegnarci, una visione così non la costruiremo mai nella nostra storia di esseri umani.
Non subiamo però passivamente come dei sudditi senza coraggio che si inchinano ai capricci del proprio re. Ci sentiamo piuttosto parte integrante di questo spettacolo, perché noi, benché piccoli e insignificanti, siamo una delle miliardi, e forse ancora miliardi, di coscienze con cui l'Universo si è voluto circondare, per ammirare la sua perfetta e incontaminata bellezza.
È con questo spirito che, quasi incuranti delle nostre macchine fotografiche, cerchiamo di scattare delle foto per il semplice scopo di appenderle in camera o tenerle sul desktop del computer, con la sicura prospettiva di trascorrere i futuri tristi giorni sotto le nostre campane luminose e mantenere viva la speranza, un giorno, di poterci ricongiungere di nuovo alle nostre antichissime origini.
L'eclisse, sempre più vicina, ora sembra fin troppo lontana. Non c'è spazio per pensare a emozioni che devono venire; quelle che si vivono sono troppo forti.
Ci dimentichiamo di terminare la posa, della cena lasciata a metà, dei nostri amici pochi metri più in giù che magari potrebbero aver bisogno di una mano. Siamo noi e il cielo; noi e la pura estasi almeno per una decina, forse 15, minuti.
Il passaggio di un paio di macchine sulla sottostante strada, illumina la scena e ci fa svegliare da un sogno che avrebbe potuto durare tutta la notte.

Riacquistiamo lucidità e proviamo a osservare il cielo con maggiore consapevolezza.

È Marco che inizia, gettando lo sguardo verso nord-ovest, in una porzione che ho osservato forse solo una volta:

"Quella è Vega o sbaglio?"

Ci penso un attimo e poi, evidentemente quasi abituato alla diversa geometria, riconosco la zona:

"No, quella è Altair, Vega è più in basso, poco sopra l'orizzonte e più a destra. In alto, invece, leggermente più a destra di Vega, c'è Deneb: ecco chiuso il triangolo estivo!"

"Cavolo, hai ragione!". Si ferma un attimo, poi, con un tono meravigliato riprende:

"Noooo, guarda il Cigno capovolto!".

Non riesco a vederlo, giusto per confutare l'impressione di essermi abituato alla diversa prospettiva. Mi limito ad annuire sorpreso, perché lo sarei sicuramente se lo scorgessi.

Scatto un'immagine a questa porzione della Via Lattea che non avevo osservato così distintamente.

È imbarazzante trovare il nostro triangolo estivo così in basso e piegato sull'orizzonte, così come è imbarazzante notare che questo cielo è chiaro perché ripreso meno di mezz'ora dopo il tramonto del Sole, eppure è già scuro quanto il più buio sito di pianura del nostro Paese.

Fa un po' impressione vedere Vega e Deneb così basse sull'orizzonte, ma il colpo di grazia ce lo da Cassiopea, distesa con la sua inconfondibile M quasi dritta a non più di 10-12° dall'orizzonte nord. E a quanto pare, sembra pure vicina al passaggio in meridiano!

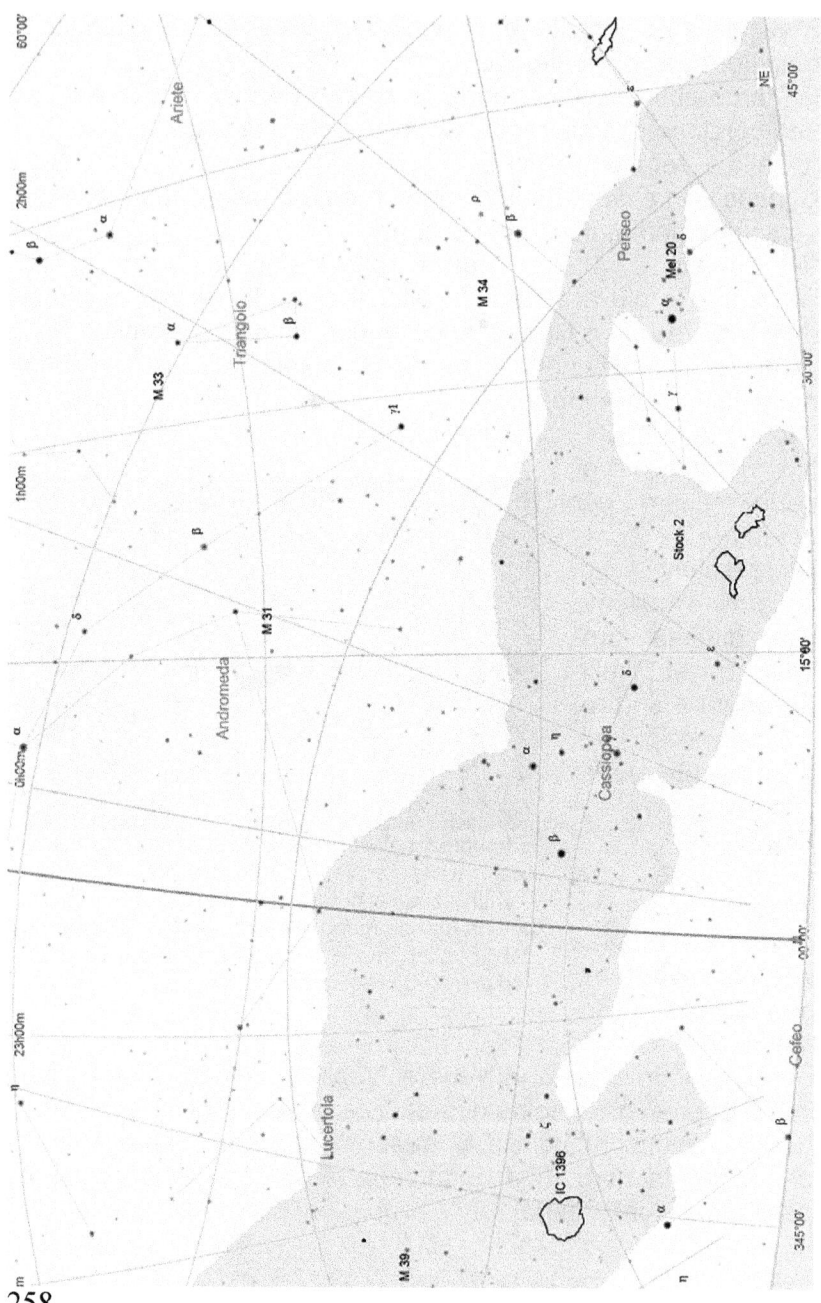

Dopo aver scattato un altro paio di foto e assistito al passaggio di altre auto con i fari puntati verso di noi, decidiamo di scendere per vedere come se la cavano gli altri. Io, intanto, continuo a scattare per ottimizzare i tempi.
La "tavola" è stata sparecchiata, ma io ho ancora fame così chiedo se è avanzato un quarto di pollo. Risposta affermativa, fortunatamente!
Mentre Marco mostra a Malù, Francesco e suo padre un po' di cielo al contrario, io al buio, assistito dalle amorevoli cure di sua madre che mi ha fornito un piatto, acqua e abbondanti tovaglioli, mi mangio con le mani un pollo invisibile.
Sembro un affamato che ha passato due settimane a completo digiuno, ma in realtà voglio solo fare in fretta perché del cibo, ora, non me ne può fregar di meno.
Tenuto a bada lo stomaco, pulite e lavate le mani e ringraziato la madre di Marco per l'indispensabile supporto, ricomincio a guardare il cielo, facendo notare agli altri, ancora voltati verso nord ovest, che a sud c'erano delle nuvole un po' particolari.
Ormai veterano dei cieli del sud, aspetto con trepidante attesa le loro espressioni, che naturalmente non si fanno attendere.
"Eh la madonna!" Esclama Marco facendosi sentire nel raggio di un paio di chilometri.
"Queste si che sono due galassie, altro che i fiocchetti che si vedono al telescopio!" continua visibilmente su di giri.
Anche Malù è emozionata:
"Fanno impressione; non credevo si vedessero così bene! Guarda la grande, nascosta dagli alberi, quanta luce butta su!"
Forse anche Francesco ha esclamato qualcosa, ma io mi sono già perso ascoltando espressioni di meraviglia che non ho mai avuto il piacere di udire, né tantomeno condividere.
Mi sento a casa, compreso e sereno, per la prima volta con delle altre persone.

L'osservazione delle nubi di Magellano segna il battesimo del cielo del sud per tutti i miei nuovi amici.
Ora la serata astronomica, piatto preparatorio per l'eclisse di domani mattina, è ufficialmente iniziata.
Abbandono la postazione per andare a recuperare la macchina fotografica, che sta ancora scattando senza che me ne ricordassi.
Camminare al buio completo non è facilissimo, ma piano piano ci riesco, aiutato anche dall'immensa torcia celeste della luce zodiacale, ora più luminosa che mai.
Un paio di minuti e sono di nuovo tra gli altri, vicino alla postazione di Marco e Francesco, pronto a far foto.
Sulla cresta di una delle colline si vede chiaramente l'inconfondibile tonalità rossa di Betelgeuse, che è appena sbucata dall'orizzonte e tra poco si porterà dietro tutta la costellazione di Orione.
Mi viene in mente una cosa:
"Marco, aspetta. Prima di iniziare voglio controllare sulle mappe dell'Ipad a che altezza si trova ora Betelgeuse che fa il pelo alla collina, così sapremo con certezza quanta eclisse ci perderemo"
"Ah si, ottima idea, Daniele. Controlla subito!".
Apro le mappe interattive dell'Ipad, punto in direzione di Betelgeuse, poi tocco la stella virtuale per farmi dare, tra le altre informazioni, anche l'altezza sull'orizzonte.
E in un attimo la serata festosa si trasforma nell'inizio di una massacrante agonia.
Divento bianco, anche se nessuno se ne accorge a causa dell'oscurità, e con voce tremolante bisbiglio:
"O cazzo"
Pausa per riprendere fiato e cercar di non sentirmi male, poi:
"Marco, abbiamo un problema, un grosso problema".
Già in preda all'agitazione, mi chiede incalzandomi:
"Che problema Daniele? Quanto è alta Betelgeuse?"
"L'Ipad mi dice 13°. Se è vero domani la fase totale non la vediamo, se non un pezzettino poco sopra le colline".

La tragedia travolge come una grande onda anche Marco, che nel panico proferisce, con enorme disperazione:
"Nooo, non è possibile! 13 gradi??? Se è così siamo fottuti!"
"Guarda", continuo alimentando le nostre nuove, terribili, certezze, "Giove mi dice essere alto 23° e se distendi bene il palmo della mano di fronte a te, i conti sembrano tornare. Con tutte queste alture non si capisce bene dove sia la linea dell'orizzonte geometrico. Prima forse siamo stati ingannati, pensando fosse molto più vicino al cielo."
Marco, preda della terribile agitazione, annuncia a tutti questa sconvolgente scoperta:
"Ragazzi, siamo nella merda. Da qui la fase totale non la prendiamo. Vedete Betelgeuse? Si trova più o meno dove dovrebbe stare il Sole all'inizio della totalità. E la corona solare non è certo puntiforme come una stella!
Le reazioni di Malù e Francesco sono bellissime, perché creano un contrasto che in altro contesto avrei certamente apprezzato.
Lei, molto più esuberante e impulsiva, si lascia andare a un'imprecazione che fa da apripista alla rassegnazione: "o merda! E adesso come facciamo? No, ragazzi, io l'eclisse voglio vederla, non esiste che sono arrivata fin quaggiù per guardare delle colline. Anche a costo di spostarmi ora in mezzo al buio!".
Mentre Francesco:
"Ma siete sicuri? Dobbiamo trovare una soluzione, nel caso. Ma spostarsi alla cieca senza veder nulla è improponibile!"
Marco, anch'egli impulsivo, sta per cedere alla tentazione di prendere subito la macchina; lo leggo nell'ombra del suo viso e in quello che mi chiede:
"Controlliamo meglio, perché se il Sole dovesse sorgere tra le due colline potremmo guadagnare quei pochi gradi che ci servono. Altrimenti…"
Le mani tra i capelli, gli occhi aperti e persi nel vuoto come se avesse visto un mostro, è visibilmente scosso e non fa nulla, né riuscirebbe, per nasconderlo.

In questo modo, però, trascina tutti nel baratro e ci fa perdere quella residua lucidità.
Controllo di nuovo.
Betelgeuse ora sta salendo:
"Sono 14°, quindi l'Ipad per una volta non dice una cavolata" rispondo sconsolato. Poi aggiungo:
"Se il Sole dovesse sorgere dove hai detto tu prima, guadagneremmo un grado se va bene: troppo poco.
A questo punto, perché non andiamo a vedere sulla collina dietro la strada? Potremmo guadagnare quei due gradi che ci permetterebbero di star tranquilli"
"Ah, proviamo questa e poi dobbiamo per forza di cose pensare di trovare un altro posto! Da qui non si vede, ormai è sicuro!" risponde Marco ormai convinto.
Lo interrompe bruscamente suo padre, che con tono deciso e arrabbiato esclama:
"Ragazzi, calma! Da qui io non mi sposto! Sarebbe assurdo andarsene nel cuore della notte E dove? Non si vede niente! No, io resto qui!".
Gli fa eco Francesco:
"Spostarsi è improponibile, non diciamo boiate. Dobbiamo cercare di evitarlo in tutti i modi perché non abbiamo idea di dove andare. Vediamo la collina."
"Ma ci sono gli alberi!" Esclama Marco.
Intervengo io per calmarlo:
"Basta salire un po', magari ci mettiamo prima che iniziano gli alberi. Il problema sarà piuttosto portarci tutte le cose..."
"Ah, io ci porto su tutto anche a occhi chiusi, non me ne frega niente, voglio veder l'eclisse!" ribatte Marco visibilmente agitato.
Io, lui, Malù e Francesco, torce e led dei cellulari alla mano, attraversiamo la strada deserta e cerchiamo il punto più alto possibile senza l'intromissione degli alberi.
Non sappiamo cosa ci sia in terra e quali insidie possa nascondere quest'erba secca. Sembriamo dei contadini che girano tranquilli per l'orticello di casa propria.

Sappiamo già che dalla cima non avremo problemi, ma sarebbero impossibili le foto a causa della presenza di qualche albero spelacchiato.
Io, il più atletico e, forse, il più agitato, anche se non lo manifesto come Marco, incurante di tutto e tutti mi arrampico su una ripida cresta che porta a un piccolo terrazzo. Guardo di fronte, ma sono ancora troppo in basso. Decido di scalare un altro po', aiutandomi con le mani conficcate nel terreno invisibile.
Arrivo al confine con gli alberi. Più in su non si può andare, perché sarebbe impossibile trovare un posto con la visuale libera.
Cerco delle stelle di fronte a me che siamo al pelo dell'orizzonte est. Ce ne sono un paio del Cane Maggiore che sta salendo; una di queste è Murzom, la beta, che precede di qualche grado la levata di Sirio.
L'Ipad dice 11° dall'orizzonte; ancora al limite.
Non so cosa fare.
Ai piedi di questa scomodissima postazione, proprio a picco sulla strada sottostante e con pochi appoggi per evitar di scivolare, ci sono le luci dei miei amici. Incurante del silenzio attorno, alzo la voce per chiedere aiuto:
"MARCO! SALI CHE MI SERVE UNA MANO!".
Mentre cerca di venir su, rischiando di cadere più di una volta, io provo a spostarmi qualche metro più in alto o a destra, ma la situazione non cambia.
Giunto sul posto, lo aggiorno:
"Da qui guadagniamo un paio di gradi forse, ma siamo ancora al limite".
"Si; spiegami meglio"
"Vedi quella stella poco sopra l'orizzonte, di fronte a noi? L'Ipad dice che è alta 11°"
"Beh, non sarà spettacolare ma potremmo esserci" risponde con un leggerissimo accenno di ottimismo, poi continua:
"Se poi il Sole sorge tra le due colline, possiamo guadagnare un altro grado! Dici che ancora non va bene?"

Intervengo per smorzare l'entusiasmo. Purtroppo sono fatto così: quando la situazione si fa difficile, mi abbatto e tendo a veder sempre più nero.
"Ecco, appunto, il Sole non sorge dove hai detto te prima, abbiamo sbagliato anche questo."
"Pure, e che cazzo! Abbiamo fatto qualcosa di giusto? È un incubo!"
"Il Sole in questo momento si trova alla declinazione di -16° e qualcosa, la stessa di Sirio, che è la stella che ora sta al pelo dell'orizzonte. Quindi sorgerà da lì, non verso Orione come abbiamo detto prima"
"Eh, ma va ancora meglio; non è proprio in mezzo alle colline ma in uno dei punti più bassi" risponde facendomi notare questa buona notizia, che il mio stato d'animo attuale non vedrebbe neanche se ci inciampasse.
"Quanto è alta Sirio ora?" mi chiede.
Un attimo di involontaria suspense, poi il verdetto, poco confortante:
"10° e qualcosa".
Marco è combattuto nel giudicare questa una notizia buona o no, perché prima afferma:
"beh, dai, da qui si vedrebbe almeno un po' ", poi se ne va verso destra cercando un posto migliore.
Lo seguo in silenzio ma non lo trova. Si ferma ed esclama:
"Cazzo Daniele, Cazzo! O portiamo tutta la roba qui, sperando sia sufficiente, oppure un paio di noi vanno a cercare ora in macchina un luogo migliore."
È il verdetto che ci taglia le gambe.
Senza rendercene conto torniamo dove eravamo prima, guardando sconsolati il cielo e l'Ipad per qualche minuto.
Solamente la litania di Marco che ogni 30 secondi mi chiede a quale altezza si trova Sirio, interrompe il silenzio, ma ha il potere di introdurne di nuovo e ancora più pesante.
Non sappiamo che fare; siamo disperati e privi di scelta.

Senza contare il fatto che portare tutto qui domani mattina sarebbe una fatica immensa, oltre che un pericolo per noi e l'attrezzatura.
Ci disperiamo e dimeniamo come fossimo in gabbia.
Controlliamo e ricontrolliamo l'Ipad e tutto, purtroppo, sembra non darci scampo.
Che fare ora? Cosa? Di certo la possibilità di non veder la fase totale non la prendiamo neanche in considerazione.
Detto questo, però, cosa possiamo fare?
Nel nostro vagar senza meta, Marco mi chiede, per non so quale motivo, di simulare l'eclisse di domani con le mappe dell'Ipad.
Niente di più semplice, basta mandare avanti il tempo fino a domani mattina, più o meno alle 6, e il gioco è fatto.
"Ecco, ci siamo, qui è poco dopo l'inizio" gli dico facendogli vedere lo schermo fastidiosamente luminoso.
"Manda avanti, fammi vedere la totalità e dimmi a che altezza, precisa, si trova il Sole."
"Certo, ecco qui, più o meno ci siamo"
Una pausa di interdizione, e poi:
"ah, qualcosa non torna; sembra che da qui non sia totale secondo l'Ipad, ma questo almeno lo sappiamo con certezza!"
"Non è totale?? come mai?" replica Marco.
"Ah, non lo so, te l'ho detto più di una volta che questo coso non è affidabile. Eppure le coordinate del luogo sono giuste, più o meno. Sono su Cairns ma cambia poco"
"Eh no! Ci serve precisione assoluta. Metti la nostra posizione corretta! Aspetta che ti do le coordinate".
Io intanto apro la mappa interattiva del globo terrestre per impostare le coordinate.
Noto però subito una cosa strana: l'Ipad mi indica Cairns ma il crocicchio punta al largo dell'oceano, a diverse centinaia di chilometri dalla città!
Una speranza, mista all'imbarazzo e alla vergogna per quello che sta succedendo, inizia a crescere esponenzialmente dentro di me, regalandomi sudorazione improvvisa, vampate di

calore, cuore in palpitazione, occhi sbarrati, voce tremolante, e un moderato tono di speranza.
"Marco..."
"Marco!" ripeto con tono secco,
"Si, dimmi Daniele!"
"Questo coso punta in mezzo all'oceano, anche se mi indica Cairns. L'eclisse non ce la da totale perché siamo addirittura fuori dalla fascia di totalità.
Forse forse abbiamo risolto il problema. Dammi le coordinate precise di dove siamo che le imposto".
Non dice una parola, si limita a darmi le coordinate che con un po' di fatica, grazie sempre a questo simpatico dispositivo elettronico che ora getterei volentieri in mezzo alla strada, riesco a impostare.
Marco aspetta ansioso l'esito della nuova misurazione dell'altezza di Sirio.
Con il cuore in gola e la voce che sembra dispensare lacrime di gioia, sussurro buttando fuori tutta insieme la tensione accumulata: "Marco... Ora mi dice che Sirio è alta appena 4°"
"E Betelgeuse??"
"11°...un paio di gradi in meno dell'altezza del Sole nella fase totale... Siamo salvi!"
"11 gradi??? Se fosse così sarebbe perfetto! Aspetta che provo a far andare Stellarium sul mio Iphone e facciamo un controllo incrociato!"
L'intonazione delle parole è già cambiata, ma entrambi manteniamo una prudenza che nasce dall'esperienza appena vissuta: se ci sbagliassimo di nuovo? Se l'Ipad ci dicesse cose non vere ora?
Marco è pronto, e insieme iniziamo un siparietto che visto dall'esterno parrebbe esilarante.
Due pazzi in equilibrio su uno strapiombo che guardano l'orizzonte con due cosi che gli illuminano la faccia e nel silenzio totale, con voce seria e tragica, sparano strani numeri come se stessero organizzando un segretissimo attacco nucleare.

"Sirio che altezza ti da ora?" chiede Marco.
"12 gradi e 24 primi. A te?"
"12 gradi e 21 primi"
Urge conferma e lui è più rapido:
"Betelgeuse?"
"16 gradi e 08 primi"
"15 gradi e 58 primi"
"Giove? "
"24 gradi e 22 primi"
"24 gradi e 18 primi"
Silenzio...
Scrutiamo il cielo da Giove fino all'orizzonte est.
Ci guardiamo... Stiamo per esplodere di gioia, ma prima, per scrupolo, diamo l'ultima serie di numeri.
Sono io a prendere l'iniziativa:
"Quella stellina in basso, che è spuntata da poco sull'orizzonte, quanto è alta? A me l'ipad dice essere Aludra e si trova a 5 gradi e 57 primi!"
"5 gradi e 53 primi" risponde Marco.
Io non sto più nella pelle e mi concedo pericolosi saltelli e parole senza senso:
"Ma dai!!! Tutta colpa di sto coso! Quasi quasi lo lancio in strada! Bastardo che ci hai fatto prendere un colpo, ti odio! Marco, è fatta! Siamo certi di vederla ormai, ci siamo preoccupati per nulla, i nostri Apple concordano entrambi con la differenza di qualche minuto d'arco, che su diversi gradi è insignificante!"
Stranamente non vedo in lui la reazione che mi aspettavo, anzi, ancora evidentemente sotto shock, mi risponde con calma:
"Daniele, aspetta, prima andiamo giù, apriamo il mio portatile dove c'è Stellarium che funziona, e vediamo se ci da la conferma. Dopo quello che abbiamo passato, meglio essere prudenti... Oddio, questa eclisse è una sofferenza assurda!"
Scendiamo da questo posto che ormai sarebbe scomodo a priori, anche se fosse cosparso di profumati fiorellini, e incontriamo Malù e Francesco che ignari di tutto si sono fatti il loro piano.

È Francesco a dircelo:
"Ascolta Marco, con Malù abbiamo stabilito che a questo punto due partiranno con una macchina e andranno a cercare un posto migliore. Inutile spostarsi tutti insieme senza sapere prima dove andare."
Marco è laconico, troppo impegnato a dare certezza alla sua mente combattuta:
"Forse non c'è bisogno...".
Francesco e Malù, disorientati, chiedono prima spiegazioni a lui, poi a me, dato il suo silenzio e la camminata spedita che in pochi istanti ci ha già superato.
Io, d'altra parte, contento come non mai, accantono l'imbarazzo per una vicenda nata tutta da me, e spiego a sommi capi l'accaduto:
"È colpa mia e dell'Ipad. Avevo impostate le coordinate sbagliate e tutte le altezze erano sballate. L'orizzonte ci ruba solo 4 gradi al massimo, non 12 come pensavamo. Siamo salvi!"
Io al posto loro avrei iniziato a tirar insulti per le prossime 4 ore e messo al rogo l'Ipad. Invece la felicità per aver scampato un pericolo mai esistito è evidentemente molto più forte della voglia di trovare un giustissimo capro espiatorio.
"Quindi tutto questo casino per niente?" domanda Francesco, supportato da Malù: "Dai, che bello, dimmi che è così!".
Io rispondo con lo sguardo in basso per la vergogna e la voce sommessa: "Esatto, non c'è mai stato alcun problema, l'eclisse si vede perfettamente"
Francesco si lascia andare:
"Certo che questa è l'eclisse più sofferta di tutte!"
"Ma Marco dove è andato?" chiede Malù.
"Ad accendere il portatile e avere la conferma definitiva."
"Allora andiamo!" ci esorta Francesco, che durante la breve camminata ricomincia a ridere e sparar battute:
"Pensate se avessimo detto a tutto il piazzale di sgombrare perché l'eclisse non si sarebbe vista... Che figura di merda avremmo fatto!"

Risata generale accentuata dalla tensione, che in qualche modo deve pur uscire.
Raggiungiamo Marco che ha già acceso il computer sul cofano della macchina.
"Ok ragazzi, impostiamo le coordinate precise, l'orario esatto... Ecco fatto!
Daniele, a quanti gradi è Sirio ora?"
"14 gradi e 16 primi!"
"CAZZO!... A me la da a oltre 23 gradi!"
Il gelo torna sovrano, ma non trova appiglio su di me, perché ora la mente è tornata abbastanza lucida da farmi comprendere che una simile altezza non può essere corretta.
Rompo gli indugi: "Marco, non è possibile, avrai impostato male qualcosa, non è così alta!"
Mi fa eco Francesco:
"Prova a dare un'occhiata alle impostazioni".
Malù, invece, è tornata nel baratro e non riesce a parlare, con le mani unite a coprire naso e bocca.
"Ragazzi, siamo 12 ore più del tempo universale, vero?" ci chiede di nuovo privo di lucidità.
"No Marco, mi sembra di no!" risponde Francesco guardando me e cercando un appoggio che trova:
"Siamo a +11 ore rispetto al tempo universale; non abbiamo lo stesso orario di Sydney"
Marco si riaccende: "è vero! Che idiota!"
Impostato correttamente il fuso orario, mi viene richiesta di nuovo l'altezza di Sirio prima e Betelgeuse poi.
Finalmente coincidono con uno scarto di pochi primi d'arco!
Marco sembra accasciarsi sul cofano della macchina abbassando la testa, poi la risolleva leggermente, restando ancora appoggiamo sui gomiti, e improvvisamente rilassato si lascia andare a una semplice, commossa e sentita frase:
"Signori, siamo salvi..."
Io, Malù, Francesco e i genitori che in disparte hanno seguito tutte queste assurde vicende, ci lasciamo andare in versi di pura felicità.

La grande paura è passata davvero adesso!
Non c'è tempo per trovare colpevoli, accusare qualcuno, discolparsi e cercare giustificazioni. Nulla di tutto questo; è semplicemente una grande festa che ci vede tutti vincitori, su un problema inesistente che le nostre paure non troppo velate forse hanno contribuito a creare.
Provo a scusarmi per il subbuglio creato ma ricevo solamente simpaticissimi "vaffa" che mi fanno comprendere che in un gruppo di amici veri, non ci sarà mai nessuno che punterà il dito contro qualcuno.
È una gran bella sensazione.
Mi sento parte di qualcosa davvero bello.

Ora che la grande paura è passata, ma le battute continuano, possiamo dedicarci finalmente al cielo, che incurante di questi stupidi problemi ha continuato indipendente la sua storia.
E le vicende celesti di questa magica notte sono entusiasmanti.
La luce zodiacale comanda ancora la scena, a tal punto da creare addirittura fastidio per l'osservazione.
Orione è ormai sorto, e anche la grande nube di Magellano ha guadagnato preziosi gradi sull'orizzonte.
Io e Marco parcheggiamo le fotocamere verso il sud e cominciamo, insieme, a capir qualcosa in più di questa cupola celeste.
Lui, Malù e Francesco, esperti osservatori, restano affascinati dall'enorme quantità di stelle visibili. Io, al contrario, sono un po' interdetto. È molto scuro, non si vedono segni di inquinamento luminoso se non da dietro la collina verso nord e per pochi gradi. Eppure la volta sembra molto più brillante rispetto alle notti scorse.
Non sembra essere un problema di trasparenza; non ci sono veli in cielo che creano l'inconfondibile effetto flou sulle stelle. Piuttosto sembra che tutto brilli di una luminosità non omogenea ma evidente e, per me ormai abituato alla perfezione, fastidiosa.

Intanto Marco scatta le prime foto, mentre io ancora aspetto perché non so cosa fotografare. Con me ho solo l'obiettivo originale 18-55 mm, di gran lunga più scadente di quelli utilizzati nei giorni precedenti.
Questa sera, almeno ora, sono ancora sufficientemente lucido, al punto che forse potrei riuscire a scoprire le costellazioni del sud che non ho ancora individuato, grazie anche all'aiuto di Malù che sfogliando le sue mappe cartacee mi chiede aiuto per trovare l'Ottante.
Riprendo in mano l'odiato Ipad e comincio a orientarmi.
L'Ottante, figura estremamente evanescente, è in parte nascosto dagli alberi alla fine del piazzale, ma riesco, almeno credo, a individuarlo. È un triangolo ottusangolo con le prime due stelle non troppo lontane dalla piccola nube di Magellano, proprio sulla congiungente tra questa e una relativamente luminosa: la Beta dell'Idra Maschio. Notare invece la terza stellina, a circa 10° dall'orizzonte, di magnitudine oltre la quarta, è uno sforzo che richiede visione distolta, acutezza visiva e un pizzico di immaginazione. Ci riesco, ma non nell'impresa di farla vedere anche a Marco e Malù.
Francesco, intanto, si attacca all'occhio di un binocolo, credo un 15X70 o qualcosa di simile, e scruta a caso il cielo. Ogni pochi secondi le sue espressioni di meraviglia ci riescono a regalare parte delle emozioni che sta vivendo.
Continuo il mio tour delle costellazioni, partendo sempre dalle nubi di Magellano.
Questa volta tocca alla grande. Da qui trovare il pesce dorato è piuttosto facile. È una specie di "L" molto allungata e aperta, che si distende in verticale, parallelamente all'asse maggiore della nube, e termina in una zona piuttosto povera di stelle.
Una decina di gradi più a est, brilla brillante Canopo.
La tentazione di individuare la parte sopra l'orizzonte della Carena è troppo forte.
Sembra più facile del previsto, grazie alla presenza di due stelle molto basse di discreta luminosità.

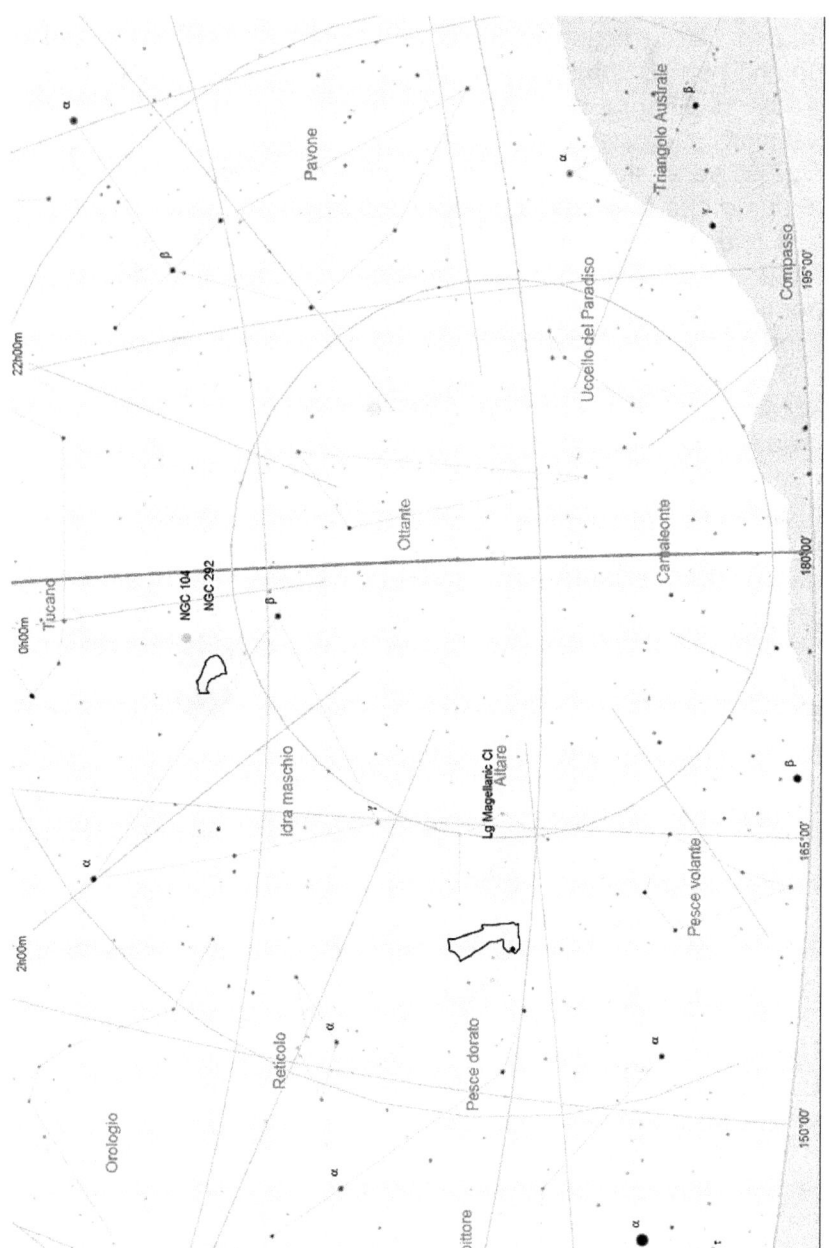

Quando nomino la costellazione, Malù mi interrompe e mi chiede con estremo interesse:
"Ma Eta Carinae si vede? Quando?"
Le rispondo istantaneamente:
"Ancora no, salirà tardi, dopo le 2"
"Ma si vede a occhio nudo? È la mia nebulosa preferita, vorrei vederla! Marco mi ha promesso che l'avrebbe fotografata, ma non ci spero troppo!"
"Si, certo che si vede a occhio nudo, è evidente quasi quanto la nebulosa di Orione! Quando salirà te ne accorgerai!"
"Maaa che bello, non vedo l'ora! Hai sentito Marco? Prepara la macchina fotografica!"
Sorrido, ma sono troppo concentrato per dire altro. Continuo il mio tour ritornando sulle nubi di Magellano, questa volta la piccola.
Poco a ovest e leggermente in alto, due stelle di uguale luminosità mi ricordano da lontano, in piccolo, la coppia Castore e Polluce dei Gemelli. Sono tra gli astri più brillanti del Tucano, moderna costellazione che da qui, credo, sia circumpolare.
La strana forma, simile a un trapezio a cui è stato aggiunto un lato, è facile da identificare per la simmetria e l'assenza di molti astri, in questa zona di cielo già lontana dall'affollata Via Lattea. Le due stelle del lato lungo superiore puntano dritte verso un concentrato e curioso asterismo, ricco di astri brillanti, che forma una specie di fiume in miniatura con annessi un paio di affluenti.
Si tratta dalla curiosa costellazione della gru, questa volta abbastanza somigliante all'uccello alato, il cui cuore è identificato da una luminosa stella decisamente rossastra.
Una ventina di gradi più a nord-ovest l'inconfondibile luce bianca di Fomalhaut delimita perfettamente i confini del cielo conosciuto. Sta accingendosi verso il tramonto, ma è ancora a più di 45°; un'altezza che non raggiungerà mai sui nostri orizzonti boreali.

È passata probabilmente più di mezz'ora, forse anche un'ora: non riesco a rendermi conto del tempo che scorre.
Orione è discretamente alto sull'orizzonte.
Rigel, dall'evidente tonalità azzurrina, è più o meno alla stessa altezza delle Pleiadi, che rovesciate sembrano voler guadagnare velocemente le quinte di questo teatro che non le vede come protagoniste.
Mi soffermo per un momento in questa zona di cielo, perché mi sembra di vedere un'insolita concentrazione di luminosità appena percepibile in visione diretta, più evidente in distolta.
Sicuramente è inquinamento luminoso: vorrebbe dire essere immersi una città con i lampioni puntati verso l'alto. Non mi sembra sia questo il caso!
Il rigonfiamento di luce sembra somigliare a uno di quei laghi perfetti, formati da un immissario, che in questo caso viene da ovest, e un emissario, molto più debole ma percepibile, che dalla parte opposta sfuma lentamente nel fondo cielo.
L'immissario, a ben osservare, sembra congiungersi chiaramente con la luce zodiacale, che ancora domina l'orizzonte ovest, più evidente che mai.
Proprio ora che credo di aver visto tutti gli straordinari fenomeni di un cielo scuro, devo ricredermi, di nuovo.
Anche questo è uno di quei fenomeni che si legge con estremo scetticismo solo sui libri di astronomia.
Il termine è brutto da scrivere e da pronunciare: gegenschein.
Che cos'è? Nella lingua tedesca significa letteralmente "bagliore riflesso", ma questo non aiuta più di tanto.
Non so se sono nelle migliori condizioni per spiegarlo, ma il gegenschein è un rinforzo di forma ovale della luce zodiacale, nel punto esattamente opposto al Sole.
I responsabili sono di nuovo le polveri lungo il piano del Sistema Solare.
Nei pressi del Sole generano la luce zodiacale. Mano a mano che guardiamo a maggiore distanza angolare, diminuisce la percentuale di luce che giunge alle minuscole particelle di polvere, quindi anche la sua visibilità.

Nel punto opposto al Sole, però, si ha un rinforzo causato dal fatto che noi osserviamo le particelle illuminate di fronte, quindi con una fase sempre piena. Ne consegue una maggiore quantità di luce riflessa, responsabile di questo debole alone in mezzo al cielo.
Non ho mai visto, o forse non ci ho fatto caso, il gegenschein nelle serate precedenti, nemmeno sotto il perfetto cielo di Chillagoe. Questa sera, pur vedendosi meno stelle, il fenomeno è evidente, come la luce zodiacale che attraversa tutta l'eclittica, si rinforza proprio qui nella zona delle Pleiadi e prosegue ancora fino ad abbracciare il cielo da orizzonte a orizzonte.
Impressionante davvero, mai vista una cosa del genere!
Lo faccio notare ai miei amici, anche per avere conferme:
"Guardate nella zona delle Pleiadi; non vi sembra di notare un alone più luminoso del resto?"
Marco, Malù e Francesco, dopo una decina di secondi, rispondono in coro affermativamente.
"Bene", proseguo, "quello è il gegenschein, Signori! L'avete mai visto? Io no!"
Restiamo tutti meravigliati e io, ancora non pago, faccio notare un'altra cosa:
"Se fate bene attenzione, potete vedere un sottile fiume di luce uscire verso ovest e ricongiungersi alla luce zodiacale. In realtà è questa, che si innalza fino al gegenschein e, almeno mi sembra, vada addirittura oltre!"
Interviene Marco:
"O Porca troia, è vero! Daniele sei un grande; ora che me l'hai fatto notare è evidente!"
Malù è senza parole; anche Francesco, che comunque riesce a dire qualcosa:
"Roba da matti!"
"Marco, dobbiamo fotografarlo, ho trovato finalmente il mio soggetto!" grido nonostante sia a pochi centimetri da me.
"Ci sto, Daniele! Ma attento a non sprecare la batteria perché altrimenti l'eclisse come la fotografi?"
"Tranquillo", rispondo sicuro, "Non dovrei aver problemi!"

Punto la fotocamera nella scomoda, per la montatura equatoriale, porzione di cielo attorno alle Pleiadi e inizio a scattare. Sicuramente servirà una posa lunga, perché la luminosità è molto debole; probabilmente, come la luce zodiacale, si vedrà meglio a occhio nudo che sul sensore.
Aspettando nervoso il lento scorrere dei secondi sul display della reflex, decido di prendere il mio telo da mare da dentro la macchina, stenderlo vicino alla montatura e godermi sdraiato il cielo e il tempo che passa.
Malù, forse stanca, decide di sedersi vicino a me, e con il laser che ho preso in prestito da qualcuno che ora non esiste più, ci spazzoliamo questa porzione di cielo alla ricerca delle somiglianze, poche, e delle differenze, tante, con quello visibile dalle nostre città.
"Quella è Andromeda, se non sbaglio, vero?" interviene Marco, in piedi qui davanti vicino alla macchina fotografica.
Punto il laser verso quell'evidente batuffolo allungato e confermo:
"Si, questa è Andromeda!"
Interviene Malù:
"E quell'altro batuffolo di fianco?"
"Non sarà M33, vero?" aggiunge Marco stupito.
"Si", confermo di nuovo, "questa è M33... Chi l'avrebbe detto fosse così evidente, vero?"
"Merda! È facilissima da vedere!" risponde Malù manifestando tutto il suo stupore.
Io, da veterano, affermo:
"Ve l'ho detto che un cielo scuro fa impressione. Pensate che è bassa sull'orizzonte; se fosse stata allo zenit avrebbe fatto ombra!"
"Pazzesco!" risponde Marco.
Intanto la prima posa è pronta; sette minuti possono bastare. Chiudo l'obiettivo e osservo l'immagine. Poi esclamo:
"Marco come sei fotogenico!"
"Sono entrato nella foto?"
"Un po', ma sei venuto bene!"

"Uh, scusami tanto Daniele! Cavolo, ti ho rovinato la foto!"
"Ma no, figurati! Ci sono anche i fasci del laser che ho in mano; sono furbo vero?"
Effettivamente non mi interessa l'estetica: il gegenschein, seppur debole, c'è, e questo è quello che conta.

Non è vignettatura dell'obiettivo: quest'alone non è altri che un rinforzo della luce zodiacale che attraversa quasi tutto il cielo. Si chiama gegenschein e io non l'avevo mai visto prima d'ora.

Decido di continuare a scattare in questa porzione di cielo e di accodarmi intanto a Francesco, che non molla un attimo il binocolo.
Io sfodero il mio improvvisato monocolo e da seduto mi faccio una carrellata di oggetti già visti: la grande nube di Magellano, perfetta ed elegante come me la ricordavo, 47 Tucanae, quasi del tutto risolto, la nebulosa di Orione, prorompente come non mai...
Anche Marco mi raggiunge sul telo da mare, e Francesco si avvicina per farci provare il binocolo.

Comincia ora la caccia vera e propria agli oggetti che non ho ancora osservato.

Il primo obiettivo, suggerito da Malù che intanto l'ha puntato velocemente con il binocolo, è la nebulosa del granchio.

È un batuffoletto piccolissimo ma perfettamente visibile sia nel binocolo che nel telescopio: è evidente la forma allungata. Se non fosse per il modesto ingrandimento, la luminosità è paragonabile a quella di un telescopio da 20 centimetri sotto uno scuro cielo di pianura.

47 Tucanae è quasi risolto con il mio improvvisato monocolo. Impressionante!

Il nostro prossimo obiettivo, suggerito da Marco, è M78, nebulosa a riflessione in Orione.

Ricordo cosa dice la pagina italiana di Wikipedia a riguardo:

"L'oggetto è anche alla portata di un binocolo 10x50, sebbene occorra un cielo molto nitido per la sua osservazione, come pure osservandolo con un telescopio da 60-80mm di apertura"

Proprio per questo motivo sono un po' scettico.

In effetti Marco prova a puntarla e non la trova.

"Prova tu Daniele, io sono convinto si possa vedere"

Mi passa il monocolo e in pochi secondi la trovo, piccola, luminosa, perfettamente contrastata rispetto al fondo cielo, con una forma che ricorda quella di un plettro di chitarra cosmica:

"No, ma guarda com'è evidente, sembra quasi come in fotografia!" esclamo passando il testimone prima a Malù, poi a Marco e indicando la posizione con il laser (ecco, altra foto rovinata!).

Tutti concordano; anche Francesco che la osserva con il binocolo, attraverso il quale, grazie alla visione a due occhi, è ancora più contrastata.

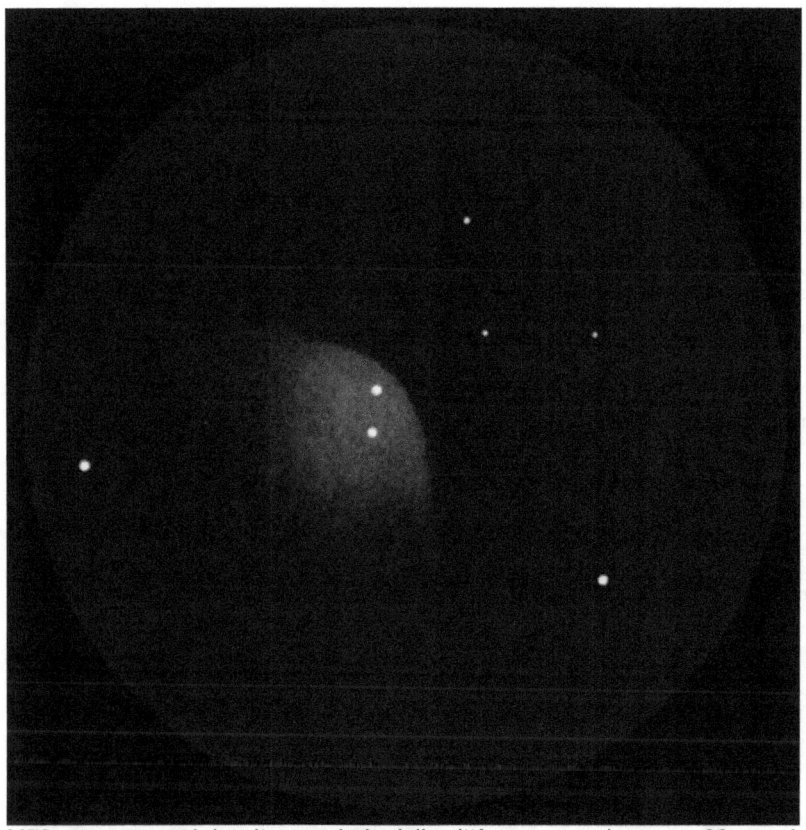

M78 non sono mai riuscito a vederla dalla città, eppure qui, con un 80 mm, è fin troppo evidente.

Marco ha fiutato le potenzialità del cielo e alza la posta:
"Daniele, dammi il monocolo; provo a vedere la nebulosa Fiamma!"
Non dico niente perché ormai so che tutto è possibile. Infatti:
"Nooo, ragazzi non ci credo! Si vede la Fiamma, è evidentissima! Riesco a notare chiaramente la forma!"
"Marco, ma non dire stronzate!" Interviene a gamba tesa Malù.
"Guarda te Daniele, poi dimmi se è vero quello che ti dico!" fa eco Marco.
Prendo il monocolo e inquadro la zona di Alnitak.

Non posso credere ai miei occhi.
Di fronte mi sembra di avere, di nuovo, una fotografia.
La nebulosa non solo è visibile, seppur semi trasparente, ma ha anche la tipica forma della fiamma visibile in ogni scatto, con palesi tenui screziature più scure.
Riguardo meglio per essere sicuro, ed è ancora lì: non è frutto della mia immaginazione!
Non dico nulla.
Passo il monocolo a Malù, che esclama:
"Cazzo ma c'è davvero, non siete due minchioni! Spettacolo!"

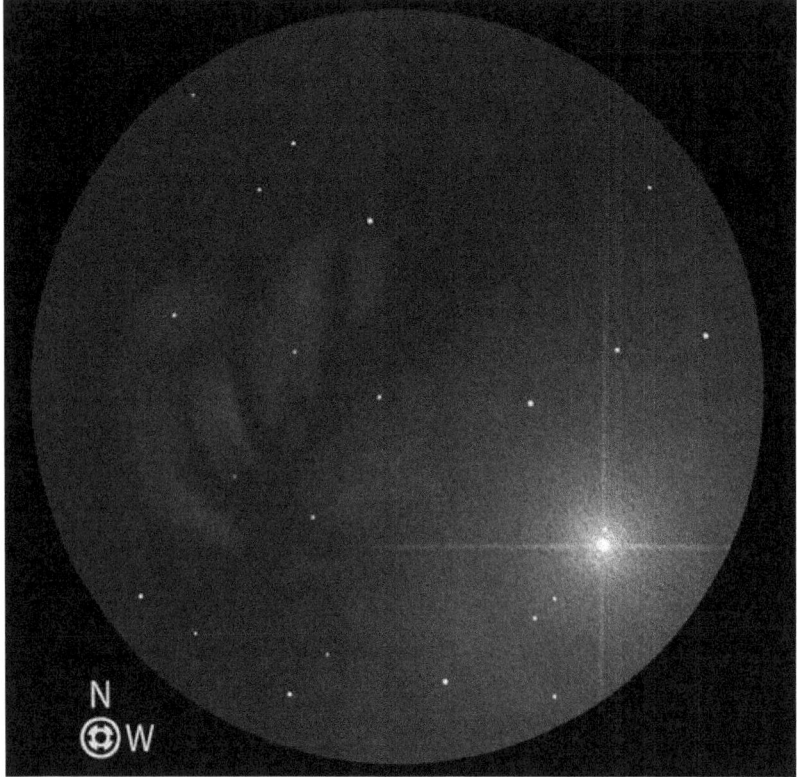

La nebulosa fiamma sembra un'immagine in bianco e nero. Evidente, screziata, e addirittura di generose dimensioni sia con il telescopio che con il binocolo da 70 mm!

Io riguardo di nuovo attraverso il mio telescopietto, ma dopo pochi secondi sento Marco, che impossessatosi del binocolo esclama:

"La Rosetta, la Rosetta! È lì, scolpitissima come in una foto!"

Una risata clamorosa, poi continua:

"Non ci credo, ma in che posto siamo finiti! Puntala Daniele, è spettacolare!"

Ebbene, dopo avermi puntato la zona con il laser, riesco ad osservare con il mio misero rifrattore da 80 mm quello che in anni non sono mai riuscito a fare neanche con un telescopio di 25 centimetri.

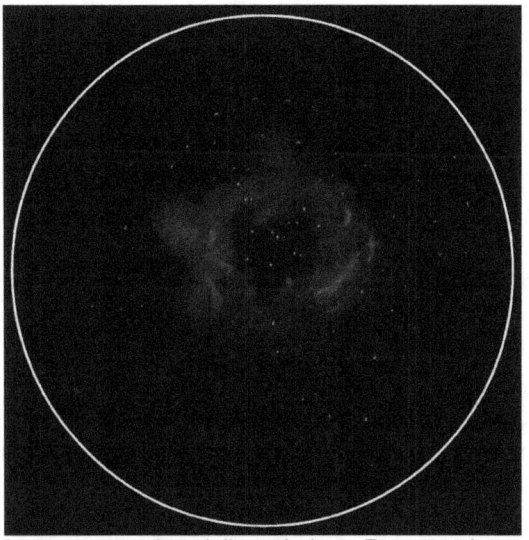

La rosa cosmica della nebulosa Rosetta, dettagliata e scolpita, seppur semi trasparente, è identica alle fotografie.

La nebulosa Rosetta, con i suoi delicatissimi petali ben evidenti, avvolge come soffice seta il brillante ammasso aperto nel suo cuore.

Ora la visione raggiunge momenti di assoluta commozione.

La contemplo, ancora più evidente al binocolo, e finalmente riesco, forse per la prima vera volta, ad apprezzare le osservazioni del cielo profondo.

Non si ha bisogno di una macchina fotografica se un piccolo telescopio permette già di vedere gli stessi dettagli attraverso lo strumento migliore di tutti: l'occhio. La macchina fotografica non riesce a catturare le emozioni, tutte quelle sfumature, un campo molto più ampio. L'occhio in 1/20 di secondo vede più di una foto di qualche minuto, senza regalare raggi cosmici,

rumore a pioggia, pixel bruciati e interminabili ore di fronte al computer. Qui l'Universo si tocca con mano e si vede in diretta.
Mi viene in mente cosa dicono esperti osservatori in merito a questo oggetto, qualcosa che suona di questo tipo:
"La Rosette Nebula é un oggetto abbastanza difficile per i piccoli telescopi. Nei migliori binocoli é identificabile come un'aura informe di debole luce che circonda l'ammasso aperto."
Nulla di più sbagliato se si dispone di un Cielo come si deve; questa rosa cosmica è perfettamente sbocciata nei nostri piccoli strumenti.
Più in basso la galassia M33, facilissima da puntare, rivela un nucleo sorprendentemente brillante e qualche accenno di irregolarità. Andromeda, soprattutto con il binocolo, si estende per diversi gradi.
Ma questi sono soggetti facili.
Marco vuole puntare ancora più in alto: la nebulosa Nord America, che brilla molto bassa sull'orizzonte nord ovest.
Lui con il binocolo, io con il telescopio, iniziamo una facilissima ricerca.
Neanche il tempo di dubitare, infatti, ed eccola evidentissima.
Non è il classico alone luminoso e informe che ho osservato dal buio (almeno credevo) cielo di Forca Canapine la scorsa estate; qui è esattamente della forma che l'ha resa celebre.
Mentre la parte settentrionale del "continente americano" è difficile da delineare, il "golfo del Messico" è fin troppo evidente, al punto che ci chiediamo se non sia la nostra immaginazione a lavorare al posto dell'occhio.
Ma non è così.
Gli esperti osservatori dicono in merito qualcosa di questo tipo:
"La Nebulosa Nord America si estende su un'area apparente pari a circa 10 volte la grandezza della Luna piena, ma la sua luminosità è debole e non può essere vista a occhio nudo; si individua circa 3° a ESE della brillante stella Deneb (α Cygni), in direzione di un tratto molto ricco e luminoso della Via Lattea boreale. Con un binocolo ad ampio campo visivo (di circa 3°) appare come una macchia nebbiosa di luce dalla forma arcua-

ta, appena percepibile e solo con la condizione di avere un cielo sufficientemente scuro"
Tutto vero, da un cielo mediamente scuro. Invece la sagoma è perfettamente individuabile a occhio nudo, mentre il binocolo e il mio piccolo telescopio sembrano diventare giganteschi strumenti professionali che mostrano qualcosa di apparentemente impossibile.
Eppure è qui; il golfo del Messico è una lingua arcuata perfettamente staccata dal fondo cielo.

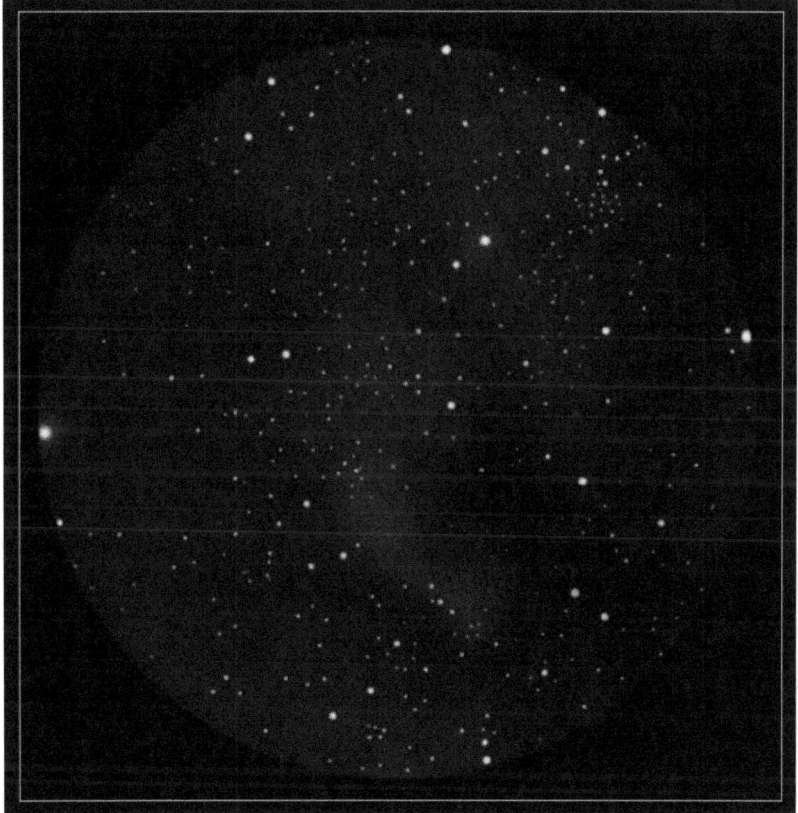

La nebulosa Nord America, con il Golfo del Messico perfettamente scolpito e contrastato sul cielo, nonostante un'altezza di poche decine di gradi sull'orizzonte. E chi ha bisogno di fotografare da un cielo come questo?

Siamo a corto di idee, o meglio, di lucidità. Le piacevoli bordate ricevute ci mandano alla deriva in questo cielo, letteralmente. E allora Malù scopre a caso un bellissimo fiocchetto di luce a una ventina di gradi dall'orizzonte nord-est. Lo osserviamo tutti ma non abbiamo idea di cosa sia. Il mio Ipad, con cui lentamente torno a far pace, suggerisce che nei dintorni è presente la costellazione dell'Auriga. Riconosciamo in effetti Capella e la sagoma pentagonale tutta malamente girata. Non può che essere un ammasso aperto!
Trascorre forse un'altra ora, con il cielo che continua a girare sopra le nostre teste meravigliate e l'eclisse che inesorabilmente si avvicina sempre più.
La Via Lattea si sta alzando, anche nella sua porzione più meridionale. Decido allora di puntare la fotocamera verso di essa, tenendo dentro la grande nube di Magellano, e fare quattro scatti senza impegno.
Il quadro è reso bello dalla presenza di un albero solitario che svetta sulla spoglia vegetazione circostante, proprio alla fine di questo arido campo.
Non bado molto all'inquadratura; voglio solo scattare.
Trascorre un minuto, durante il quale chiedo a Marco, ancora seduto, cosa sta puntando verso sud con il binocolo. Ma prima ancora di terminare la domanda, un inaspettato e luminoso bolide si accende nel cielo di fronte a noi.
Un istante brevissimo, che fa sussultare il cuore e gridare in coro:
"Wooow, che spettacolo!"
Brillante probabilmente come Giove, è entrato in atmosfera quasi verticalmente perché ha percorso pochi gradi in cielo ad altissima velocità, non troppo lontano dalla grande nube di Magellano.
Con calma apparente, rompo la meraviglia affermando:
"Ma sapete che potrei pure averlo beccato? Mi sa proprio di si!"
"Che aspetti allora, chiudi l'obiettivo!" incita Marco.
"Tu dici?"

"Si, chiudi, altrimenti si nasconde!"
"Ok!"
Chiuso l'obiettivo vedo comparire in automatico l'immagine appena scattata e:
"Eh si... L'ho beccato! Che gran botta di c...!"
Marco e Malù si alzano improvvisamente, mentre Francesco, già lì vicino, è il primo a guardare la foto più fortunata e casuale che abbia mai scattato.

Spesso ci ricordiamo delle giornate sfortunate in cui ci è successo di tutto, ma ogni tanto faremmo bene a celebrare e gioire di quelle poche serate perfette nelle quali tutto, anche l'impossibile, può accadere. Un bolide nel cielo del sud era troppo persino per la mia immaginazione.

"Mammamia che meraviglia!" Esclama seguito da Malù.
"Daniele, questa è da Apod, complimenti!" mi incoraggia Marco, sinceramente contento per me.
In realtà non mi sento affatto bravo ma semplicemente fortunato; sfido io a dire il contrario. Per questo, mestamente, mi limito ad annuire ai sentiti complimenti che continuano a giungere.

A questo punto anche Marco decide di centrare quella zona di cielo e insieme a me continua a scattare immagini. È così che siamo riusciti a cancellare ogni traccia di meteora da quella porzione di cielo.
In altre parti sono invece molte le stelle cadenti, forse più delle altre sere.
E mentre ormai l'attenzione è monopolizzata da questi imprevisti sassolini cosmici, Marco e Francesco si accorgono dell'insolita assenza di punti in movimento.
Non ci sono aerei, nessun satellite.
La sfera celeste, proprio come avevo notato anche io nei giorni scorsi, è assolutamente incontaminata.
La sensazione di star meglio così, nonostante non abbiamo mai visto un cielo privo di punti in movimento, contagia tutti gli altri.

Non trascorre molto tempo, forse mezz'ora, e come nella migliore tradizione di noi appassionati di astronomia, ecco che nel campo inquadrato dalle fotocamere, e anche a sud-ovest, cominciano a salire oscure e inquietanti nuvole.
Dapprima sono sottili linee nere presso l'orizzonte, poi sempre più evidenti, guadagnano preoccupanti porzioni di cielo.
È tardi, oltre mezzanotte.
In effetti è già il 14, il giorno dell'eclisse, ma nessuno se la sente di festeggiare, perché il cielo sta pericolosamente cambiando.
Nel silenzio spaventato, ho un'idea improvvisa:
"Perché non andiamo tutti a letto, invece di restare qui a torturarci?"
Risponde Marco: "Ci sto".
Francesco lo segue: "Ottima idea!"
Malù conclude: "Andiamo!".
Con i genitori sul sedile della loro auto già da un'oretta, noi tre lasciamo tutto com'è, spegnendo solamente le macchine fotografiche e i motori delle montature, e come struzzi che na-

scondono la testa sotto la sabbia andiamo in auto per non sottostare al supplizio che si prospetta.
Io e Marco davanti, Malù distesa sui sedili posteriori, Francesco nell'altra auto.
Ci guardiamo con enorme tensione, augurandoci una retorica buonanotte.
Gli occhi si chiudono molto prima di dormire, per non veder il cielo di fronte al nostro parabrezza che affaccia proprio a est.
La grande tensione ci fa addormentare dopo pochi minuti.
Il mio sonno estremamente leggero, però, mi fa svegliare dopo poco più di mezz'ora.
Non resisto e apro gli occhi cercando le stelle... che non ci sono più.
La paura si è trasformata in realtà.
Mancano poco più di 5 ore all'eclisse e il cielo è completamente coperto.
Sembra un incubo, ma è tutto maledettamente reale.
Mi sento privato di forze ed entusiasmo, improvvisamente svuotato di ogni cosa che mi rende vivo.
Non ci posso credere, non sta succedendo davvero, non ora dopo una giornata e una prima parte di notte completamente serene.
Sconsolato, prendo il cappello di fronte, lo incastro sulla faccia, e mentre penso che anche questa volta non vedrò l'eclisse, che la maledizione continuerà inesorabile senza poterci fare nulla, mi riaddormento, più per rabbia che per reale necessità, senza svegliare gli altri che ancora, innocenti, non sanno cosa sta succedendo e cosa, probabilmente, li aspetterà al risveglio.
Un'altra ora di agitatissimo sonno e di sogni che si mischiano con la realtà appena assaporata, e sono di nuovo il primo a riaprire gli occhi.
Non posso non controllare il cielo, anche se la paura è tanta.
Mi chino in avanti sul sedile mezzo sdraiato, per vedere se dal parabrezza mancano ancora le stelle e...
Sorpresa! Le nuvole, così minacciose e compatte poche decine di minuti fa, sono misteriosamente scomparse!

L'euforia è troppo grande; devo uscire!
Non vorrei svegliare nessuno ma credo sia impossibile. Chiudo lentamente lo sportello e mi avvicino al telescopio.
Il cielo, oltre a essere perfettamente pulito come qualche ora fa, è molto diverso.
È incredibile quanto possa cambiare e impressionare nel breve intervallo di un tormentato riposo.
Ora la Via Lattea australe è alta sull'orizzonte lasciato libero dalle nubi di Magellano, ormai basse e defilate.
Nell'affollata zona della Carena, si individuano a occhio nudo diverse nebulose oscure e altrettanti agglomerati brillanti.

Sono da poco passate le due.
Mancano solamente 3 ore e mezzo all'eclisse.
Tutti i momentanei abitanti di questo ampio campo stanno dormendo, mentre io cerco di scattare in punta di piedi qualche foto a questa porzione di Via Lattea, stando attento a non consumare troppa batteria.
Poco dopo mi raggiungono anche Marco, Malù e Francesco, che ignari del pericolo appena passato, sono invece compiaciuti del fatto che quelle sottili nuvole, che ci hanno mandato a dormire, siano ormai un brutto ricordo.
Non stiamo in piedi tanto; siamo oggettivamente provati e vogliamo, soprattutto, che il tempo passi in fretta.
Ormai il cielo rappresenta paradossalmente un intrattenimento che cominciamo a tollerare poco.
L'eclisse è sempre più vicina.
Ecco, a proposito, ho un'idea che mi balzava nella testa già dal primo pomeriggio di ieri:
"Marco, è il momento di fare il briefing. Dicci tutto quello che dobbiamo fare durante la totalità, in particolare per quanto riguarda le foto"
Riuniti in un'immaginaria tavola rotonda, che precede uno degli eventi più importanti della mia vita, in rigorosa contemplazione, ascoltiamo quello che ha da dire l'esperto Marco.

Parla per diversi minuti in modo dettagliato e semplice: un gran divulgatore!
La descrizione delle fasi dell'eclisse ci fa già venire i brividi. Io e Malù saltelliamo dalla gioia.
"Allora, per la fase parziale penso non abbiate problemi. Poi, quando il Sole comincerà a sgranarsi dobbiamo togliere via il filtro per prepararci alla ripresa dell'anello di diamanti. Espenak consiglia di riprenderlo con un tempo di posa molto rapido, circa 1/2000 (di secondo) se si lavora con rapporti focale tra f5 e f7.
Poco dopo l'anello di diamanti, si potrà provare a riprendere i grani di Baily. A questo proposito controlliamo la mappa per vedere se e quanti ce ne saranno".
Preparatissimo, non solo ha una tabella con tutti i tempi di esposizione in funzione delle fasi dell'eclisse, ma anche una mappa del profilo lunare per vedere se e quanti grani di Baily compariranno all'inizio e alla fine della totalità.
Questi non sono altro che spicchi di Sole che attraversano le strette e profonde valli lunari all'inizio e alla fine della copertura totale, regalando degli improvvisi bagliori di luce puntiforme come tanti piccoli diamanti illuminati.
Dipendono ovviamente dal profilo delle montagne lunari che in quel momento chiuderanno il Sole e quelle, dalla parte opposta, che invece si accingeranno a lasciarlo al termine dei 2 minuti.
"Vedete il profilo lunare?
Non ci sono grosse montagne e vallate in nessuna delle due parti, quindi prevedo che i grani di Baily, se ci saranno, dureranno una frazione di secondo e avranno modesta intensità.
In ogni caso, se vogliamo cercare di riprenderli, bisogna scattare a 1/4000 o più rapido."

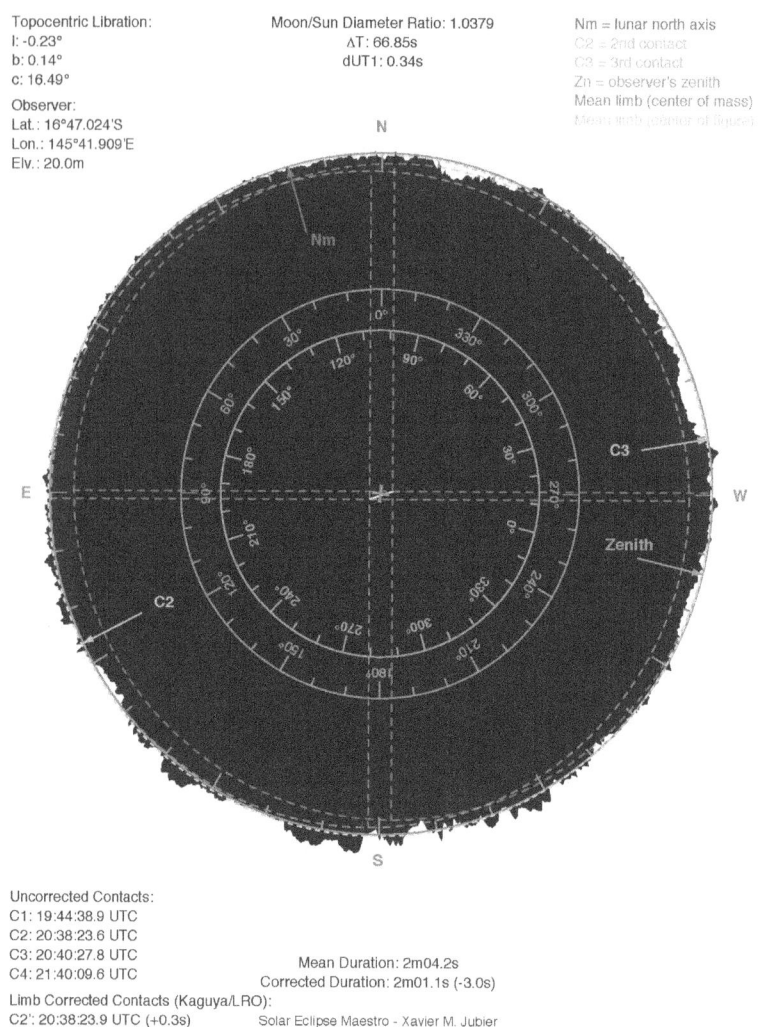

Il profilo lunare che si troverà perfettamente sovrapposto al Sole tra poche ore.

Lo interrompo:
"Sensibilità? E quanto durano questi fenomeni?"
"Scatta pure a 100-200 ISO. Per la durata, stiamo parlando di secondi. 5-6 per l'anello di diamanti, un paio in meno per i grani di Bailey; ma ripeto, secondo me quasi non ci saranno questa volta.
"Grazie, continua pure con la totalità", lo incoraggio.
"Per la totalità le cose si complicano. Dipende infatti quanto sarà chiara l'eclisse e quali porzioni di corona vogliamo mettere in mostra. Per le protuberanze, ad esempio, bisogna usare tempi rapidi, direi 1/500 di secondo, se si lavora a 400 ISO.
Per la corona interna si viaggia intorno a 1/60 di secondo e poi via via ad aumentare per vedere sempre maggiori dettagli. Direi di non superare il mezzo secondo, perché abbiamo obiettivi luminosi e si rischierebbe di bruciare tutto.
Piuttosto, ragazzi, secondo voi la corona che forma avrà? Simmetrica o asimmetrica? Tu cosa dici, Daniele?"
La domanda a bruciapelo stona con il mio viaggio mentale attraverso le fasi dell'eclisse, raccontate con così tanta emozione. Inoltre, devo essere sincero, in questo momento non ricordo affatto le cause che influenzano la forma della corona solare. Butto a caso, facendo finta di pensarci, e sicuro esclamo:
"Asimmetrica!"
Marco, che evidentemente reputa il mio parere ben più profondo di una decisione del tutto casuale, mi chiede:
"Tu dici? Ma siamo in prossimità del massimo solare, quindi a rigor di logica dovrebbe essere simmetrica!"
Ecco spiegato il fenomeno che dovrebbe modificare la forma!
Mi salvo in extremis cercando una valida motivazione alla mia decisione:
"Si, il massimo è teorico, in realtà il Sole è piuttosto calmo in questo periodo"
"Bene", continua Marco, "Tra poche ore lo scopriremo!"
Questa semplice constatazione della realtà ci proietta direttamente verso un fenomeno, la meta finale di tutto questo viaggio, che improvvisamente si fa più reale che mai.

Ora il cielo sta diventando ufficialmente una tortura condivisa che potremmo risparmiarci volentieri.
E lo facciamo, decidendo che è tempo di tornare in macchina e rimettere un'inutile sveglia per le 5 di mattina, coscienti che saremo in piedi molto prima, senza alcun aiuto.
Questo secondo riposo è più rilassante del precedente forzato dalle nuvole, ma la tensione per un qualsiasi imprevisto che potrebbe nasconderci l'eclisse, si fa sempre più palpabile mano a mano che il tempo a disposizione della notte si riduce.
Dormiamo un'altra oretta, forse più, perché quando ci svegliamo, non so chi lo faccia per primo, forse insieme, il cielo è cambiato di nuovo.
In primo piano, quello che sembra un faro di un aereo in eterno avvicinamento, è invece la sagoma di Venere, che proietta ombre in terra, ben più nette del collega Giove che ormai gli ha ceduto lo scettro di re del cielo.
Incastonato nel mezzo della luce zodiacale, ora perfettamente evidente a est, questo traghettatore cosmico ci avvisa che l'alba è ormai vicina.
Diamo insieme un ultimo, doveroso tributo al cielo dinnanzi a noi.
Eta Carinae brilla ormai evidentissima a una discreta altezza sull'orizzonte, mentre in basso, inconfondibile, appare l'ultimo regalo di queste notti stellate: la Croce del Sud.
Piccola, incastonata nel cuore tumultuoso di questa porzione di Via Lattea, ricca di suggestivi chiaroscuri, irriproducibili anche dalla mano del miglior pittore mai esistito, è distesa quasi parallelamente all'orizzonte, dal quale non si innalza per più di quindici gradi.
Poco più grande della costellazione del Delfino, è un gioiello di rara bellezza impossibile da immaginare, perché non somiglia a nessuna delle nostre figure boreali.
Ora sono contento. Non potrei esplorare meglio il cielo australe di questo periodo dell'anno. Mi sento sereno e appagato, sensazioni per me estremamente rare.

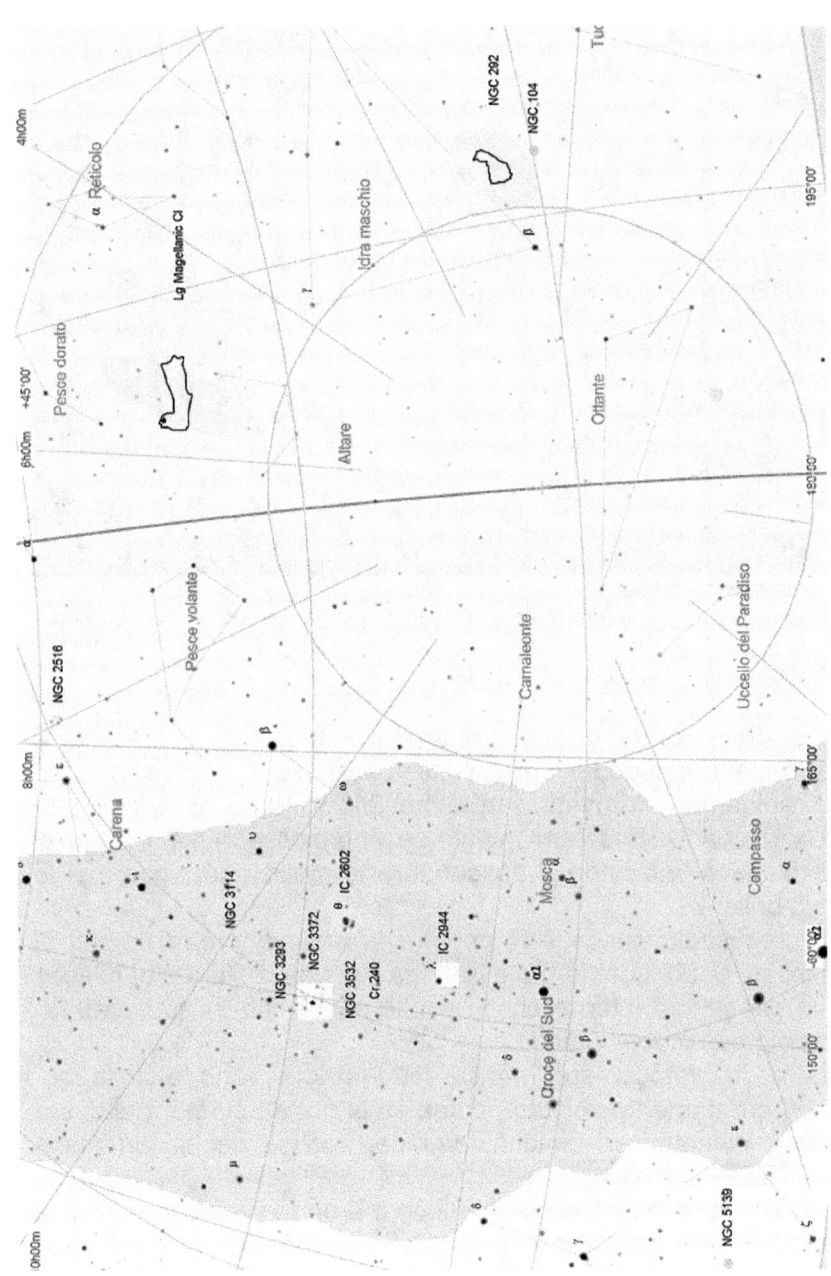

Proprio poco prima del crepuscolo che segnerà il conto alla rovescia per l'eclisse, ecco comparire l'ultimo tassello di questa avventura tra le stelle durata 6 giorni: la Croce del Sud. Ora posso salutarti soddisfatto e portarti per sempre nel cuore, mio sublime spicchio d'Universo.

Decidiamo ormai di non scattare più fotografie per preservare le batterie e di goderci quest'ultimo spicchio di notte, che come è rapidamente arrivata, altrettanto velocemente se ne va.

Un secondo, forse un minuto, e improvvisamente il cielo si schiarisce, iniziando a nascondere le stelle più deboli, poi le più brillanti.

Il crepuscolo nasce e si impone in una ventina di minuti al massimo. La luce del Sole illumina l'alta atmosfera e di riflesso un paesaggio intorno che è esattamente come l'avevamo lasciato quasi dodici ore fa.

Le nostre fotocamere, rimaste tutta la notte sotto le stelle, sono perfettamente asciutte, come se la notte, che per noi di solito è sinonimo di umidità, rugiada, spesso nebbia, in realtà non sia mai scesa.

Io sono ancora in mezze maniche e a parte un leggero fresco, sto decisamente bene.

Non ho idea di quanti gradi ci siano qui fuori. Forse 16-17 e per una notte di metà novembre, abituati all'orrendo clima nostrano, sembra quasi di morir di caldo.

Con il risvegliarsi della Natura e lo scomparire delle stelle, anche gli altri improvvisati campeggiatori lentamente si preparano all'evento per cui hanno percorso centinaia, o migliaia, di chilometri e trascorso una scomoda notte in macchina o in tenda.

L'emozione e l'agitazione crescono all'aumentare della luce, a tal punto che dimentico di salutare questo cielo che forse non rivedrò mai più, ma che certamente resterà per sempre dentro di me, ovunque mi porteranno gli imprevedibili eventi di questa straordinaria esistenza.

Eclisse!

14 Novembre 2012, ore 05:00.
Mezz'ora all'inizio dell'eclisse totale di Sole per cui ho attraversato mezzo mondo e sopportato una "vacanza" a tratti infernale.
Il momento atteso da quel maledetto 11 agosto 1999 è finalmente arrivato. Ora, per la seconda volta nella mia vita, ho l'occasione di assistere al fenomeno naturale più impressionante e spettacolare di sempre, a detta naturalmente di chi ha avuto la fortuna di vederlo.
Tredici anni addietro ero un giovane adolescente sognatore, senza barba né patente, che aveva convinto sua madre e un paio di colleghi ad attraversare in macchina mezza Europa per osservare, alla fine, solo nuvole e pioggia.
Ora, tanti anni più tardi, sono sempre lo stesso sognatore con la passione sfrenata per il cielo, un po' meno giovane ma altrettanto in forma, con un po' più di barba, ma la stessa espressione che mi aveva portato a compiere il viaggio, all'epoca, più lungo della mia vita.
Sono cresciuto, e insieme a me l'hanno fatto anche ambizioni e possibilità.
Così, a distanza di 13 anni e qualche mese, un'altra eclisse di Sole mi ha spinto, un po' incoscientemente, a compiere il viaggio più lungo, costoso e pericoloso della mia vita.
Tutto per assistere a due minuti, 120 miseri secondi, per i quali sarei andato anche fin sulla Luna a piedi, se fosse stato necessario.

La notte ci ha salutato.
So già perfettamente quello che devo fare, ma ancora né io, né tutti gli altri presenti su questo campo deserto, sappiamo se l'eclisse la vedremo. Un velo improvviso, una nuvola un po' più densa delle altre che dalla costa si spinge qualche decina di chilometri più all'interno, ed ecco che tutto potrebbe svanire.

Il cielo bellissimo e quasi completamente limpido delle ultime ore non è un credito che la Natura tiene in considerazione per le azioni future.
Ma ormai, a meno di mezz'ora dall'inizio, non c'è più tempo da dedicare alle paure. Si devono montare gli strumenti, fare la messa a fuoco, montare il filtro solare... IL FILTRO SOLARE!!
Cavolo, ancora non l'ho costruito!
Calma; si rimedia subito.
Un po' di nastro adesivo, delle forbici da unghie che mi ha prestato Malù, e voilà! La sottile pellicola di astrosolar viene attaccata al paraluce del mio rifrattorino. Durante la totalità basterà sfilarlo, per riprendere la corona, e rimetterlo dopo i magici 2 minuti.
Credo di aver fatto presto, ma il Sole sembra aver fretta: sono già le 5:25; tra poco inizierà l'eclisse!
La nostra Stella spunterà quando sarà sui 4° di altezza, quindi non prima delle 5:45-50.
L'attesa, non so perché, diventa improvvisamente eterna.
Il tempo sembra giocare a suo piacimento con i nostri fragili cuori, che resistono a fatica sotto i martellanti suoni dei secondi che scorrono lentissimi.
Siamo ormai più di venti persone su questo campo abbandonato che non ha mai visto tanta presenza umana, eppure nessuno grida, nessuno parla, nessuno sembra respirare.
Tutti aspettano che il Sole faccia capolino tra i sottili veli, che rappresentano quel 3% di nuvole alte, previste già da due giorni. Se fosse così, non ci daranno fastidio, ne siamo convinti tutti.
Vogliamo solamente che il Sole esca, che l'alba eterna possa interrompersi per dare inizio alla sottile danza dei due corpi celesti più importanti del nostro cielo.
Lentamente, troppo lentamente, diventa sempre più chiaro.
Venere ormai è immersa nella luce, ma con questa limpidezza credo non sparirà completamente e di certo esploderà quando tutto ridiventerà oscuro all'improvviso, per 2 brevissimi minuti.

Venere inondato di luce sta per salutarci, ma tornerà prepotentemente durante quei due minuti che valgono una vita.

I veli di fronte alle colline, proprio dove dovrebbe sorgere il Sole, cominciano a riflettere la sua luce, illuminandosi fino ad accecarci e creando l'illusione di un'apparizione ancora prematura.
"Ecco, l'eclisse è iniziata!" grida Malù già immobilizzata dalla tensione.
Tutti perfettamente in riga, composti e ordinati come mai ci è capitato, stiamo per salutare l'alba più bella di sempre.
L'attesa tra il primo chiarore e lo spuntare di questo bramato spicchio di Sole, rappresenta l'immaginario volo dell'astronave che qualche ora fa ci ha portato sin oltre i confini della Galassia, e adesso ci sta rispedendo qui per assistere a un evento che non possiamo perdere per nulla al mondo...
Si, ma quanto sei lenta cara nave spaziale!

La fascia di Venere (Venus belt) saluta ad ovest la lenta salita del Sole.

Passano altri cinque minuti, poi altri cinque.
Io, Marco e Francesco, abbiamo la sensazione di scorgere finalmente la sagoma confusa del Sole tra le lontane cime e i densi veli.
Ma è un'illusione; c'è ancora da aspettare.
Saltello dalla gioia realizzando che ormai ci siamo, che l'eclisse è salva.
Mi sposto tra il mio strumento e quello di Marco per vedere se il Sole si decide a salire, oppure no.
Altri interminabili ore, forse solo un paio di minuti per la Natura.
Ecco, ci siamo! L'orizzonte di fronte ci regala il primo spicchio di Sole, già visibilmente mangiato dalla Luna.
"Eccolo, Eccolo!" Esclama Marco; e poi continua. "è già bello intaccato, saremo al 20%!"
Un'accozzaglia di parole prive di articoli e verbi si solleva dalla mia bocca paralizzata:
"siiiiii, bello! Finalmente eclisse! non ci credo!!"

L'eclisse è iniziata anche per noi. Quello spicchio di Sole che prontamente poneva fine a ogni mia notte sotto le stelle, regalandomi quell'indimenticabile amaro in bocca, ora l'ho desiderato ardentemente con tutte le mie forze, e alla fine è arrivato.

Ci siamo; l'eclisse è iniziata anche per il nostro orizzonte: ora nuvole e pioggia si stanno allontanando velocemente dalle nostre paure.

Scattiamo a raffica immagini impulsive e inutili, che rallentano esponenzialmente nel giro di un minuto.
Preferiamo goderci questa fase con gli appositi occhialini e traguardando ogni tanto nel mirino della fotocamera.
Marco s'inventa un gioco molto interessante, che sarebbe stato perfetto con le chiome degli alberi, che qui però sono distanti e troppo rade.
Su un foglio di carta bianco fa praticare a Malù dei sottili forellini dai quali far passare la luce del Sole. Proiettate sul cofano della macchina, compaiono tante piccole mezzelune che attirano l'attenzione di quasi tutti gli altri osservatori.

Dopo pochi minuti, la nostra idea è stata fatta propria da un ragazzo cinese, migliorata grazie a un cartone di grandi dimensioni e alla complicità della portiera della sua auto.

Quel beffardo tempo che fino a poco fa sembrava essersi fermato, o addirittura andare a ritroso, ora ha improvvisamente accelerato... Ma perché?
Tra l'inizio dell'eclisse e della totalità dovrebbe trascorrere quasi un'ora, ma è tutto così tremendamente velocizzato, che a mala pena riusciamo a star dietro alla Luna che di fretta si sta ingoiando il Sole con una voracità mai vista.
La luce della mattina, che fino a qualche minuto fa stava lentamente crescendo a causa della maggiore altezza del Sole, ora si sta attenuando. Sembra quasi che a distanza di poche decine di minuti il paesaggio voglia ripiombare nel buio di un'ora fa.
Anche la temperatura non è salita, nonostante i dieci gradi abbondanti percorsi dal Sole. Tutto è immobile; la Natura intorno a noi sembra ancora addormentata.
I colori cominciano a farsi difficili da notare; sbiaditi, spenti, privi di sfumature. Il rosso diventa arancio, il giallo grigio pallido, l'azzurro verdino, il verde stinge.
È una luce davvero particolare perché dalla tonalità già bianco-gialla ma più debole di quando il Sole rosso rasenta l'orizzonte.
Le nostre ombre, fa notare Marco, sono profondamente diverse. Non più nette e contrastate, piuttosto sempre più indistinguibili e con i bordi sorprendentemente sfumati.
"Guardate, guardate le ombre!" con il vocione deciso Marco, attirando l'attenzione di quasi tutti.
E come se le diverse lingue rappresentassero un ostacolo insormontabile, tutti, per qualche decina di secondi, si voltano a fissare le ombre, lontane parenti delle sagome che ne sono la causa.
È uno di quei rarissimi momenti in cui il tempo, il nostro tempo, si ferma per qualche secondo.

Nessuna foto scattata può riprodurre fedelmente quanto vedono i nostri occhi, e attraverso di essi sente tutto il nostro corpo. Capiamo che il Sole sta per scomparire.

Il Sole è già quasi completamente eclissato in un battito di ciglia. Siamo al punto di non ritorno: io non ho mai visto un'eclisse oltre questa soglia.

La luce fioca non scalda più l'ambiente circostante.
Il cielo è scuro sopra e di fronte a noi, ancora di più dietro, da dove arriverà l'ombra, che alla velocità di circa 2000 km/h ci inghiottirà in un buio inquietante e straordinariamente suggestivo.
Siamo tesi, con il cuore in gola aspettando l'attimo in cui tutto cambierà improvvisamente, coscienti che per quanto possiamo immaginare, anche loro che ne hanno già viste altre, non saremo mai abbastanza preparati a quello che succederà in quei minuti.
La saliva si fa rara in bocca.
La gola si chiude e deglutire diventa un'operazione difficile quanto risolvere un integrale addormentati.

Sospiri...
Sospiri profondi cercano di incamerare abbastanza aria, ora resa frizzantina dalla quasi totale assenza di luce, nel tentativo di utilizzarla tra poco per non svenire a causa della mancanza di ossigeno.
Marco ormai è l'unico a dire cose sensate e ci guida verso la fase clou di questo nostro irripetibile momento:
"Ragazzi, ci siamo quasi, tra poco vi dirò di togliere il filtro solare e gli occhialini per osservare l'anello di diamanti! Intanto vado a vedere se il mio telefono è in funzione"
Come ormai tradizione, Marco documenta ogni eclisse riprendendo un video con il proprio telefono e facendo una specie di telecronaca dei concitati momenti in cui la mente e il corpo si abbandonano a un'emozione che non conosce confini.
Anche io, in extremis, decido di riprendere un video simile e con un po' di nastro adesivo fisso malamente il telefono alla base della montatura equatoriale, destando la curiosità, e un po' lo sdegno, del giovane ragazzo giapponese di fianco a me.
L'orologio ricomincia a correre maledettamente veloce, ma mi ha almeno lasciato il tempo di scattare nella mente un'eterna fotografia che porterò sempre con me.
I pochi minuti diventano secondi.
La falcetta di Sole nel mirino della reflex, che ogni tanto si ricorda di scattare, si assottiglia sempre di più a vista d'occhio. L'ammiro con stupore e meraviglia, realizzando di non essere mai arrivato a questo punto.
Mi vengono in mente i viaggi a Strasburgo per assistere a quella colossale delusione, e a Valencia, nel 2005, per l'eclisse anulare, decisamente meno spettacolare.
Mi rendo conto, per qualche istante, dei perfetti meccanismi della Natura, che vanno ben oltre quello che l'occhio riesce a vedere. Solo con l'aiuto della nostra potentissima mente, è possibile rendersi conto che quella falcetta, ormai ridotta ai minimi termini, rappresenta la luce di una stella distante 150 milioni di chilometri, la nostra unica fonte di vita, che viene coperta, per un perfetto gioco geometrico, definito da altrettanto

perfette leggi naturali, per un paio di minuti. Quel corpo celeste luminosissimo, chiamato dagli abitanti di questo pianeta Sole, è migliaia di volte più massiccio e caldo della nostra piccola palla azzurra e risplende ormai da oltre 4,5 miliardi di anni, nel vuoto e nell'assordante silenzio del Cosmo.
Mi perdo in pensieri che riescono a battere, in velocità, lo scorrere del tempo e l'instancabile tragitto di quei raggi di luce ormai quasi nascosti dal frastagliato e oscuro bordo lunare.
Mi perdo in sensazioni che non potranno mai essere sostituite, e neanche avvicinate, da niente di quello che noi esseri umani, con la sindrome di onnipotenza, pensiamo di creare e invece, spesso, distruggiamo.
E così, come velocemente mi sono perso diventando un tutt'uno con un Universo che ora sta dando un piccolissimo assaggio di se, allontanandomi per miliardi di anni nello spazio e nel tempo, altrettanto rapidamente vengo riportato a questa incredibile realtà dalla voce di Marco, che imponente ed emozionata sancisce l'inizio del momento più importante delle nostre vite:
"Sta calando, ragazzi..."
Nessuno riesce a parlare, ma tutti s'inchinano in assoluta contemplazione...
Dieci secondi e Marco ci fa notare qualcosa che non avremmo visto, almeno non coscientemente:
"Guardate il cono d'ombra!"
"Si, eccolo!" gli rispondo senza naturalmente aver neanche capito cosa abbia detto.
"Guardate il cono d'ombra dietro!" ripete senza che nessuno gli risponda.
Forse l'ho visto, forse no; magari me ne ricorderò quando sarà finita l'esperienza e rivivrò ogni momento. È tutto così veloce, che faccio fatica persino a sentire.
"Guarda, guarda, sta per cominciare il tramonto e là si interrompe, perché è da là che attacca l'ombra!" continua sempre più emozionato e con il tono mano a mano più intenso, come

un telecronista che sta osservando una fantastica azione che presto porterà a uno straordinario goal.
"Eccola, eccola..." parlo con un sussurro di voce scandito dai battiti del cuore che ora, credo, si riescano pure a sentire.
"Ci siamo ragazzi!" ci avvisa Marco.
"Eccola!" ripeto di nuovo, quasi in lacrime, traguardando attraverso il mirino della macchina fotografica.
"Attenzione..." si sovrappone Marco, imponendo il silenzio di nuovo.
L'attesa è ora un momento di straordinaria perfezione: sappiamo cosa sta per succedere e abbiamo la certezza che niente e nessuno ce lo potrà più strappar via.
Cinque secondi, non più, poi Marco ci introduce lo spettacolo con un crescendo rossiniano assolutamente toccante:
"Via gli occhialini, VIA GLI OCCHIALINI! SI CHIUDE!"
Scene di giubilo tra noi, ma l'emozione non ci consente altro, se non emettere strani gemiti e pochissime e ripetitive parole.
Io sono un disco ormai: "Eccola, eccola......", mentre Malù si lascia andare a un: "che bello...." interrotto dalle lacrime.
Non so cosa dicano gli altri, riesco solo a udire indistinti versi di meraviglia.
In un secondo gli occhialini vengono lanciati non so dove; il filtro solare strappato dal telescopio.
Il Sole, o meglio, quello che ne resta, è ancora troppo luminoso per l'occhio, che nota solamente un'informe macchia brillante... che però pulsa! Sono le irregolarità della Luna che stanno per oscurare anche l'ultimo coriaceo spicchio.
Atri cinque secondi e Marco, ormai fuori controllo, comincia a urlare all'Universo tutto quello che succede:
"SI SGRANA, SI SGRANAA!!"
Io non parlo; Malù, di fronte a cotanto spettacolo, lancia un sommesso grido: "Aiuto, aiuto...!"
La luce sta scomparendo.
In due, tre, cinque secondi si verifica una trasformazione così rapida e imponente che non riesco a registrarne alla perfezione tutti i cambiamenti.

Il cielo diventa buio, mentre quella luce accecante ed estesa, sempre più piccola e concentrata.

Per un attimo sembra di osservare un immenso e purissimo diamante cosmico, bellissimo quanto surreale, brillare e scintillare come fosse illuminato da una grandissima fonte di luce.

Marco esplode utilizzando tutta l'aria dei suoi polmoni:
"ECCOLO!! ECCOLOOO!!! L'ANELLO DI DIAMANTEEE!! GUARDALOOO!!! ... INCREDIBILEEEEEE!!"

Difficile, anzi, impossibile, riprodurre a parole il tono e tutto quello che nasconde con il suo irrompere prorompente nella calma surreale di questo posto affollato.

Pacate scene trionfali da parte di tutti.

Io non riesco più a pronunciare nulla se non un "maaaaaaa" lungo quanto la comparsa di questo fenomeno, così poco conosciuto quanto invece emozionante.

Con le mani tremolanti e sudate, i piedi congelati inchiodati al suolo, cerco di scattare a ripetizione mentre mi gusto il paesaggio cambiare ancora.

Un diamante cosmico nel cielo proprio di fronte a noi. L'ultimo spicchio di Sole sta per scomparire, il buio cala e noi restiamo sbalorditi.

Si, perché ormai l'ombra della Luna, come una gigantesca coperta stesa a velocità incredibili, si deposita su di noi.
Dalla parte opposta all'ultimo spicchio di luce, che se ne andrà tra pochi secondi, comincia ad apparire finalmente la sagoma nera del nostro satellite e un pizzico di corona solare.
Stupefacente... Indescrivibile.
Non riesco più a sentire e a rendermi conto del mondo circostante, rapito totalmente anima e corpo da quello che succede di fronte a me.
"ohhhhhhhh" e "aiuto, aiutoo!!" sono tutto quello che io e Malù riusciamo a dire, mentre il diamante scompare in favore dell'oscurità.
La scena di fronte a noi cambia ancora repentinamente.
Come se fosse un'esplosione, nell'esatto momento in cui anche l'ultimo spicchio di luce se ne va, si accende la corona solare che illumina come un anello quasi perfettamente circolare la sagoma nera della Luna.

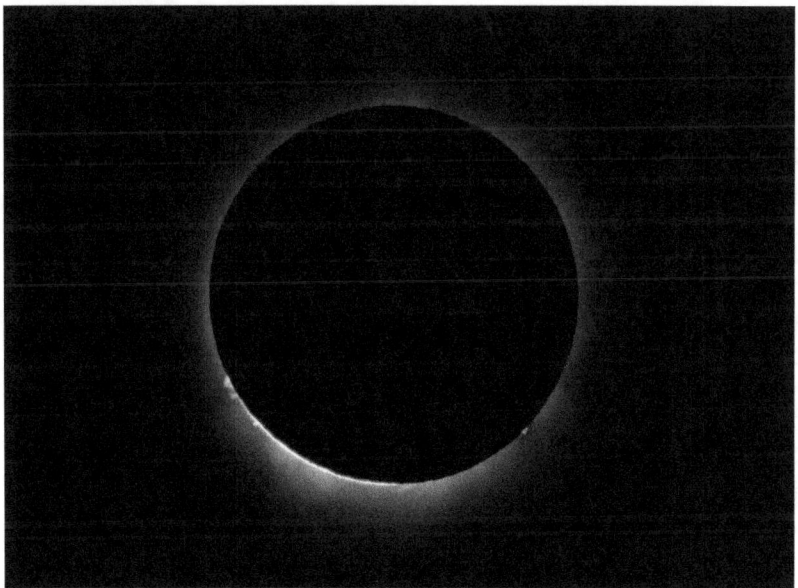

Totalità! Un sottile disco rosso ci rivela la cromosfera, mentre intorno la corona s'accende timida. È scesa la notte intorno a noi.

Non è reale, penso tra me e me.
Non è possibile che una scena del genere non sia stata partorita da qualche mago degli effetti speciali. È così assurda, e allo stesso tempo imprevista e spettacolare, che non si riesce a concepire.
Trascorrono dieci secondi e il mio occhio, ormai non più accecato dall'anello di diamante, riesce ad assistere alla seconda esplosione solare: la corona improvvisamente schizza via per alcuni gradi nel cielo, scuro ma non troppo.
Impossibile elencare tutte le sfumature che si vedono, i colori, i dettagli, le differenze di luminosità; Venere che ora brilla alto in cielo insieme ad altre stelle che non riesco a identificare.
Da questo momento in poi, anche Marco resta in silenzio.
Le lacrime di Malù vengono nascoste dall'oscurità ai miei occhi, ma non alle mie orecchie.
Io resto senza parole, scattando una foto ogni tanto, ma godendomi appieno il momento a occhio nudo, di gran lunga lo strumento migliore per assistere a questo... non saprei come definirlo.
Guardo il delicatissimo fiore cosmico con il centro nero quanto il cielo circostante, e i petali, perfettamente stagliati, che si intrecciano gli uni negli altri in modo simmetrico. Non c'è delicatezza migliore di quella che sto osservando, eppure, pensandoci bene, non c'è neanche maggior dimostrazione di potenza e perfezione.
Non si tratta di essere amanti del Cosmo e dell'astronomia, ma di ricordarsi semplicemente di avere una Vita al di fuori della vita, troppo spesso un insignificante ammasso di limitata routine, per apprezzare l'assoluta perfezione di due forze opposte che in questi due minuti trovano il loro perfetto punto d'incontro qui, a pochi gradi di altezza sopra queste colline.
Quest'immenso fiore cosmico, reso ancora più grande dalla vicinanza all'orizzonte, quindi dall'aiuto prezioso del nostro cervello, è sicuramente ciò che di più bello, toccante e profondo abbia mai visto.

Le foto non riescono a rendere giustizia alla scena e alla grande dinamica regalata dall'occhio, ma questa immagine in HDR raffigura molto da vicino la visibilità della delicata corona solare a occhio nudo.

L'apparente immobilità della scena è in realtà solamente un'illusione, perché l'orizzonte intorno a noi continua a cambiare repentinamente.

L'ombra della Luna, che si proietta sull'atmosfera rendendosi ben visibile, si muove con una velocità almeno doppia del più veloce aereo di linea.

Riesco a osservare di nuovo la scena nel complesso, solo per rendermi conto di quanto sia completamente fuori da ogni nostra esperienza.

Di fronte, il buio simile a una tipica serata venti minuti dopo il tramonto, ma tutto intorno, radente all'orizzonte, un brillante anello allungato ci ricorda che questo evento indescrivibile è merce molto, molto rara. Poche decine di chilometri da questo luogo e il paesaggio a mala pena si rende conto che qualcosa di straordinario sta accadendo nel cielo.

L'ombra della Luna corre velocissima in cielo, spostando colori e sfumature in pochi secondi.

È una specie di alba al contrario, che spiazza perché cancella tutte le esperienze e i punti di riferimento che la nostra mente si è fatta durante tutti gli anni trascorsi su questo pianeta.

Ci si sente un po' persi, strani, spaesati, e soprattutto dei minuscoli e insignificanti puntini, di fronte alla più prorompente manifestazione della natura che potremmo mai osservare durante il giorno, anche dalle luminose città che hanno in tutti i modi cercato di cancellare il cielo notturno.

Possiamo fare del nostro meglio, anzi, del nostro peggio, per dimenticarci delle origini e vivere una vita con la testa sotto la sabbia, senza affrontare il peso insostenibile della nostra mente che cerca risposte impossibili a domande difficili.

Ma se la Natura vuole ricordarci quale sia davvero il nostro posto in tutto questo meccanismo e la nostra reale, infima, importanza, non c'è costruzione, luce, lampione, inquinamento, stupidità, che tenga. Si può scegliere di accettarla con il rispetto che merita, oppure continuare a tutti i costi questa finta miopia e sprecare l'unica opportunità concessa dall'Universo per poter ammirare la sua indescrivibile perfezione.

Quanti pensieri si affollano nella mia mente e sembrano congestionarsi tutti insieme in quello stretto vicolo che unisce conscio e inconscio.

Scatto, scatto e scatto ancora senza sosta, non con la macchina fotografica, immagini che non cancellerò più per il resto della mia vita e che so fin da ora, per certo, cambieranno inevitabilmente il corso dei miei eventi futuri.

Scatto e vorrei che non finisse mai, perché di questo spettacolo non se ne ha mai abbastanza.

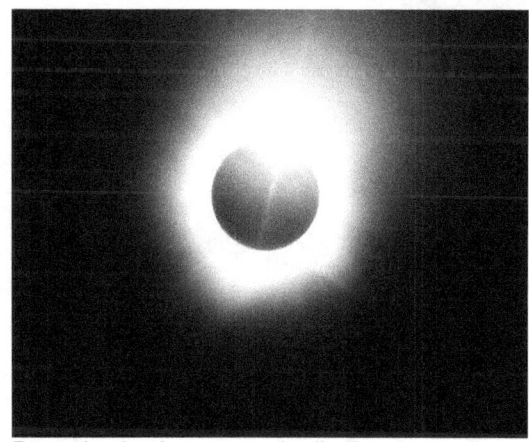

Due minuti, né un secondo di più, né uno di meno, e tutto sta già per terminare.

Ma mentre penso questo, Marco riprende a parlare e pronuncia parole che non avrei mai voluto sentire:
"Ragazzi si apre, si apre! Ecco l'anello di diamante di nuovo!"
Il tempo sembra riaccelerare incredibilmente.
L'anello dura forse una frazione di secondo. Io cerco di restare disperatamente attaccato all'ultimo pezzo di corona solare che continua a vedersi esattamente dalla parte opposta.
Mi ci attacco con tutte le mie forze e con la fotocamera, che scatta con tempi lunghi nonostante ormai la luce solare stia per oscurare di nuovo quei delicati petali di seta bianchissimi, appena contemplati per la prima volta dopo un'attesa durata anni.

Resto aggrappato all'ultimo spicchio di corona come un ubriaco al proprio lampione; ma la Natura non si può fermare, solo ammirare. L'eclisse totale è terminata dopo appena 120 secondi.

M'aggrappo a tutto, ma inutilmente.

La Natura è così. Di certo non ascolta le grida sconclusionate e incomprensibili di qualche piccolo essere umano, che arriverebbe persino a fermare l'Universo intero per soddisfare il proprio gusto personale.
Ed è proprio da questa constatazione che nessuno di noi, benché irrazionalmente lo desideri, si azzarda ad alzar la voce in segno di disappunto o, peggio, a inveire contro qualcuno o qualcosa che di certo non potrebbe mai sentirci.
Tutto il contrario, invece.
Con il primo spicchio di luce stabile che compare e segna il definitivo addio della corona solare, tutto il campo, rimasto in silenzio, si lascia andare a un lungo e scrosciante applauso in segno di meraviglia, rispetto e pura emozione verso l'evento più toccante e grandioso mai visto.
Questo sapore agrodolce, che tutti sentiamo in bocca non appena il giorno ricomincia il suo normale cammino, è probabilmente quella sensazione che accompagnerà e condizionerà le mie scelte future. Perché se questa è un'esperienza che va almeno vissuta una volta nella vita, è altrettanto certo che non vi si potrà mai più rinunciare dopo avervi assistito.
Io, almeno, so già che non lo vorrò più fare.
Lo so perfettamente.
Andrò alla caccia di molti altri due minuti in giro per il mondo; non importa dove, come e quando.

Tutto ora sembra finito.
È passato un minuto dalla nuova alba e la grande danza cosmica ormai si proietta verso un finale che non interessa più a nessuno. Io non scatto neanche più, anzi, spengo la fotocamera. Lo stesso fanno Marco e Francesco.
Di quanto successo pochi secondi fa, in cielo e in terra, non c'è già più traccia. Anche questo, nel suo velo di tristezza, fa parte dello spettacolo e bisogna accettarlo.
Marco addirittura decide di voltarsi e dirigersi probabilmente verso il telefono. In cerca di una guida che possa aiutarmi in

questo momento di assoluta confusione, anche io, istintivamente, mi volto e seguo i suoi movimenti.
Sono totalmente indifeso in questo momento, frastornato dagli eventi e incapace di qualsiasi gesto volontario.
Improvvisamente sopraggiunge un grido che scuote tutta la provata calma del campo:
"Guardate sul cofano della macchina! Le ombre volanti, LE OMBRE VOLANTIIII!!!! Non ci posso credere! Sono qui sul cofano, guardate!!"
Pochi tra di noi hanno capito il significato di queste parole gridate, figuriamoci gli altri appassionati. Tuttavia, da ogni parte di questo campo accorrono per capire cosa sta facendo un tizio con una bandana in testa e maglia arancio che fissa come un maniaco il cofano bianco di un'utilitaria, agitandosi come un indemoniato.
Mi avvicino rapidamente con l'altra fotocamera in mano e non riesco a credere ai miei occhi: sul cofano dell'auto si susseguono velocissime delicate ombre, come se qualcuno stesse aprendo le decorate tende di un ampio finestrone e osservasse i giochi di luce scorrere via sulla parete.
Sono le famose, e per certi versi leggendarie, ombre volanti, degli effetti che si verificano appena dopo il termine della fase totale di un'eclisse (e poco prima dell'inizio della totalità) dovuti presumibilmente alla diffrazione della poca luce solare attraverso le strette vette lunari che scorrono via a grande velocità, come se la Luna fosse l'immensa tenda che si apre su questo spazio privilegiato in mezzo al deserto.
Sono a bocca aperta per quest'ultimo colpo di coda di un'eclisse che sembra davvero non voler finire, e assicurarsi la certezza di essere ammirata di nuovo la prossima volta, in qualsiasi parte del mondo si verifichi. Non c'è pericolo...
Anche Marco è incredulo: lui, veterano, non ha mai assistito a questo fenomeno che ora si mostra persino evidente, quasi fastidioso, di fronte ai nostri occhi.
È probabilmente lo stesso che poco prima dell'inizio della totalità ho ammirato direttamente sulla luce pulsante del Sole.

A stento il tempo per fare un video che probabilmente non sarà affatto chiaro, e anche quest'ultimo regalo svanisce nel nulla, come se non fosse mai accaduto.
Ora l'eclisse è davvero terminata.

Lentamente, dopo lo sconvolgimento totale del paesaggio durato appena 120 secondi, tutto torna velocemente alla normalità. Dell'evento straordinario accaduto pochi minuti prima non c'è già più traccia.

Osservare le ultime fasi parziali fino allo scomparire della Luna, sarebbe solamente un accumulo di ricordi inutile, che avrebbe l'unico scopo di aumentare la nostalgia per quanto successo.
Decidiamo allora di festeggiare la riuscita di quest'avventura, iniziata una ventina di ore fa, con una bella e improvvisata colazione collettiva.
Come in una grande famiglia, tutti i provvisori abitanti di questo campo si scambiano pareri, sorrisi, emozioni e cibo.
Noi stendiamo un paio di teli in terra e, in perfetto stile italiano apparecchiamo la tavola di provviste che non pensavamo nemmeno di avere.

Io decido di terminare l'ultimo quarto di pollo arrosto rimasto dalla cena precedente... si, per colazione... è così che scelgo di festeggiare!

Noccioline, dolcetti, patatine e panini corrono su questo telo color rosa acceso, che ieri sera ha fatto da tovaglia alla nostra cena sotto le stelle.

Una foto di gruppo con l'autoscatto della fotocamera di Marco, ha già il sapore di un ritratto d'epoca che, stampato e ingiallito su carta fotografica di dubbia qualità, rappresenterà motivo di vanto e di nostalgia tra qualche anno con coloro che saranno i miei discendenti, magari riuniti ad ascoltare i racconti di un signore, ormai vecchio, che ricorda con una lacrima sull'occhio destro la sua prima eclisse di Sole e, soprattutto, la prima vera volta in cui ha condiviso con altri il suo più grande amore.

La fase parziale dell'eclisse sta terminando e noi, rilassati e contenti, posiamo per l'ultimo, storico scatto. Da sinistra a destra: io, Francesco, la madre di Marco, il padre, Marco e seduta Malù.
14 Novembre 2012, uno spiazzo polveroso vicino all'aeroporto di Maitland Downs, Queensland: la mia prima eclisse totale; da ricordare per tutta la vita.

Finale

Sono passati più di due mesi dall'ultima volta che ho potuto ammirare lo spettacolare cielo australe e quell'indescrivibile esperienza dell'eclisse totale di Sole.
A distanza di così tanti giorni, ancora ricordo perfettamente gli straordinari attimi che mi ha regalato quella lontana terra chiamata Australia.
Il tempo continuerà a scorrere, la pelle a invecchiare, la barba a crescere e la vita a proseguire sui propri binari, ma niente e nessuno potrà mai cancellare i nitidi ricordi di quegli indescrivibili giorni.
Da quando tristemente ho dovuto far ritorno a casa, non sono più riuscito a osservare il cielo notturno. Ci ho provato un paio di volte, ma sono stato travolto dalla nostalgia e dalla nausea per lo scempio perpetuato per decenni da noi, autodefiniteci uomini civilizzati.
Non ho avuto più la forza di guardare il cielo nostrano e nemmeno la Natura, se mai ce ne fosse di incontaminata da qualche parte, in preda a quello che qualcuno chiama mal d'Australia e che io, invece, preferisco chiamare voglia di realtà. Perché per quanto potremmo cercare di negarla costruendoci un mondo alternativo, velenoso e totalmente artificiale, la realtà non è di certo questa fatta di vestiti da scegliere il sabato sera, spread, crisi economiche, biglietti colorati che rincorriamo ossessivamente pensando possano regalare benessere e felicità. La realtà è quella osservata durante quei torridi giorni e le indimenticabili 6 notti e due minuti... non un secondo di più, non uno di meno, nel continente più antico e incontaminato del mondo.
Dopo un mese ancora continuo ad avere i brividi pensando a dove sono stato e cosa ho visto.
Le nubi di Magellano, l'eclisse di Sole che si ripete distintamente, con ogni sfumatura, più volte nel corso di una giornata, le stelle cadenti, il grande meteorite, 47 Tucanae che credevo fosse una stella, la luce zodiacale, il gegenschein, Giove che

faceva ombra, Orione sottosopra, le Pleiadi che sembravano una folla di ragazze, non le sbiadite sette sorelle.
Rivivo con ogni senso i profumi della natura, la compagnia dei canguri, la corsa sotto le stelle, i tramonti tanto attesi, il centro della Via Lattea da sotto i lampioni, Venere visibile anche di giorno, M31 e M33 perfettamente osservabili a occhio nudo, nonostante un cielo, soprattutto la notte prima dell'eclisse, inspiegabilmente chiaro, eppure così ricco di astri.
Per alcuni giorni ho cercato una possibile risposta a questo fenomeno così particolare, notato non solo da me ma anche da tutti gli altri partecipanti alla spedizione in mezzo all'outback.
E dopo aver esaminato tutte le ipotesi più strane e fantasiose, sono arrivato alla considerazione più semplice di tutte: non esiste, in quei posti, mano umana che riesca, ancora, a cancellare così bene le stelle come invece riusciamo perfettamente nel nostro continente, che con molta arroganza e ignoranza abbiamo definito vecchio, nonostante sia il più recente.
In quell'angolo di Terra, così remoto da quella che noi chiamiamo civiltà, ma ben più vicino alla Natura, è proprio lei, la nostra madre, a determinare anche la luminosità del cielo. Non con nuvole o foschia, perché queste l'avrebbero ridotta, ma con quello che noi scienziati chiamiamo poco romanticamente airglow, letteralmente luminosità dell'aria. Un verdino che il nostro occhio percepisce come un sottile velo grigio, talvolta increspato, variabile in intensità con il tempo, che rappresenta la debolissima luce emessa dagli atomi di ossigeno che nell'alta atmosfera si ricongiungono agli elettroni strappati via dalla luce solare del giorno.
E chi avrebbe mai pensato che un fenomeno del genere fosse visibile addirittura a occhio nudo?
Sembra fantascienza, eppure anche il cielo, meglio, la nostra atmosfera, emette luce, così rara, debole e preziosa che neanche un appassionato di lunga data come me si sarebbe mai aspettato di incontrare, e che solo dopo una settimana dalla fine del viaggio ho saputo interpretare.

Sì... È proprio bello ripensare a quei giorni in cui per poche ore mi sono goduto la luce che per miliardi di anni ha tenuto compagnia a oltre 100 miliardi di esseri umani, che di notte, ogni notte, alzavano lo sguardo verso quest'ignota distesa lattiginosa chiedendosi cosa fosse, e quale il loro ruolo in tutto questo spettacolare e mastodontico disegno cosmico.
Quelle domande per migliaia e migliaia di anni non hanno trovato risposte soddisfacenti, e forse è proprio per questo che un giorno, senza quasi rendercene conto, abbiamo deciso di cancellare quello che così tanto ci dava da pensare.

Ripresa, con molta fatica, la mia solita routine, ho anche ricominciato a vedere, leggere e sentire, mio malgrado, gente che pensa a quali mirabolanti strumenti comprare, che si arrabatta sugli accessori, sulla pulizia delle lenti, sul decimo di percentuale in più di luce riflessa o trasmessa, sperperando energie, soldi e soprattutto il poco tempo a disposizione. Sento persone che si circondano di strumenti costosi, potenti e ingombranti come a riempire un vuoto interiore. In realtà, quello di cui abbiamo veramente bisogno è semplicemente spegnere le luci e goderci a occhio nudo quello che neanche il più costoso telescopio potrà mostrarci se utilizzato dal fondo di un lago sudicio e melmoso, come l'aria che ogni giorno respiriamo avvelenandoci.

Gli straordinari momenti vissuti sembrano riempire perfettamente ogni attimo della mia vita, benché rappresentino una parte infinitesima del tempo che ho effettivamente vissuto. Ma sono istanti così importanti e inestimabili, che meritano in pieno il posto che si sono conquistati nella mia anima, perché mi hanno fatto comprendere le meraviglie dell'Universo, includendo in questo anche il nostro pianeta e questa specie intelligente che ha un immenso potenziale, spesso, troppo spesso, sprecato.
E quando assonnato, provato, turbato e deluso ho varcato la porta di casa, dopo quasi un mese d'assenza, sperando in

cuor mio di non doverlo fare mai più, ho avuto la conferma che tutto era cambiato nonostante ogni cosa fosse perfettamente dove l'avessi lasciata. Ho avuto la conferma di non aver sognato qualcosa che non esiste, piuttosto di aver Vissuto, davvero, per la prima volta nella mia vita una realtà che non avevo mai potuto scegliere, ma che qualcuno, a mia insaputa, aveva deciso di imporre contro il mio parere. Ma crescendo, non solo fisicamente, s'impara, o si dovrebbe, che tutto della nostra vita è modificabile a nostro piacimento... occorre solo volerlo... più di ogni altra cosa.

Un fotomontaggio più reale di qualsiasi foto. L'uomo e le stelle, uniti da un'origine comune, si guardano negli occhi tra le infinite vie di questo straordinario Universo.

Bibliografia

Testi dell'autore

- **Nella mente dell'Universo:** Viaggio attraverso le incredibili proprietà della Natura e la stupefacente genialità degli esseri umani. *Lulu 2012*
- **La mia prima guida del cielo:** Mappe, miti e oggetti da osservare delle costellazioni visibili dall'Italia. *Lulu 2012*
- **Sulle spalle di un raggio di luce:** domande di astronomia di un bambino che osserva il cielo con suo padre. *Lulu 2012*
- **Sognando il Sistema Solare:** Misteri, meraviglie e speranze nella straordinaria avventura dell'osservazione e dell'esplorazione del nostro vicinato cosmico. *Lulu 2012*
- **Astrofisica per tutti:** scoprire l'Universo con il proprio telescopio. *Lulu 2012*
- **L'Universo in 25 centimetri:** tutto quello che è possibile fare con una camera planetaria e un telescopio amatoriale. *Springer 2011*
- **Primo incontro con il cielo stellato**, versione base (liberamente scaricabile dal web) ed estesa. *Lulu 2011*
- **Galassie:** proprietà, formazione ed evoluzione dei mattoni dell'Universo. *Lulu 2011*
- **Elettrostatica:** Proprietà e grandezze associate ai campi elettrostatici. *Lulu 2011*

Testi di astronomia divulgativa

- **A Orione svolta a sinistra**; Consolmagno Guy; Davis M. Dan. *Hoepli*
- **Atlante del cielo**; Silvano Minuto. *Legenda*

- **Atlante dell'universo**; Piero Bianucci, Walter Ferreri. *U-TET*
- **Astronomi per passione. 65 esperimenti ed esercizi per imparare a osservare (bene) il cielo notturno**; Thompson Robert B., Fritchman Thompson Barbara. *A-POGEO*
- **Capire l'Universo**; Corrado Lamberti. *Springer Werlag*
- **Come funziona l'Universo**; Heather Couper - Nigel Henbest. *Gruppo B*
- **Come osservare il cielo con il mio primo telescopio**; Walter Ferreri. *Il Castello*
- **Dal Sistema Solare ai confini dell'universo**; Margherita Hack. *Liguori*
- **Fare astronomia con piccoli telescopi**; Gainer Michael K. *Springer Verlag*
- **Il libro dei telescopi**; Walter Ferreri. *Il Castello*
- **Il piccolo cielo. Astronomia da camera per notti serene**; Piero Bianucci. *Simonelli*
- **Introduzione all'astronomia. Esercitazioni e problemi per lo studio dei fenomeni celesti**; Romano Giuliano. *Franco Muzzio Editore*
- **L'atlante stellare di Cambridge**; Tirion Wil. *Gruppo B*
- **L'arte di osservare con il telescopio**; Salvatore Albano. *Il Castello*
- **L'esplorazione del cielo notturno con il binocolo;** Patrick Moore. *Il Castello*
- **L'osservazione visuale del cielo profondo**; Salvatore Albano. *Il Castello*
- **Manuale dell'astrofilo. Consigli pratici per osservare il cielo**; Walter Ferreri. *Gruppo B*
- **Oltre Messier**; Enrico Moltisanti. *Gruppo B*
- **Passeggiando tra le stelle. Sei itinerari ideali per ammirare lo spettacolo del cielo**; Piero Bianucci. *Sirio (Milano)*
- **Viaggio verso l'infinito. Le sette tappe che ci hanno svelato l'universo**; Piero Bianucci. *Gruppo B*

Biografia

Daniele Gasparri
è nato il 24 agosto 1983 nella campagna Umbra tra Perugia e Terni.
La passione per l'astronomia è nata in occasione del suo decimo compleanno, quando ha ricevuto per regalo un binocolo astronomico per osservare il cielo.
Da quel momento  l'astronomia ha rappresentato gran parte della sua vita e condizionato tutte le scelte più importanti.
Attualmente sta terminando gli studi all'università di Bologna e collabora dal 2007 con la rivista di astronomia Coelum. Al suo attivo ha oltre 50 articoli divulgativi pubblicati sulla rivista e alcune pubblicazioni su riviste internazionali divulgative, accademiche (Sky and Telescope, Astronomy and astrophysics) e quattro libri.
È stato il primo al mondo a scoprire un pianeta extrasolare con strumentazione amatoriale (HD17156b) a separare insieme all'astrofilo Antonello Medugno la coppia Plutone-Caronte.
Dal 2007 si occupa principalmente del pianeta Venere, avendo sviluppato tecniche di ripresa che consentono di ottenere immagini della spessa coltre di nubi e della superficie con una risoluzione migliore di quella ottenuta con i potenti telescopi professionali.
La passione per la divulgazione lo porta spesso a tenere corsi di astronomia, conferenze e serate pubbliche.
È presidente dell'associazione astrofili Paolo Maffei di Perugia.

www.ingramcontent.com/pod-product-compliance
Lightning Source LLC
Chambersburg PA
CBHW051626170526
45167CB00001B/70